西安交通大学 本科"十四五"规划教材

定量分析基础

主编 李银环 贾钦相 杨晓龙

西安交通大学出版社
XI'AN JIAOTONG UNIVERSITY PRESS

图书在版编目(CIP)数据

定量分析基础 / 李银环,贾钦相,杨晓龙主编. — 西安:
西安交通大学出版社,2023.4
ISBN 978 - 7 - 5693 - 3144 - 8

Ⅰ.①定… Ⅱ.①李… ②贾… ③ 杨… Ⅲ.①定量分析-高等学校-
教材 Ⅳ.①O655

中国国家版本馆 CIP 数据核字(2023)第 048463 号

书　　名	定量分析基础	
	DINGLIANG FENXI JICHU	
主　　编	李银环　贾钦相　杨晓龙	
责任编辑	王　欣	
责任校对	陈　昕	
装帧设计	伍　胜	
出版发行	西安交通大学出版社	
	(西安市兴庆南路 1 号　邮政编码 710048)	
网　　址	http://www.xjtupress.com	
电　　话	(029)82668357　82667874(市场营销中心)	
	(029)82668315(总编办)	
传　　真	(029)82668280	
印　　刷	西安日报社印务中心	
开　　本	787 mm×1092 mm　1/16　印张 12.5　字数 311 千字	
版次印次	2023 年 4 月第 1 版　　2023 年 4 月第 1 次印刷	
书　　号	ISBN 978 - 7 - 5693 - 3144 - 8	
定　　价	35.00 元	

如发现印装质量问题,请与本社市场营销中心联系。
订购热线:(029)82665248　(029)82667874
投稿热线:(029)82664954　QQ:1410465857
读者信箱:1410465857@qq.com

前　言

　　"定量分析基础"(普通化学原理-2)课程是理科大类本科生的一门化学必修基础课程。理科大类包含化学、物理、数学和生命科学四大门类。"定量分析基础"旨在培养学生的基本知识结构和基本技能,对于分流后选择化学专业的学生而言,该课程也是为后续高年级的有机化学、物理化学、高分子化学及其他相关专业课程奠定基础必不可少的一门重要基础课程,同时也是为解决科研中与化学有关的测定技术等实际问题打好基础的一门重要课程。

　　随着社会经济的不断发展和科学技术的不断进步,我国高等教育的改革和发展进入到一个新的历史阶段,教育体制、教学内容、教学方法的改革在更广泛、更深入地展开,给大学化学教学改革提出了更高要求。一方面,要求学生在有限的学时内更加高效、深入地掌握相关的专业知识;另一方面,又要求学生有较宽广的知识面,以适应学科的相互渗透和交叉融合,以培养学生的创新思维和创造能力。为此,我们以现代教育思想为指导,针对理科大类本科生对化学基本知识、基本技能和基本方法的需求,编写了这本《定量分析基础》教材,内容包括误差与数据处理、滴定分析法、酸碱平衡与酸碱滴定法、沉淀溶解平衡与沉淀滴定法、氧化还原平衡与氧化还原滴定法、配位平衡与配位滴定法等。全书分章配备了思考题、习题、MOOC 资源、课程案例、应用实例和知识拓展。思考题与习题分开编排,加深学生对知识的进一步理解,也可供授课教师开展混合教学使用;在习题的选择上,按照教学大纲配备,难度分层适中;MOOC 资源可供教师开展翻转课堂及作为混合教学资源使用,也可供学生深入学习使用;课程案例可帮助学生深刻理解科学知识在国民生产实践中的重要作用,于其心中厚植家国情怀;应用实例帮助学生进一步理解科技是第一生产力,达到学以致用的目的;知识拓展是对与各章内容相关知识的补充,帮助学生更好地理解所学内容。总之本教材力求让学生在较少的学时内对分析化学的体系和进展有一个较为全面的了解和认识。教材参考学时为 32 学时,实验 32 学时。

　　本书在编写过程中力求达到知识结构布局合理,内容的基础性、科学性、逻辑性及应用性等各方面紧密结合,每章介绍完无机基础内容后,进一步介绍与其相应的分析方法、原理和应用,这样可节省教学时间。本教材注重不同化学平衡之间、不同滴定分析方法之间存在的共性和规律性。在内容的选择上,注重与无机化学的衔接,力求理论联系实际。在内容组织上,力求概念阐述准确严密,内容安排深入浅出、循序渐进,并注重各章内容的相互呼应,便于教师教学和学生自学。在使用本教材时,教师可根据学生的实际情况,在保证课程基本要求的前提下,对内容进行取舍,也可对相关知识的讲授顺序进行调整。

　　同时,该教材配有 MOOC 教程[中国大学 MOOC(爱课程)]——普通化学原理(定量分析基础)。该 MOOC 不仅配有课堂小测验、单元测验、试题、拓展资料等,更具特色的是每章配有思维导图式总结、能力培养目标、典型例题解析、课程相关联内容对比及课程结构。

　　本书由李银环、贾钦相、杨晓龙编写,其中第1、3、4、6章由李银环编写,第5、7章由贾钦相编写,第2章及附录由杨晓龙编写和整理。李银环对全书内容进行了审读和统稿。

　　本书参考了国内外出版的一些教材和著作,从中得到许多启发和教益,在此一并向这些作者表示诚挚的感谢。

　　限于编者水平,书中定会有不足或疏漏之处,敬请专家、学者、读者批评指正。

编　者
2022 年 9 月于西安交通大学

目　录

第1章 绪 论

Introduction

学习要求

1. 了解分析化学的定义、任务和作用；
2. 了解定量分析方法的分类；
3. 熟悉定量分析的基本步骤；
4. 了解分析化学中常用的样品采集方法及预处理方法；
5. 了解分析化学的发展趋势。

1.1 分析化学的定义、任务和作用

分析化学是化学学科的一个重要分支，有很强的实用性，同时又有严密、系统的理论，是理论与实际密切结合的学科。分析化学是化学量测和表征的科学，是研究物质化学组分和化学结构的方法及其有关理论的一门学科。化学量测的目的是获取指定体系中有关物质的质、量和结构等各种信息，而表征是指精确地描述其成分、含量、价态、状态、结构和分布等特征。

分析化学涉及的内容十分广泛，随着其它相关领域的研究不断取得进展，分析化学发展非常迅速。分析化学对化学学科的其它分支、生物学、植物学、环境科学、材料科学、高分子材料科学、医学、药学、海洋科学、地质学、农业科学、食品科学等都起着非常重要的作用。如原子量的准确测定、工农业生产的发展、生态环境的保护、生命过程的控制等都离不开分析化学。

分析化学为我们提供了认识物质世界所需的方法和工具，回答了关于某一物质样品的四个基本问题：是什么？在何处？有多少？是何种排列、结构或形态？这四个基本问题涵盖了分析科学领域中的定性分析、空间分析、定量分析及形态分析。分析化学探索改进的方法，测量天然和人工合成材料的化学组成。此种科学技术手段被用来鉴别某种材料中可能存在的物质，测定有关物质的准确含量。分析化学服务于很多领域：在医药领域，分析化学是临床实验室检验的基础。通过检验可以帮助医生诊断疾病，绘制病人康复过程图；在工业领域，分析化学提供原材料的测试方法，确保对化学成分要求严格的最终产品的质量；许多家庭用品、燃料、涂料、药物等在出售给消费者之前都需要进行产品质量检测，这些分析流程都是由分析化学家们所发展建立的；环境质量方面，常常是通过运用分析化学技术对疑似污染物进行检测评价；食品的营养价值常通过分析其主要成分，如蛋白质、碳水化合物及微量元素（如维生素和矿物

质)等得以判断；事实上，食物中的卡路里含量也是经常通过化学分析后计算得到的。

分析化学在其它众多领域如法医学、考古学和航天科学中都做出了重要的贡献。我们所使用和消耗的一切都是由化学物质组成的，所以了解日常生活中物质的化学成分是非常重要的。分析化学几乎在化学的各个领域，比如农业、临床、环境、法医、制造业、冶金以及药物化学中，都起到了至关重要的作用。如化学肥料中氮的含量决定了其价值；对食物而言，必须分析其中的污染物（如杀虫剂残留）和必要的营养成分（如维生素含量）。

1.2　定量分析方法分类

根据分析的任务、对象、操作方法、测定原理和具体分析要求的不同，定量分析（quantitative analysis）方法有不同的分类。按其分析要求可以分为成分分析、定量分析和结构分析；按其分析对象分为无机分析和有机分析；按分析试样量多少可分为常量分析、半微量分析、微量分析和痕量分析。通常，定量分析方法分为化学分析法和仪器分析法。

1.2.1　化学分析法

化学分析（chemical analysis）法是以化学反应为基础的分析方法，包括化学定性分析、重量分析和滴定分析，通常用于高含量或中等含量组分（即待测组分的含量一般在 1% 以上）的测定。20 世纪 20 年代以前，分析化学的主要内容是化学分析，它和当时的生产力水平相适应，对促进科学进步和生产力的发展起到了巨大的作用。由于化学分析历史悠久，理论和方法都比较成熟，故又称为经典分析法。

1. 滴定分析法

滴定分析（titrimetric analysis）是在含待测物的溶液中进行的，将具有准确浓度的试剂溶液（称为标准溶液）滴加到被测物质的溶液中，根据反应完全时所消耗标准溶液的体积和浓度，计算出被测物质的含量。

根据化学反应的类型不同，滴定分析法可分为四种具体方法，即酸碱滴定法、配位滴定法、沉淀滴定法和氧化还原滴定法。本书后面部分章节将着重介绍这四大滴定法的相关知识。

2. 重量分析法

重量分析（gravimetric analysis）法一般是将试样中的待测组分直接分离或转化成具有一定组成的物质后与其它组分分离，测得该组分的质量，然后根据测得的质量算出试样中待测组分的含量。常用的方法有以下几种：

提取法：用有机溶剂提取后，通过称量提取液的量或剩余物的量，计算待测组分含量。

气化法：这种方法适用于挥发性组分的测定。通过加热或其它方法使试样中的被测组分挥发逸出，然后根据试样质量减轻的量，计算该组分的含量；或者当该组分逸出时，选择一种吸收剂将它吸收，然后根据吸收剂增加的质量计算该组分的含量。

直接分离法：使待测组分直接过滤分离，通过测得滤渣的质量进行计算。

电重量法：以测量沉积于电极表面的沉积物质量为基础的定量分析方法（仪器分析-电分析）。

热重量法：在程序控制温度下，测量物质质量与温度的关系的一种定量分析技术（仪器分析-热分析）。

重量分析法直接用分析天平称量而获得分析结果,不需要标准试样或基准物质作比较,如果分析方法可靠,操作细心,其称量误差一般很小,所以通常能得到准确的分析结果(相对误差为 0.1%~0.2%)。该法的缺点是操作繁琐、费时,不适于微量组分的分析。

1.2.2　仪器分析法

仪器分析(instrumental analysis)法是依据物质的物理性质及物理化学性质建立起来的分析方法,通常使用特殊的仪器。仪器分析法的优点是操作简便快速,具有较高的灵敏度,最适于生产过程中的控制分析,尤其适用于微量组分的测定。

仪器分析法在现代电子学、数学、计算机科学的基础上,与现代科技发展相结合,得到了迅速发展及完善。仪器分析法种类繁多,各种方法都有比较独立的分析原理,且有其特殊的、其它方法不能代替的分析测试优势。根据测量原理和信号特点,仪器分析法可大致分为光学分析法、电化学分析法、色谱法和其它仪器分析法四大类。

1. 光学分析法

光学分析(optical analysis)法是基于物质发射的电磁辐射或物质与电磁辐射相互作用后产生的辐射信号或发生的信号变化来确定物质的性质、含量和结构的一类分析方法。它是仪器分析法的重要分支,应用范围广泛。任何光学分析法均包含三个主要过程:①能源提供能量;②能量与被测物质相互作用;③产生被检测信号。光学分析法又可分为光谱法和非光谱法。

光谱法是依据物质对光的吸收、发射或拉曼散射作用等建立的光学分析法。属于这类分析方法的有原子发射光谱法、原子吸收光谱法、原子荧光光谱法、X 射线荧光法、紫外和可见吸收光谱法、红外光谱法、荧光法、磷光法、化学发光法、拉曼光谱法、核磁共振波谱法和电子能谱法等。

如分光光度法测定微量铁时,利用邻二氮菲与铁离子的反应将无色的铁溶液转化成橘红色的溶液以利于测定(属于物理化学方法,physical and chemical method)。

又如 $KMnO_4$ 对光有吸收,可用分光光度法直接测定其浓度(依据物理性质,属于物理方法,physical method)。

非光谱法是依据电磁波对物质辐射作用之后,其反射、折射、衍射、干涉或偏振等基本性质的变化而建立的光学分析法。属于这类方法的有折射法、干涉法、浊度法、旋光法、X 射线衍射法及电子衍射法等。

2. 电分析化学法

电分析化学(electroanalytical chemistry)法是应用电化学的基本原理和实验技术,依据物质的电化学性质来测定物质组成及含量的分析方法。它是把测定对象构成一个化学电池的组成部分,通过直接测定电池的某些电化学参量(如电流、电位、电导、电量等),在溶液中有电流或无电流流动的情况下,研究、确定参与反应的化学物质的量的方法。属于这类分析方法的有电导法、电位法、电解法、库仑法、伏安法和极谱法等。

电分析化学法被广泛应用于化学、化工、材料科学、信息科学、生命科学等众多领域。例如,在生物分析领域,生物体内存在电化学体系,如细胞膜电位、电流通过神经的传导、血栓的形成等。

3. 色谱法

色谱法(chromatography)是以物质在两相(流动相和固定相)中分配比的差异而进行分离和分析的方法,包括气相色谱法和液相色谱法两类。色谱法是一种从混合物中分离组分的重要方法,能够分离物理化学性质差别很小的化合物。当混合物各组分化学或物理性质十分接近,很难或根本无法使用其它分离技术进行分离分析时,色谱技术显示出其优越性。色谱技术最初仅作为一种分离手段,直到20世纪50年代,人们才开始把这种分离手段与检测系统连接起来,成为在化工、制药、环境、食品安全等领域中广泛应用的物质分离分析的重要手段。色谱法除了用于一般的定性定量分析外,在其它方面也得到越来越多的应用,如测定物质的物理性质、分离混合物、制备纯物质、自动控制生产过程等。另一方面,色谱法虽然具有很多优点,但也非完美无缺,只是与其它方法相互配合,才能发挥更好的作用。

4. 其它仪器分析法

其它仪器分析法还有质谱法、热分析法、放射分析法等。质谱法(mass spectrometry,MS)是通过将样品转化为运动的气态离子,并按质荷比(m/e)大小进行分离测定,来进行成分和结构分析的一种分析方法,所得结果即为质谱图(亦称质谱,mass spectrum)。根据质谱图提供的信息,可以进行多种有机物及无机物的定性和定量分析、复杂化合物的结构分析、样品中各种同位素比的测定及固体表面结构和组成分析等。

一种物质或一种混合物在加热过程中,会发生诸如溶解、沸腾、分解或反应等各种物理或化学变化。这些物理或化学变化将会引起物质的基本性质如成分以及各组成成分含量的改变。人们把在特定控温程序下,检测样品加热过程中产生的各种物理、化学变化的方法统称为热分析(thermal analysis,TA)法。通过热分析技术,人们能快速准确地测定物质的晶型转变、熔融、升华、吸附、脱水、分解等变化。这使得热分析成为无机、有机及高分子材料的物理及化学性能测试的重要技术手段。热分析技术已经渗透到材料化学、石油化工、食品安全、家居建材等各个领域。

1.2.3 化学分析法与仪器分析法比较

实际上,化学分析和仪器分析并没有严格的界限。化学分析测量的信号,如定性分析中物质的颜色、状态,以及定量分析中物质的质量、体积等都是物质的物理性质,而仪器分析方法也是基于物质的物理性质或物理化学性质与物质的量的关系建立起来的分析方法,它同时也涉及许多化学反应。总体上,二者具有以下明显的差异。

1. 检测能力比较

仪器分析方法一般都具有较强的检测能力。仪器方法的绝对检出限可达10^{-6} g(μg级)、10^{-9} g(ng级)、10^{-12} g(pg级),甚至10^{-15} g(fg级),相对检出下限可达10^{-6}(ppm)、10^{-9}

(ppb),以至 10^{-12}(ppt)级,可方便地用于痕量组分($<0.01\%$)的测定。化学分析的检测能力较差,只能用于常量组分($>1\%$)及微量组分($0.01\%\sim1\%$)的分析。

2. 样品用量比较

仪器分析方法的取样量一般较少。一些方法可以从毫克乃至微克固体样品、微升(10^{-6}L)乃至纳升(10^{-9}L)液体样品中获取大量的有用信息,可用于微量($0.1\sim10$ mg 或 $0.01\sim$ 1 mL)分析和超微量组分(<0.1 mg 或 <0.01 mL)的分析。化学分析法取样量大,只能用于常量(>0.1 g 或 >10 mL)分析及半微量($0.01\sim0.1$ g 或 $1\sim10$ mL)分析。

3. 分析效率比较

仪器分析方法容易实现自动化。不少方法的取样、测量、信号解析及数据处理等过程均可自动完成,一些方法还具有多元素、多种成分同时测定的功能,因而具有很高的分析效率。例如,高效液相色谱法 30 min 可以测定 60 个样品;光电直读光谱法 2 min 内可以给出样品 $20\sim$ 30 种元素的分析结果。化学分析的分析效率较低,如滴定分析完成一次测定需要数分钟,重量分析则需要数小时。

4. 应用范围比较

与化学分析相比较,仪器分析具有更广泛的用途。化学分析只能用于成分分析,而仪器分析不但可以用于成分分析,一些方法还可对物质价态、状态及结构进行分析;化学分析必须破坏试样,而一些仪器分析可以进行无损分析;化学分析只能提供关于分析对象整体组成的信息,而一些仪器分析方法可以进行表面分析、微区分析或薄层切片分析;化学分析必须取样,进行所谓离线分析,而一些仪器分析方法可以进行在线分析,甚至活体分析。

5. 准确度比较

仪器分析方法的准确度一般不如化学分析方法。化学分析的误差一般小于 2%,而仪器分析的误差通常为百分之几,有的甚至高达百分之几十。然而,组分的含量不同,对分析的准确度要求也不同,大多数仪器分析方法的准确度虽达不到常量分析的标准,但对于化学分析无法进行的痕量分析和超痕量分析却完全符合要求。总的来说,仪器分析比较适合于微量、痕量和超痕量分析。

此外,仪器分析的仪器设备一般比较复杂,价格比较昂贵,而化学分析使用的仪器一般都比较简单。

1.3　定量分析的一般过程和分析结果表达

在进行分析前,首先要明确待分析的对象(离子、分子、官能团)、样品的数量、待分析样品的特征、检测要求(单一成分还是多组分)、分析适宜的时间、样品重复提供的可行性、破坏性或非破坏性分析,等等。在了解这些信息的基础上,才能进行定量分析工作。定量分析大致包括样品采集、试样的分解制备、组分测定、数据分析及结果报告等几个步骤。

1.3.1　样品采集

采样(sampling)是从待分析的对象中取出用于分析测定的少量物质。可以随机取样、周期取样或选择性取样等。各种取样标准方法不同,如资源取样、原料取样、成品取样、物证取样等。可以按照样品的状态(气态、固态、液态)或性质(光敏性、热敏性、挥发性、化学活性、生物活性)取样。也可以按照分析方法、对分析结果的要求等取样。但不管哪种取样方式,取样的基本要求是:样品一定要具有代表性,且在采样过程中,不能对样品有污染或干扰影响。

对液体和气体样品而言,容易采取具有代表性的均匀样品。但对固体样品来说,取样时一般采用样品增量逐一混合法,如图1-1所示。试样经过破碎、过筛、混合、缩分等流程,制成量小(约100~300 g)且均匀的分析试样。

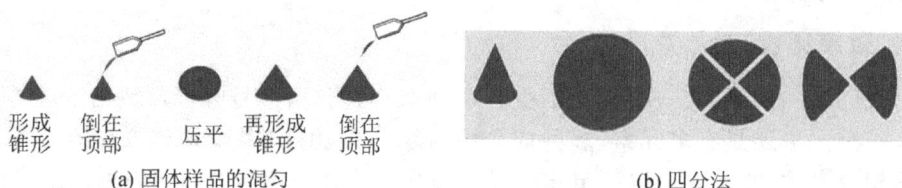

图1-1 固体样品的混匀及四分法缩分

1.3.2 样品的预处理

样品预处理(sample pretreatment)的目的是使样品的状态和浓度适应所选择的分析技术。

样品预处理的原则是防止待测组分的损失及避免引入干扰物质。

样品预处理的依据是物质的性质(生物样品的有机分子或元素等)、干扰情况(是否需要分离等)、测定方法(是否需要富集等)。

样品在分解过程中,如果方法选择不当,就会增加不必要的分离手续,给测定造成困难和增大误差,有时甚至使测定无法进行。选择分解方法时,不仅要考虑对准确度和测定速度的影响,而且要求分解后杂质的分离和测定都易进行。所以,应选择那些分解完全、分解速度快、分离测定较顺利、同时对环境没有污染或污染较小的方法。

分解试样的方法通常有湿法(溶解法)和干法(熔融法)两种。

1. 溶解法

溶解法包括水溶解、酸溶解和碱溶解。

水溶解:用水溶解试样,是较常用的一种溶解方法。如$(NH_4)_2SO_4$中含氮量的测定,就是用水溶解含$(NH_4)_2SO_4$的样品后进行测定。

酸溶解:利用HCl、H_2SO_4、HNO_3、$HClO_4$、HF及混合酸等分解试样。如金属、合金、矿石等元素成分含量的测定时,可用酸溶解固体试样。

碱溶解:常用$NaOH$溶解试样。如分析铝合金中Fe、Mn、Ni含量时可用$NaOH$溶解试样。

2. 熔融法

熔融法是利用熔剂与试样在高温下进行分解反应,使欲测组分转变为可溶于水或酸的化合物。根据所使用的熔剂性质可分为酸熔法和碱熔法两种。

酸熔法:利用焦硫酸盐($K_2S_2O_7$)、硫酸氢钾($KHSO_4$)作熔剂。如利用$K_2S_2O_7$溶解TiO_2:

$$TiO_2 + 2K_2S_2O_7 \Longrightarrow Ti(SO_4)_2 + 2K_2SO_4$$

熔融常在瓷坩埚中进行,熔融温度不宜过高,时间不宜太长,以免硫酸盐再分解成难溶氧化物。

碱熔法:常用的碱性熔剂有 Na_2CO_3、$NaOH$、Na_2O_2 等物质。如用 Na_2O_2 熔解铬铁矿:

$$铬铁矿 \xrightarrow[\text{熔融}]{Na_2O_2} \xrightarrow{\text{水浸取}} \begin{cases} CrO_4^{2-} \\ Fe、Mn 氢氧化物沉淀 \end{cases}$$

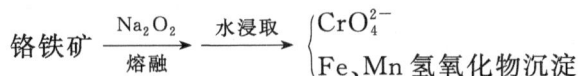

1.3.3 分析结果的表示方法

对样品的来源、用途及性质考查之后,经取样、分解等预处理、选择合适的分析方法测定之后,要对结果进行表示。分析结果常以待测组分的化学表示形式给出报告。待测组分的化学表示形式常以元素形式的含量表示,例如:矿样中 Fe、Cu 等以氧化物形式的含量表示,如 Fe_2O_3;有机物以 C、H、O、P 等氧化物形式的含量表示,如 P_2O_5。也常以待测组分实际存在形式的含量表示,例如:含氮量测定用 NH_3、NO_3^-、N_2O_5、NO_2^-、N_2O_3 等形式表示。待测组分含量的表示方法如下。

1. 体积(质量)分数

如果溶液的量和溶质的量同时用体积或质量或物质的量表示,对应的浓度分别表示为体积分数(百分比)或质量分数(百分比)或摩尔分数(百分比),摩尔分数又称物质的量分数。体积分数和质量分数是日常生活和生产中常用的浓度表示方法。体积分数常用于酒类中酒精含量的表示。它们都没有量纲。体积分数用符号 φ 表示,质量分数用符号 w 表示,摩尔分数用符号 x 表示。例如:

在相同温度下将 20 mL 乙醇和 30 mL H_2O 混合(忽略混合后体积变化),则体积分数为

$$\varphi(C_2H_5OH) = 20\ mL/(20+50)\ mL = 0.40 = 40\%$$

将 30.0g 蔗糖溶于 70.0g 水中,则其质量分数为

$$w(蔗糖) = 30.0\ g/(30.0+70.0)\ g = 0.30 = 30\%$$

混合气体中含有 2.5 mol H_2 和 7.5 mol N_2,则 H_2 和 N_2 的摩尔分数分别为

$$x(H_2) = 2.5\ mol/(2.5+7.5)\ mol = 0.25 = 25\%$$
$$x(N_2) = 7.5\ mol/(2.5+7.5)\ mol = 0.75 = 75\%$$

对于稀水溶液,如果溶液的量用体积表示,溶质的量用质量表示,对应的浓度表示为质量体积百分比浓度,通常不写量纲。比如医疗用的 0.9% 生理盐水,0.9% 是质量体积百分比浓度,它的含义是将 0.9g 氯化钠溶于水配成 100 mL 的溶液。

2. 物质的量浓度

溶质的物质的量浓度是指单位体积溶液中所含溶质 B 的物质的量,用符号 c_B 表示,常用单位为 $mol \cdot L^{-1}$。

例如:配制 1.0 $mol \cdot L^{-1}$ 的氯化钠溶液时,氯化钠的式量为 58.5 $g \cdot mol^{-1}$,故称取 58.5 g 氯化钠固体,加水溶解,定容至 1000 mL 即可获得 1.0 $mol \cdot L^{-1}$ 的氯化钠溶液。

例 1-1 称取 Na_2CO_3 5.3000 g,配成 500.0 mL 的溶液,求 Na_2CO_3 溶液的物质的量浓度[Na_2CO_3]。

解：因 $M(Na_2CO_3) = 105.99 \ g \cdot mol^{-1}$，故：

$$[Na_2CO_3] = \frac{n(Na_2CO_3)}{V} = \frac{m}{M(Na_2CO_3)} \times \frac{1}{V} = \frac{5.3000 \ g}{105.99 \ g \cdot mol^{-1}} \times \frac{1}{0.5000 \ L} = 0.1000 \ mol \cdot L^{-1}$$

对于稀水溶液，忽略温度影响时，可用物质的量浓度代替质量摩尔浓度，以下内容一般作这种近似处理。

3. 质量摩尔浓度

因为溶液的体积随温度而变，所以物质的量浓度也随温度而变，在严格的热力学计算中，为避免温度对数据的影响，常不使用物质的量浓度而使用质量摩尔浓度，后者的定义是每1 kg溶剂中包含溶质物质的量，符号为 m_B，单位为 $mol \cdot kg^{-1}$，即：

$$m_B \equiv n_B / w_A = w_B / (M_B \cdot w_A)$$

其中，B是溶质；A是溶剂；w_A 为溶剂的质量；w_B 为溶质的质量。例如，$m(NaCl) = 0.1 \ mol \cdot kg^{-1}$，即每1 kg溶剂中含有 0.1 mol NaCl。

除了以上浓度的表示方式，还有比例浓度、ppm（该方式已不推荐使用）等表示方式。浓度表示溶质和溶剂的相对含量，可根据不同的需要，采用不同的表示方法。

通常，在报告分析结果时，固体用质量分数表示；气体以体积分数表示；溶液以物质的量浓度、质量摩尔浓度、质量分数、体积分数、摩尔分数等表示。同时要给出测定结果的相对标准偏差、测定次数等。

1.4　分析化学的发展

分析化学起源于古代炼金术，借助的手段是人类的感官和双手。16 世纪，天平的出现使分析化学向定量分析迈进了一大步。19 世纪，鉴定物质的组成和含量的技术建立，奠定了化学分析方法的基础。20 世纪以来，分析化学的主要变革如表 1-1 所示。

表 1-1　20 世纪以来分析化学的主要变革

时期	特点	理论	手段	分析对象
1900—1940 年	经典分析：化学分析为主	热力学、溶液四大平衡	分析天平	无机化合物
1940—1950 年	近代分析：仪器分析为主	热力学、化学动力学	光度、极谱、电位、色谱	有机和无机样品
1970 年—今	现代分析：化学计量学为主	热力学、化学动力学、物理动力学	自动化分析仪、联用技术	有机、无机、生物及药物样品

分析化学学科的发展经历了三次巨大变革：第一次是随着分析化学基础理论，特别是物理化学的基本概念（如溶液理论）的发展，使分析化学从一种技术演变成为一门科学；第二次变革是由于物理学和电子学的发展，改变了经典的以化学分析为主的局面，使仪器分析获得蓬勃发展；目前，分析化学正处在第三次变革时期，生命科学、环境科学、新材料科学发展的要求，生物学、信息科学、计算机技术的引入，使分析化学进入了一个崭新的阶段。

第三次变革的基本特点：从采用的手段看，是在综合光、电、热、声和磁等现象的基础上进一步采用数学、计算机科学及生物学等学科新成就对物质进行纵深分析；从解决的任务看，现代分析化学已发展成为获取形形色色物质尽可能全面的信息、进一步认识自然、改造自然的科学。现代分析化学的任务已不限于测定物质的组成及含量，而是要对物质的形态（氧化-还原态、络合态、结晶态）、结构（空间分布）、微区、薄层及化学和生物活性等做出瞬时追踪、无损和在线监测等分析及过程控制。随着计算机科学及仪器自动化的飞速发展，分析化学家也不能只满足于分析数据的提供，而是要和其它学科的科学家联合，逐步成为生产和科学研究中实际问题的解决者。

未来化学在人类生存、生存质量和安全方面将以新的思路、观念和方式继续发挥核心科学的作用。20世纪的化学科学在保证人类衣食住行需求、提高人类生活水平和健康状态等方面起了重大作用，而21世纪人类所面临的粮食、人口、环境、资源和能源等问题更加严重，虽然这些难题的解决要依赖各个学科，但无论如何总是要依靠研究物质基础的化学学科。

思 考 题

1. 什么是分析化学？
2. 分析化学能解决哪些问题？
3. 分析化学的作用是什么？
4. 分析化学有哪些任务？
5. 简述分析过程的一般步骤。
6. 简述化学分析法与仪器分析法的区别。

MOOC 资源
课程导学

课程案例

滴定分析部分的讲授侧重基本方法、原理和计算，主要设计相关方法的实际应用案例分析，比如水中钙、镁、铁、氯、氟等离子的定量分析，将所学滴定分析方法原理应用于解决实际问题。其次，在化学分析方法原理中较少介绍实际样品预处理和国家标准方法，因此可以设计食品、环境、生物等样品的预处理和国家标准分析方法介绍，拓展学生对实际样品分析的综合应用能力。

1. 案例主题

食品安全——社会安稳之基石、人类生活之必需。

2. 案例意义

人类自古以来注重饮食品质，特别注意对食品安全的要求。因此，食品安全是维系社会安稳的基石，也是人类安心生活的最基本需求。本章通过介绍几个食品安全事故，向同学们展示此类违法犯罪对人民身体健康的巨大伤害，同时讲述酸碱滴定在检验食品安全方面的应用。

3. 案例描述

1996年3月，英国政府宣布患牛海绵状脑病（俗称"疯牛病"）的病牛肉可能导致人类新型克罗伊茨费尔特-雅各布病(简称克-雅病),整个英国乃至欧洲"谈牛色变",在随后的短短几个月中,欧盟多个国家牛肉销量下降70%。英国先后宰杀约400多万头牛,损失高达30亿英镑。2001年,"疯牛病"疫情在法国、德国、比利时、西班牙等国相继发生,欧盟各国牛肉及其制品销售遭受重创。

1999年,比利时维克斯特饲料公司把被二噁英污染的饲料出售给上千家欧洲农场和家禽饲养公司,造成欧盟生鲜肉类和肉类深加工产品重大污染,致使包括美国在内的许多国家禁止从欧盟进口肉类产品。同年,比利时、卢森堡、荷兰、法国数百名儿童因喝了受污染的罐装可口可乐而出现严重不适症状,四国政府下令将所有正在销售的可口可乐下架。

2006年,世界著名巧克力食品企业英国吉百利史威士股份有限公司(简称吉百利公司)的清洁设备污水污染了巧克力,致使42人因食用被沙门氏菌污染的巧克力而中毒,公司紧急在欧盟和全球范围内召回上百万块巧克力。

2008年12月,爱尔兰政府通报说:爱尔兰食品安全局在一次例行检查中发现被宰杀的生猪遭到二噁英污染,所含二噁英成分是欧盟安全标准上限的80～200倍,一些猪肉可能已出口到包括美国和中国在内的25个国家。

2008年至2009年间,美国一家花生食品处理厂发生沙门氏菌污染,造成9名消费者死亡,至少714人患病。这一污染事件引发美国历史上规模最大的食品召回。2009年,涉事企业美国花生公司永久停止生产并申请破产保护。

2013年8月,新西兰乳业巨头恒天然集团旗下工厂生产的浓缩乳清蛋白粉检测出可能含有肉毒梭菌(又称肉毒杆菌)毒素。虽然新西兰初级产业部不久后宣布,他们多次重新检测后未发现其中含有肉毒杆菌,而是一般不会引发食品安全问题的梭状芽孢杆菌,此事依然导致以这些乳清蛋白粉为原料的婴幼儿配方奶粉、饮料等在海外市场下架和召回。

目前,各类食品安全事故众多,或为人为失误导致,或为不法分子有意非法添加某些化学品导致,均对人类生命健康造成了严重危害,如何将学到的知识应用到保障食品安全的实践中,需要同学们在学习过程中认真思考。

4. 案例反思

生活中可能遇到危及人身体健康的化学药品,这些化学药品出现在食品中有可能来自于人为疏忽,也可能来源于非法添加。无论如何,分析化学是揭示食品安全事故中关键危害因素的利器,作为守护食品安全的"眼睛",具有举足轻重的地位。

Ⓩ 应用实例

运动违禁药物的分析

在奥林匹克运动会上,对违禁药物的定性分析与定量分析遵循的分析流程如下。所列出的违禁药物中包含有约500种不同的活性成分:兴奋剂、类固醇、β受体阻滞剂、利尿剂、麻醉剂、镇痛药、局部麻醉药和镇静剂等。某些物质只检测其代谢产物。由于要对运动员们进行快速测试,因而对每种物质都给予详细的定量分析是不切合实际的。分析包含三个分析阶段:快速筛选、鉴定及可能的定量。在快速筛选阶段,需要对尿液成分进行快速测试,以检测是否有异常化合物的存在。所用到的技术有免疫分析法、气相色谱-质谱法和液相色谱-质谱法。需要对大概5%的样品确认其所含的未知化合物是否是违禁药物做进一步鉴定。在快速筛选阶段发现的含有疑似化合物的样品,则要根据该疑似化合物的性质,对样品进行重新处理(可能要水解、萃取或衍生化)。然后借助于高选择性的气相色谱-质谱法对疑似化合物予以鉴定。在气相色谱-质谱技术中,复杂化合物在气相色谱中得以分离后,被质谱检测器捕获、检测。质谱检测器可以提供这些化合物的分子结构数据。质谱数据结合气相色谱的洗脱时间在很大程度上可以作为判定所检测化合物是否存在的依据。气质联用仪价格昂贵且耗时,仅在必要时才使用。既然一些含量甚少的化合物通常也有可能来源于食物、药物制剂或者甾体激素,这时就必须对其精确定量,以确定其含量水平是否升高。这就会用到诸如分光光度法、气相色谱法等定量分析技术。

知识拓展

徐光宪院士:21 世纪化学的四大难题

2002 年,在杭州召开的中国化学会创建 70 周年纪念大会上,北京大学化学学院教授、中国科学院院士徐光宪指出,21 世纪是信息科学、合成化学和生命科学共同繁荣的世纪,同时化学也面临四大难题。

徐光宪说,化学的核心是合成化学,在 20 世纪的 100 年中,化学合成和分离了 2285 万种新物质、新药物、新材料、新分子,以满足人类生活和高新技术发展的需要,没有哪一门其它科学能像化学那样,创造出如此众多的新物质。在合成化学领域共获得 41 项诺贝尔奖。如果没有合成各种抗生素和大量新药物的技术,人类不能控制传染病和缓解心脑血管病,平均寿命要缩短 25 年;如果没有合成纤维、合成塑料、合成橡胶的技术,人类生活要受到很大影响;信息技术的核心是集成电路芯片,是采用化学方法制备的硅单晶片生产的,计算机的存储器等其它部件用了大量的化学合成材料;特别是如果没有弗里茨·哈伯发明的高压合成氨技术和以后的合成尿素技术,世界粮食产量至少要减半,哈伯也因此获诺贝尔化学奖。此后,卡尔·博施改进了哈伯流程也获得了诺贝尔化学奖。所以国外媒体把哈伯流程评为 20 世纪最重大的发明。

21 世纪化学的四大难题

1. 化学的第一根本规律(第一个世纪难题):建立精确有效而又普遍适用的化学反应的含时多体量子理论和统计理论

化学是研究化学变化的科学,所以化学反应理论和定律是化学的第一根本规律。19 世纪 C.M.古尔德贝格和 P.瓦格提出的质量作用定律,是最重要的化学定律之一,但它是经验的、宏观的定律。

H.艾林的绝对反应速度理论是建立在过渡态、活化能和统计力学基础上的半经验理论。过渡态、活化能和势能面等都是根据不含时间的薛定谔第一方程来计算的。所谓反应途径是按照势能面的最低点来描绘的。这一理论和提出的新概念虽然非常有用,但却是不彻底的半经验理论。

近年来发展了含时 Hartree-Fock(哈特里-福克)方法、含时密度泛函理论方法、以酉群相干态为基础的电子-原子核运动方程理论、波包动力学理论等。但目前这些理论方法对描述复杂化学体系还有困难。

所以建立严格彻底的微观化学反应理论,既要从初始原理出发,又要巧妙地采取近似方法,使之能解决实际问题,包括决定某两个或几个分子之间能否发生化学反应,能否生成预期的分子,需要什么催化剂才能在温和条件下进行反应,如何在理论指导下控制化学反应,如何计算化学反应的速率,如何确定化学反应的途径,等等。这是 21 世纪化学应该解决的第一个难题。

2. 化学的第二个世纪难题:分子结构及其和性能的定量关系

这里的"结构"和"性能"是广义的,前者包含构型、构象、手性、粒度、形状和形貌等,后者包含物理、化学和功能性质以及生物和生理活性等。虽然 W. 科恩从理论上证明一个分子的电子云密度可以决定它的所有性质,但实际计算困难很多,现在对结构和性能的定量关系的了解还远远不够。要大力发展密度泛函理论和其它计算方法。这是 21 世纪化学的第二个重大难题,例如:

(1)如何设计合成具有人们期望的某种性能的材料?

(2)如何使宏观材料达到微观化学键的强度? 例如"金属胡须"的抗拉强度比通常的金属丝大一个数量级,但还远未达到金属-金属键的强度,所以增加金属材料强度的潜力是很大的。又如目前高分子纤维达到的强度要比高分子中的共价键的强度小两个数量级。这就向人们提出如何挑战材料强度极限的大难题。

(3)溶液结构和溶剂效应对于性能的影响。

(4)具有单分子和多分子层的膜结构和性能的关系。

以上各方面是化学的第二个根本问题,其迫切性可能比第一个问题更大,因为它是解决分子设计和实用问题的关键。

3. 化学的第三个世纪难题:生命现象中的化学机理问题

充分认识和彻底了解人类和生物体内分子的运动规律,无疑是 21 世纪化学亟待解决的重大难题之一,例如:

(1)研究配体小分子和受体生物大分子相互作用的机理,这是药物设计的基础。

(2)化学遗传学为哈佛大学化学教授施莱伯(Schreiber)所创建。他的小组合成某些小分子,使之与蛋白质结合,并改变蛋白质的功能,例如使某些蛋白酶的功能关闭。这些方法使得研究者们不通过改变产生某一蛋白质的基因密码就可以研究它们的功能,为开创化学蛋白质组学、化学基因组学(与生物学家以改变基因密码来研究的方法不同)奠定了基础。因此小分子配体与生物大分子受体的相互作用的机理,是一个重大的理论化学问题,值得人们关注。

(3)光合作用的机理——活分子催化剂叶绿素如何利用太阳能把很稳定的 CO_2 和 H_2O 分子的化学键打开,合成碳水化合物 $[CH_2O]_n$,并放出氧气,供人类和其它动物使用。

(4)生物固氮作用的机理。

(5)搞清楚牛、羊等食草动物胃内酶分子如何把植物纤维分解为小分子的反应机理,为充分利用自然界丰富的植物纤维资源打下基础。

(6)人类的大脑是用"泛分子"组装成的最精巧的计算机。如何彻底了解大脑的结构和功能将是 21 世纪的脑科学、生物学、化学、物理学、信息和认知科学等交叉学科共同来解决的难题。

(7)了解活体内信息分子的运动规律和生理调控的化学机理。

(8)了解从化学进化到手性和生命起源的飞跃过程。

(9)如何实现从生物分子(biomolecular)到分子生命(molecular life)的飞跃? 如何制造

活的分子(make life),跨越从化学进化到生物进化的鸿沟。

(10) 蛋白质和 DNA 的理论研究。

4. 化学的第四个世纪难题:纳米尺度的基本规律

当尺度在 0.1~10 nm 量级,正处于量子尺度和经典尺度的模糊边界(fuzzy boundary)中,有许多新的奇异特性和新的效应、新的规律和重要应用,值得理论化学家去探索研究。下面举例说明纳米效应。

(1) 以银的熔点和银粒子的尺度作图,则当粒子尺度在 150 nm 以上时,熔点不变,为 960.3 ℃,即通常的熔点。以后熔点随粒子尺度变小而下降,到 5 nm 时为 100 ℃。又如金的熔点为 1063 ℃,纳米金的熔化温度却降至 330 ℃。在纳米尺度,热运动的涨落和布朗运动将起重要的作用。因此许多热力学性质,包括相变和"集体现象"(collective phenomena),如铁磁性、铁电性、超导性和熔点等都与粒子尺度有重要的关系。

(2) 纳米粒子的比表面很大,由此引起性质的不同。例如纳米铂黑催化剂可使乙烯催化反应的温度从 600 ℃ 降至室温。这一现象为新型常温催化剂的研制提供了基础,有非常重要的应用前景。

(3) 当代信息技术的发展,推动了纳米尺度磁性(nanoscale magnetism)的研究。

(4) 电子或声子的特征散射长度,即平均自由程,在纳米量级。当纳米微粒的尺度小于此平均自由途径时,电流或热的传递方式就发生质的改变。

(5) 与微粒运动的动量 $p=mV$ 相对应的德布罗意波长,通常也在纳米量级,由此产生许多所谓"量子点"(quantum dots)的新现象。所以纳米分子和材料的结构与性能关系的基本规律是 21 世纪的化学和物理需要解决的重大难题之一。

第 2 章　误差与数据处理

Errors and Statistical Treatment of Data

学习要求

1. 掌握误差和准确度、偏差和精密度的定义,以及误差的分类和减免误差的方法。
2. 掌握有效数字及其运算规则。
3. 了解偶然误差的正态分布,了解对分析结果的数据处理方法。

2.1　定量分析中的误差

定量分析的目的是要获得被测组分的准确含量。但在实际分析过程中,即使是具有丰富经验的资深分析工作者,对同一试样,采用同一方法在相同条件下进行多次平行测定,所得结果也不可能完全准确,并且很难得到完全一致的分析结果。这说明,分析过程中误差是客观存在的。因此我们需要对分析结果进行评价,了解实验过程中误差产生的原因及误差出现的规律,采取减小误差的有效措施,使分析结果尽量接近真值。

2.1.1　误差与准确度

准确度(accuracy)是指测定结果与真值接近的程度,通常用误差(error)的大小来表示。误差分为绝对误差和相对误差。测定结果与真值之差值叫绝对误差,即:

$$绝对误差(E) = 测定结果(x) - 真值(\mu) \tag{2-1}$$

相对误差等于绝对误差与真值之比乘以 100%,即:

$$相对误差(E_r) = \frac{绝对误差(E)}{真值(\mu)} \times 100\% \tag{2-2}$$

误差越大,准确度越低。由于绝对误差只能表示出误差绝对值的大小,而对测定结果的准确度不能完全反映出来,所以一般用相对误差表示测定结果的准确度。

如称得某物质量为 4.2730 g,其真值为 4.2731 g;另一物的称量质量为 0.4273 g,而它的真值为 0.4274 g。这两个物质的质量相差 10 倍,称量时的绝对误差相同。

$$4.2730 - 4.2731 = -0.0001 \text{ g}$$
$$0.4273 - 0.4274 = -0.0001 \text{ g}$$

但它们的相对误差却不同,分别为

$$E_r = \frac{-0.0001}{4.2731} \times 100\% = -0.002\%$$

$$E_r = \frac{-0.0001}{0.4274} \times 100\% = -0.02\%$$

显然,当称量质量较大的物质时,相对误差就比较小,称量的准确度也就比较高。同时也可以看出,误差不仅有大小之分,而且还有正负之分。

需要注意的是,真值客观存在而又难以得到。这里所说的真值是指相对真值,是指人们设法采用各种可靠的分析方法,由众多的资深分析人员经过多次平行测定并且用统计方法处理而得到的结果。被国际标准化组织公认的一些量值,如相对原子质量,或国家标准样品的标准值都可以被认为是真值。

2.1.2　偏差与精密度

在实际分析工作中,不可能绝对准确地知道试样中被测组分的真实数值,往往是在相同条件下对试样进行多次平行测定后取其平均值。这些测定结果之间相互接近的程度是测定的精密度(precision),常用偏差(deviation)表示。

偏差是指个别测定值与多次分析结果的算术平均值之差。偏差也有正负之分,偏差同样分为绝对偏差和相对偏差,常用相对偏差的数值表示精密度的大小。

$$绝对偏差(d_i) = 测得数值(x) - 算术平均值(\bar{x}) \tag{2-3}$$

$$相对偏差(d_r) = \frac{绝对偏差(d_i)}{算术平均值(\bar{x})} \times 100\% \tag{2-4}$$

在一般的分析工作中,通常是在相同条件下至少做两次平行测定,根据两次测定结果计算精密度。如某分析项目,两次平行测定结果分别是 75.47% 和 75.63%,平均值为 75.55%,则精密度计算如下:

第一次　　　　　　$\dfrac{75.47 - 75.55}{75.55} \times 100\% = -0.1\%$

第二次　　　　　　$\dfrac{75.63 - 75.55}{75.55} \times 100\% = 0.1\%$

一般分析中,对精密度的要求不超过 0.2%,所以,以上测定结果的平均值 75.55% 是可取的,可用 75.55% 报告分析结果。

在分析工作中,为了保证精密度,常将分析的次数适当增加。多次测量结果之间的精密度用算术平均偏差($\bar{d}$)表示:

$$\bar{d} = \frac{1}{n} \sum_{i=1}^{n} |d_i| \tag{2-5}$$

用数理统计方法处理数据时,常用标准偏差(standard deviation,又称均方根偏差)来衡量测定结果的精密度。当测定次数<20 时,单次测定结果的标准差可用标准偏差(s)表示:

$$s = \sqrt{\frac{\sum_{i=1}^{n}(x_i - \bar{x})^2}{n-1}} \tag{2-6}$$

标准差可反映较大偏差的存在和测定次数的影响,能够较好地反映分析结果的相互靠近程度。有时也用相对标准偏差(RSD,也称为变异系数 CV)来衡量精密度的大小。

$$RSD=(s/\bar{x})\times100\%$$

例 2-1　有甲、乙两同学分别测得两组数据：

甲同学测得数据：$0.11,-0.73,-0.24,0.51,-0.14,0.30,0.00,-0.21$

乙同学测得数据：$0.26,0.18,-0.25,-0.37,0.32,-0.28,0.31,-0.27$

分别计算甲乙的算术平均偏差及标准差。

解：算术平均偏差按照公式(2-5)计算,得到：

$$\bar{d}_{甲}=0.28,\bar{d}_Z=0.28$$

标准偏差按照公式(2-6)计算,得到：

$$s_{甲}=0.38,s_Z=0.30$$

由此可见,标准差能够较好地反映分析结果的相互靠近程度。

例 2-2　分析某铜矿试样的含量,进行了 5 次测量,数据分别为 26.44%、26.29%、26.20%、26.49%、26.24%,请报告分析结果。

解：
$$\bar{x}=\frac{(26.44+26.29+26.20+26.49+26.24)\%}{5}=26.33\%$$

d_i 依次为 $+0.11,-0.04,-0.13,+0.16,-0.09$

$$s=\sqrt{\frac{(0.11)^2+(0.04)^2+(0.13)^2+(0.16)^2+(0.09)^2}{5-1}}=0.13\%$$

分析结果报告如下：$\bar{x}=26.33\%$,$s=0.13\%$,$n=5$。

2.1.3　准确度和精密度的关系

从前面的讨论中已知准确度是测定结果与真值符合的程度,而精密度表示测定结果的重现性。由于真值是未知的,因此常常根据测定结果的精密度来衡量分析测量是否可靠,但是精密度高的测定结果不一定是准确的。我们可以用下面的例子来分析准确度与精密度之间的关系。

图 2-1 表示甲、乙、丙、丁四人同时对某试样进行测定的结果,真值为 37.50。由图可见,甲分析结果的精密度很高,但平均值与真值相差很大;乙分析结果精密度和准确度都很高;丙分析结果精密度很差,但平均值恰好与真值相符,是一偶然的巧合;丁分析结果精密度和准确度都很差。

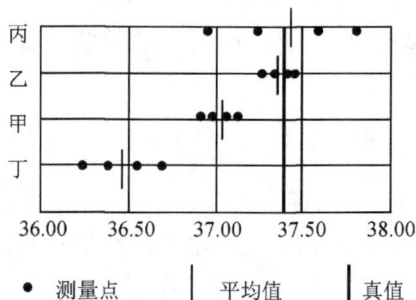

图 2-1　不同工作者分析同一试样的结果

可见,准确度一定以精密度为前提,精密度是保证准确度的先决条件。精密度低,所得结果不可靠,也就失去衡量准确度的前提。但是精密度高也不能保证准确度高。

2.1.4　误差的分类——系统误差及随机误差

产生误差的原因很多,一般将误差分为两类,即系统误差和随机(偶然)误差。

1. 系统误差

系统误差(systematic error)也称为可测误差,它是由测定过程中某种固定的原因所造成的比较恒定的误差。在同一测定条件下重复测定时,误差的大小与正负会重复出现并可以测定。造成系统误差的原因有以下几种。

(1) 方法误差:分析方法本身造成的误差。如在重量分析法中,由沉淀的溶解、共沉淀现象、灼烧时沉淀的分解或挥发等造成的误差;在滴定分析中,反应进行不完全、干扰离子的影响、化学计量点和滴定终点不符合以及副反应的发生等造成的误差。

(2) 仪器误差:仪器本身不够精确,如天平臂长不等、砝码质量、容量器皿刻度和仪表刻度不准确等。

(3) 试剂误差:试剂误差来源于试剂不纯,例如试剂和蒸馏水中含有被测物质或干扰物质,使分析结果系统地偏高或偏低。如果基准物不纯,同样会造成分析结果偏高或偏低,其影响程度更为严重。

(4) 操作误差:在正常情况下,操作人员的主观原因所造成的误差。例如分析人员对滴定终点颜色的辨别往往不同,有人偏深,有人偏浅等。

系统误差的特点如下。

(1) 重复性:同一条件下重复测量时误差会重复出现。

(2) 单向性:测定结果系统地偏高或偏低。

(3) 恒定性:每次测定的误差大小基本不变,对测定结果的影响是恒定的。

(4) 可校正性:可选择合适的方法对系统误差进行校正。

依据误差产生的原因,可以采取校正和制定标准规程的办法找出系统误差的大小和正负,然后对测定的数据进行校正,以消除系统误差。具体方法如下。

(1) 方法校正:如选用公认的标准方法与所采用的方法进行比较,从而找出校正数据,消除方法误差。

(2) 仪器校正:在实验前对使用的砝码、容量器皿或其它仪器进行校正,并求出校正数据,消除仪器误差。

(3) 空白实验:在不加试样的情况下,按照试样分析步骤和条件进行分析试验,所得结果称为空白值,从试样的分析结果中扣除空白值,就可消除试剂、蒸馏水及器皿引入的杂质所造成的系统误差。

(4) 对照实验:即用已知含量的标准试样按所选用的测定方法,以同样条件、同样试剂进行分析,找出改正数据或直接在试验中纠正可能引起的误差。

2. 随机(偶然)误差

随机(偶然)误差(random error)也称不可测误差,是由能影响测定结果的许多不可控制或未加控制因素的微小波动引起的误差。分析人员在正常操作中多次分析同一试样,测得的一系列数据往往有差别,并且所得误差的正负不定,都属于偶然误差。产生这类误差的原因往往难以觉察,可能是由环境温度的波动、电源电流的波动、仪器的噪音、分析人员判断能力和操作技术的微小差异等许多随机因素引起的误差叠加。这类误差在操作中不可能完全避免,也难找到确定的原因。随机误差不仅影响测定结果的准确度,而且明显地影响测定结果的精密度。这类误差不可能用校正的方法减小或消除,只有通过增加测定次数、采用数理统计方法对测定结果做出正确的表达。有关内容将在 2.2.1 节进行详细讨论。

应当注意的是,"过失"不同于这两类误差。它是指由于分析工作者粗心大意或违反操作规程所产生的错误,如溶液溅失、读数记错、计算错误等,这些都可能产生错误的测定值。若属于此类情况,应将该结果弃去不用。也可用统计方法检查测定值是否由于过失引起,详见2.2.3 节。

2.2 分析结果的数据处理及评价

在科学实验中,分析结果的数据处理非常重要。在一般的科学研究中,必须对一个试样进行多次实验,获得足够数据并进行正确处理。

2.2.1 随机误差的正态分布

随机误差是偶然因素造成,其大小及正负号都不定,每次分析的结果似乎没有什么规律性,也无法预测。但若能进行多次测量,按统计规律对这些数据进行处理,就可以发现随机误差的分布服从如下规律:

(1) 大小相近的正误差与负误差出现的机会相等,即绝对值相近而符号相反的误差是以同等的机会出现的。

(2) 小误差出现的次数较多,而大误差出现的次数较少,特别大的误差出现的次数极少。

1. 正态分布

一组测量值,数据有高有低,看似杂乱无章。我们可以设想,按照其大小顺序进行排列,分为若干个区间,在每个区间测量值出现的次数称为频数,频数与数据总数之比则为频率。频率除以组距(即每个区间中最大值与最小值之差)即频率密度(当区间数 n 较大时,频率密度也称为概率密度)。以测量值的区间为横坐标,以频率密度为纵坐标作图可得频率密度曲线。若测量次数为无数次时,则上述曲线分布符合正态分布(normal distribution),又称高斯分布(Gaussian distribution),其数学方程为

$$y = f(x) = \frac{1}{\sigma \sqrt{2\pi}} e^{-\frac{(x-\mu)^2}{2\sigma^2}} \tag{2-7}$$

其中,x 为单次测定值;y 为概率密度,它是变量 x 的函数,即表示测定值 x 出现的频率;μ 为总体平均值,即无限多次测定的算术平均值,为曲线最高点对应的 x 值,测量次数为无限次时,μ 表示无限个数据的集中趋势,在消除了系统误差时,μ 即为真值;σ 为总体标准偏差,是正态分布曲线两拐点间距离的一半。

$$\sigma = \sqrt{\frac{\sum (x_i - \mu)^2}{n}} \tag{2-8}$$

σ 和 μ 是正态分布的两个基本参数。$x = \mu$ 时,y 值最大,此即分布曲线的最高点。这可以说明,大多数测量值集中在算术平均值的附近,或者说算术平均值是最可信赖值或最佳值,它能很好地反映测定的集中趋势。σ 反映了测定值的分散程度。σ 愈大,曲线愈平坦,测定值愈分散;σ 愈小,曲线愈尖锐,测定值愈集中。σ 和 μ 值一定,曲线的形状和位置就确定了。$x - \mu$ 表示随机误差,若以 $x - \mu$ 为横坐标,则曲线最高点对应的横坐标为零,这时曲线即成为随机误差的正态分布曲线(图 2-2)。

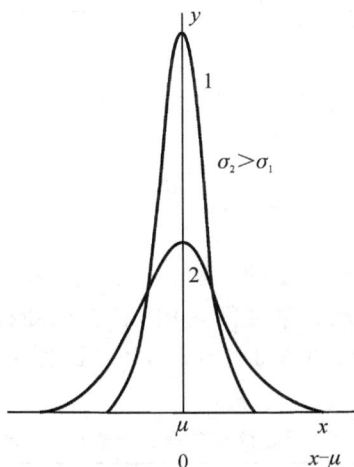

图 2-2　两组精密度不同测量值的正态分布曲线

由于正态分布曲线形状随着 σ 不同而不同,因此为简明起见将横坐标改用变量 u 表示,则正态分布曲线归结于一条曲线。u 的定义为

$$u = \frac{x - \mu}{\sigma} \tag{2-9}$$

此时函数为

$$y = f(x) = \frac{1}{\sigma\sqrt{2\pi}} e^{-\frac{u^2}{2}} \tag{2-10}$$

由(2-9)式得

$$dx = \sigma du$$

$$f(x)dx = \frac{1}{\sigma\sqrt{2\pi}} e^{-\frac{u^2}{2}} \sigma du = \phi(u)du$$

故

$$y = \phi(u) = \frac{1}{\sqrt{2\pi}} e^{-\frac{u^2}{2}} \tag{2-11}$$

这样以 u 为变量的概率密度函数表示的正态分布曲线称为标准正态分布曲线(图 2-3)。标准正态分布曲线就是以总体平均值 μ 为原点,以 σ 为横坐标单位的曲线。曲线形状与 σ 大小无关。横坐标是以 σ 为单位的 $x - \mu$ 值。

标准正态分布曲线下面的面积代表了具有各种大小偏差的测量值出现的概率总和,其值为 100%。随机误差在某一区间出现的概率,可取不同的 u 值对式(2-11)积分而得到。

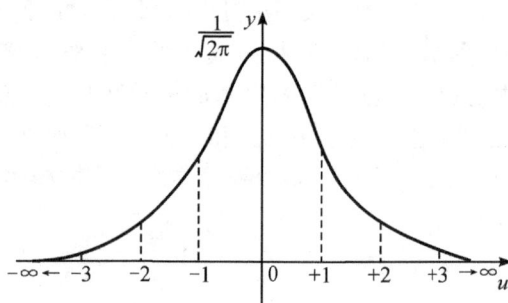

图 2-3　标准正态分布曲线

$$P = \frac{1}{\sqrt{2\pi}} \int_0^{+u} e^{-u^2/2} \mathrm{d}u \qquad (2-12)$$

　　已计算出不同 u 值时曲线下所包括的面积,并制成概率积分表(表 2-1)供直接查阅。从表中可求出随机误差或测量值出现在某区间内的概率,如随机误差在$(-\sigma, +\sigma)$区间或测量值 x 在$(\mu-\sigma, \mu+\sigma)$的概率是 $2 \times 0.3413 = 68.3\%$。此概率称为置信度或置信水平(confidence level)。

表 2-1　正态分布概率积分表(部分数值)

$\|u\|$	面积	$\|u\|$	面积
0.674	0.2500	2.000	0.4773
1.000	0.3413	2.576	0.4950
1.645	0.4500	3.00	0.4987
1.960	0.4750	∞	0.5000

2.2.2　t 分布曲线

　　在实际工作中,通常把测定数据的平均值作为分析结果报告。但是对有限次测定而言,少量测定值的平均值 $\bar{x}$ 总是具有一定的不确定性,不能明确地说明测定的可靠性。我们只能在一定的置信度下,根据 $\bar{x}$ 对 μ 可能存在的区间做出估计。由上节对误差正态分布的讨论可知,$\mu = x \pm u\sigma$,即已知任何单次测定值时,无限次测量的算术平均值 μ 的可能范围就是 $x \pm u\sigma$,称为置信区间(confidence interval)。而对于有限次测定来说,σ 一般是未知的,我们只能根据有限数据求得 s。然而用 s 代替 σ,按照正态分布处理实际问题是不合理的,甚至会得出错误的判断。为此,英国化学家戈塞特(Gosset)提出了用 t 分布来处理有限测量数据的方法。

　　t 分布是指用统计量 t 代替正态分布中的变量 u,用 s 代替 σ。t 定义为

$$t = \frac{\bar{x} - \mu}{s_{\bar{x}}} = \frac{\bar{x} - \mu}{s} \sqrt{n} \qquad (2-13)$$

　　此时随机误差不是正态分布,而是 t 分布。t 分布曲线的纵坐标是概率密度,横坐标是 t。t 分布曲线随自由度 $f(f=n-1)$ 变化。当 $n \to \infty$ 时,t 分布曲线即标准正态分布曲线。t 分布曲线下某区间的面积同样也表示随机误差在某区间的概率。t 的数值与置信度和自由度有

关,不同置信度和自由度所对应的 t 值已由数学家计算出。表 2-2 列出了不同自由度及不同置信度对应的部分 t 值,从表中可以看出,f 值越小,t 值越大;置信度越高,t 值越大。

表 2-2　t 值表(双边)

自由度 $f=(n-1)$	置信度			
	0.50	0.90	0.95	0.99
1	1.00	6.31	12.71	63.66
2	0.82	2.92	4.30	9.93
3	0.76	2.35	3.18	5.84
4	0.74	2.13	2.78	4.60
5	0.73	2.02	2.57	4.03
6	0.72	1.94	2.45	3.71
7	0.71	1.90	2.37	3.50
8	0.71	1.86	2.31	3.36
9	0.70	1.83	2.26	3.25
10	0.70	1.81	2.23	3.17
20	0.69	1.73	2.09	2.85
∞	0.67	1.65	1.96	2.58

根据 t 的定义可得

$$\mu = \bar{x} \pm (ts/\sqrt{n}) \tag{2-14}$$

由此可以用 t 来确定置信区间。由式(2-14)可以看出,置信区间的宽窄与置信度、测定值的精密度及测定次数有关,当测定值精密度越高(s 值越小),测定次数越多(n 越大)时,置信区间越窄,即平均值越接近真值,平均值越可靠。而置信度选择越高,置信区间越宽,其区间包括真值的可能性也就越大。在实际工作中,一般将置信度定为 95%。

例 2-3　测定某试样中 S 的质量分数($\times10^{-6}$),得到的一组分析测定数据为 28.62%、28.59%、28.51%、28.48%、28.52%、28.63%。求置信度为 95% 时平均值的置信区间。

解:先算得平均值 $\bar{x}=28.56\%$,标准偏差 $s=0.06\%$。

查表 2-2 得,置信度为 95%,$n=6$ 时,$t=2.57$,因此

$$\mu = \left(28.56 \pm \frac{2.57 \times 0.06}{\sqrt{6}}\right)\% = (28.56 \pm 0.06)\%$$

2.2.3　可疑数据的取舍(过失误差的判断)

在实际的分析测量工作中,常会遇到一组平行测定结果中出现偏差较大的个别数据,称为离群值(可疑值,cutlier)。若在实验过程中已发现它是由过失造成的,即可将该数值直接舍弃,否则就不能随意舍弃而要用统计的方法来判断取舍。判断的方法很多,我们在这里介绍较

为简单的 Q 检验法和格鲁布斯(Grubbs)法。

1. Q 检验法

Q 检验法的步骤如下：

(1)将测得数据按递增顺序排列：$x_1, x_2, \cdots, x_{n-1}, x_n$，其中 x_1 或 x_n 可疑；

(2)求出最大与最小数据之差 $x_n - x_1$；

(3)求出可疑数据与其最相邻数据之间的差 $x_n - x_{n-1}$ 或者 $x_2 - x_1$；

(4)按以下公式计算 Q 值：

$$x_1 \text{ 是可疑值} \quad Q_算 = \frac{x_2 - x_1}{x_n - x_1}$$

$$x_n \text{ 是可疑值} \quad Q_算 = \frac{x_n - x_{n-1}}{x_n - x_1}$$

(5)根据测定次数和要求的置信度查表，得到 $Q_表$，$Q_表$ 的数据见表 2－3；

(6)比较 $Q_表$ 与 $Q_算$，当计算值 $Q_算$ 大于 $Q_表$ 时，则应舍去该可疑值，反之保留。

表 2－3　不同置信度下,舍弃可疑数值的 Q 值表

置信度	测量次数							
	3	4	5	6	7	8	9	10
0.95	0.98	0.85	0.73	0.64	0.59	0.54	0.51	0.48
0.99	0.99	0.93	0.82	0.74	0.68	0.63	0.60	0.57

例 2－4　某同学测定溶液浓度(单位 mol/L)，得到一组分析测定结果为 0.1015、0.1011、0.1016 和 0.1027。试用 Q 检验法说明 0.1027 这个值是否应该舍弃(置信度 95%)？

解：
$$Q_算 = \frac{0.1027 - 0.1016}{0.1027 - 0.1011} = 0.69$$

查表 2－3，$n = 4$，置信度为 95% 时，$Q_表 = 0.85$。故 0.1027 不是异常值，应予保留。

2. 格鲁布斯法

格鲁布斯检验法的步骤如下：

(1)将测得数据按递增顺序排列：$x_1, x_2, \cdots, x_{n-1}, x_n$，其中 x_1 或 x_n 可疑；

(2)计算出 n 个测定值的平均值 $\bar{x}$ 及标准偏差 s；

(3)按以下公式计算 G 值：

$$x_1 \text{ 是可疑值} \quad G_算 = \frac{\bar{x} - x_1}{s}$$

$$x_n \text{ 是可疑值} \quad G_算 = \frac{x_n - \bar{x}}{s}$$

(4)根据测定次数和要求的置信度查表，得到 $G_表$，$G_表$ 的数据见表 2－4；

(5)比较 $G_表$ 与 $G_算$，当计算值 $G_算$ 大于 $G_表$ 时，则应舍去该可疑值，反之保留；

(6)此法计算过程中，应用了平均值 $\bar{x}$ 及标准偏差 s，故判断的准确性较高。

表 2-4　不同置信度下,舍弃可疑数值的 G 值表

置信度	测量次数							
	3	4	5	6	7	8	9	10
0.95	1.15	1.46	1.67	1.82	1.94	2.03	2.11	2.18
0.99	1.15	1.49	1.75	1.94	2.10	2.22	2.32	2.41

例 2-5　测定某试样中 Al 的质量分数($\times 10^{-6}$),得到的一组分析测定数据为 1.25、1.27、1.31 和 1.40。试用格鲁布斯检验法说明 1.40×10^{-6} 这个值是否应该舍弃(置信度 95%)?

解: 算得 $\bar{x} = 1.31 \times 10^{-6}$,$s = 0.067 \times 10^{-6}$

$$G_{算} = \frac{1.40 - 1.31}{0.067} = 1.34$$

查表 2-4,$n=4$,置信度为 95% 时,$G_{表} = 1.46$。故 1.40×10^{-6} 应予保留。

2.2.4　显著性检验

在实际的分析工作中,对于同一分析试样可能有多种测试方法,或者也可能由不同的分析人员(或实验室)对同一试样用同样方法分别做平行测定,得到不同的分析结果。因此常常会遇到两类问题,一是对含量真值已知的某标准物质进行分析,得到平均值 $\bar{x}_1$,但平均值不等于真值;另一种是用两种不同的方法、或两台不同的仪器、或两个不同的实验室对同一样品进行分析,得到两个平均值 $\bar{x}_1$、$\bar{x}_2$,但这两个值不相等。这种差异是由随机误差引起的还是由系统误差引起的? 显著性检验(significance test)就是用统计的方法来判断此类问题。

1. 平均值与标准值的比较

为了检验一个分析方法是否可靠,常用已知含量的标准试样进行试验,可采用 t 检验法比较测定结果的平均值与标准值之间是否存在显著性差异。

t 检验法的具体步骤如下:

(1)计算 t 值,公式为 $t_{算} = \dfrac{|\bar{x} - \mu|}{s}\sqrt{n}$;

(2)根据测定次数和所给置信度查表 2-2,得到 $t_{表}$;

(3)如果 $t_{算} > t_{表}$,则表明 $\bar{x}$ 与标准值有显著性差异,被检验的方法存在系统误差,若 $t_{算} \leqslant t_{表}$,则 $\bar{x}$ 与标准值之间的差异可认为是随机误差引起的正常差异。

2. 两组平均值的比较

当需要检查以两种不同的方法、或两台不同的仪器、或两个不同的实验室对同一样品进行分析得到的不同平均值 $\bar{x}_1$、$\bar{x}_2$ 是否存在显著性差异,以便于选择更准确的方法时,可选用 t 检验法。

在应用 t 检验法判断两个平均值是否有显著性差异时,首先要求这两个平均值的精密度没有大的差异。为此需要先用 F 检验法来进行判断。

假设两组数据分别表示为 n_1、s_1、$\bar{x}_1$ 和 n_2、s_2、$\bar{x}_2$。

F 检验法的具体步骤如下：

(1)求两组数据各自的方差：$s^2 = \dfrac{\sum\limits_{i=1}^{n}(x_i - \bar{x})^2}{n-1}$；

(2)计算 F 值：$F_{算} = \dfrac{s_{大}^2}{s_{小}^2}$（$>1$，必须以 $s_{大}^2$ 为分子，$s_{小}^2$ 为分母）；

(3)查表 2-5，得到 $F_{表}$；

(4)如果 $F_{算} \leqslant F_{表}$，则继续用 t 检验法进行判断；若 $F_{算} > F_{表}$，则不能继续再用此法进行判断。

表 2-5　置信度 95% 时的 F 值(单边)

$s_{小}$	$s_{大}$				
	2	3	4	5	6
2	19.00	19.16	19.25	19.30	19.33
3	9.55	9.28	9.12	9.01	8.94
4	6.94	6.59	6.39	6.16	6.09
5	5.79	5.41	5.19	5.05	4.95
6	5.14	4.76	4.53	4.39	4.28

进一步用 t 检验法进行显著性判断的步骤如下：

(1)计算 $s_{合并} = \sqrt{\dfrac{s_1^2(n_1-1)+s_2^2(n_2-1)}{(n_1-1)+(n_2-1)}}$；

(2)计算 $t_{算} = \dfrac{|\bar{x}_1 - \bar{x}_2|}{s_{合并}}\sqrt{\dfrac{n_1 n_2}{n_1 + n_2}}$；

(3)查表 2-2，得到 $t_{表}$；

(4)如果 $t_{算} > t_{表}$，则表明两个平均值存在显著性差异。

2.3　有效数字及其运算规则

2.3.1　有效数字

有效数字(significant figure)是指在分析工作中实际能测量到的数字。有效数字不仅表示数据的大小，也反映了测定的准确程度，即数字的保留位数是由测量仪器的准确度决定的。有效数字保留的最后一位数字通常是不确定的，称为可疑数字。如用一般分析天平称得某物体的质量为 0.4780 g，这一数值中，0.478 是准确的，最后一位数字"0"是可疑的，可能有上下一个单位的误差，即其实际质量是在 0.4780±0.0001 g 范围内的某一数值，此时称量的绝对误差为 ±0.0001 g，相对误差为

$$\dfrac{\pm 0.0001}{0.4780} \times 100\% = \pm 0.02\%$$

若将上述称量结果写成 0.478 g，则意味着该物体的实际质量为 0.478 ± 0.001 g 范围内的某一数值，即绝对误差为 ±0.001，而相对误差则为 ±0.2%。可见，记录时在小数点后多写或少写一位数字"0"，从数学角度看关系不大，但是记录所反映的测量精确程度被夸大了 10 倍或缩小为 1/10。因此，实验数据中任何一个数都是有意义的，数据的位数不能随意增加或减少。

数字"0"在数据中具有双重意义。若作为普通数字使用，它就是有效数字；若它只起定位作用，就不是有效数字。例如用分析天平称得某物质质量为 0.0758 g，此数据具有三位有效数字。数字前面的"0"只起定位作用，不是有效数字。又如某溶液的浓度为 0.2100 mol/L，该数据有四位有效数字，后面的两个"0"表示该溶液的浓度为准确到小数点后第三位，第四位可能有 ±1 的误差。

改变单位，并不改变有效数字的位数，如滴定管读数 22.13 mL，该数据是四位有效数字。若该读数改用 L 为单位，则是 0.02213 L，这时前面的两个"0"仅起定位作用，不是有效数字。0.02213 仍是四位有效数字。

当需要在数的末尾加"0"作定位用时，最好采用指数形式表示，否则有效数字的位数含混不清。例如质量为 15.0 g，若以 mg 为单位，则可表示为 1.50×10^4 mg。若表示为 15000 mg，就易误解为五位有效数字，或有效数字不明确。

pH、pM、lg$K$ 等的有效数字位数，仅取决于小数部分的位数，因其数字部分只代表 10 的方次。例如某溶液 pH 值为 5.30，即 $[\text{H}^+] = 5.0 \times 10^{-6}$ mol/L，其有效数字为 2 位而非 3 位。

另外，在分析化学计算中常遇到非测量所得的常数（如 π）、分数、倍数等，可将其视为无限多位有效数字。

2.3.2　有效数字的修约及运算规则

分析测试结果一般由测定得到的物理量进行计算，结果的有效数字位数必须能正确表达实验的准确度。因此在运算过程中需要对数据进行修约，即舍去多余的数字，避免非必要的繁琐计算。有效数字的修约采用"四舍六入五留双"的原则。即当尾数（拟舍弃数字的第一位数）≤4 时舍去，尾数≥6 时进位；而尾数为 5 时，若 5 后的数字为 0 或无数字时，则看保留下来的末位数是奇数还是偶数，是奇数时就将 5 进位，是偶数时，则将 5 舍弃，总之要使保留下来的末位数为偶数。如将 3.175 和 3.165 修约成三位数，则分别为 3.18 和 3.16。若 5 后面的数字不为 0，则不论 5 前面的数字是奇数还是偶数都要进位。

另外，修约数字时，应一次修约到所需要位数，不能连续多次修约。

在进行加减和乘除运算时，通常先合理地修约数据的位数，然后按照加减法和乘除法的计算规则进行计算。

加减运算时，各数据以及最后计算结果所保留的小数点后位数，应以小数点后位数最少即绝对误差最大的那个数据为依据。例如将 0.0231、27.54 及 1.06894 三个数据相加，其中 27.54 为绝对误差最大的数据，因此各数据及运算结果都应取到小数点后第二位。结果应为 28.63。

乘除运算中，各数据及计算结果所保留的位数取决于相对误差最大即有效数字位数最少的那个数，例如：

$$\frac{0.0437 \times 3.103 \times 50.16}{140.7} = 0.0483$$

各数的相对误差分别为

$$0.0437: \frac{\pm 0.0001}{0.0437} \times 100\% = \pm 0.2\%$$

$$50.16: \pm 0.02\%$$

$$3.103: \pm 0.03\%$$

$$140.7: \pm 0.07\%$$

可见，四个数中相对误差最大即准确度最差的是 0.0437，是三位有效数字，因此计算结果也应取三位有效数字 0.0483。

在有效数字修约及计算时，还应注意下列几点：

(1)若某一数据首位有效数字大于或等于 8，则有效数字的位数可多算一位，如 8.37 虽只三位，但可看作四位有效数字。

(2)在计算过程中，可将参与运算的各数的有效数字位数修约到比该数应有的有效数字位数多一位（多取的数字称为安全数字），然后再进行运算。

(3)有关化学平衡的计算，一般保留两位或三位有效数字。

(4)大多数情况下，表示误差时，取一位有效数字即已足够，最多取两位。

(5)在表示分析结果时，组分含量≥10%时，用四位有效数字，含量为 1%～10% 时用三位有效数字。

采用计算器连续运算的过程中可能保留了过多的有效数字，应将最后结果修约成适当位数，以正确表达分析结果的准确度。

思 考 题

1.准确度和精密度的含义分别是什么？二者存在什么关系？

2.解释误差和偏差的概念。

3.为从分析结果中得到有意义的结论，精密度高就足够吗？

4.用标准偏差和算术平均偏差表示结果，哪一种更合理？

5.如何减少系统误差？如何减少随机误差？

6.甲、乙两人同时分析一矿物中的含锌量，每次取样 4.3 g，分析结果分别报告为：甲 0.051%、0.053%；乙 0.05169%、0.05203%。哪份报告是合理的？为什么？

7.某铜矿石中含铜 49.17%，若甲分析的结果为 49.12%、49.15% 和 49.18%，乙分析得到 49.19%、49.24% 和 49.28%。试比较甲乙两人分析结果的准确度和精密度。

8.在对一个已知组分含量真值的标准样品进行测定时，如果测量结果和真值不相等，能否说明测量结果不准确？如何判断？

9.置信度和置信区间各是什么含义？

习   题

1. 下列数据中各包含几位有效数字？

    (1) 0.03050   (2) 12.050   (3) 0.01020

    (4) 7.2×10^{-5} (5) pH=5.25   (6) $K_a = 1.07 \times 10^{-3}$

2. 下列数字分别以指数的形式表示,保留 4 位有效数字。

    (1) -0.024000 (2) 374500   (3) 50.778×10^3

    (4) 0.000957830   (5) 0.006543210   (6) 200.245700

3. 计算下列式子的结果,保留合适的有效数字。

    (1) $37.4 \times 10^{-3} \times 5.38 \times 10^5$

    (2) $0.00326 \times 5.103 \times 60.06 / 139.8$

    (3) $35.4 + 18.45 + 2.59$

    (4) $(1.746 \times 10^3) - (3.28 \times 10^2) + (1.47 \times 10^4 \times 5.23 \times 10^{-2})$

4. 用误差为 ± 0.1 mg 的天平准确称取 0.3 g 左右试样,称量结果的有效数字应保留几位?

5. 用标准方法测得某试样含硫 51.29%,现通过分析,测得含硫量分别为 51.27%、51.24%、51.26%。求分析结果的绝对误差及相对误差。

6. 某同学在滴定时,过量 0.10 mL,若加入滴定剂的总体积为 2.30 mL,其相对误差为多少? 如果滴定的总体积为 23.00 mL,其相对误差又为多少? 计算结果说明了什么问题?

7. 经分析测得某试样中含 SiO_2 质量分数(%)分别为 41.24%、41.27%、41.23%、41.26%。求分析结果的平均偏差、标准偏差和相对标准偏差。

8. 滴定管一次读数的绝对误差为 ± 0.01 mL。完成一次滴定分析需要两次读数,造成最大绝对误差值为 ± 0.02 mL。为使体积测量的相对误差小于 0.1%,需要消耗多少体积的滴定剂?

9. 测定某试样含量,得到一组数据如下:5.12%、5.18%、5.20%、5.15%、5.17%、5.16%、5.19%。分别计算测定结果在 90% 和 95% 的置信度下,平均值的置信区间。

10. 标定 HCl 溶液浓度时得到以下结果(单位均为 mol/L):0.1021、0.1022、0.1023 和 0.1035。对最后一个数据 0.1035,按照 Q 检验法判断是否应舍弃。(置信度为 95%)

11. 测定某样品中 Fe 的质量分数,数据如下(%):1.50%、1.68%、1.51%、1.22%、1.63%、1.72%。试用格鲁布斯法判断这组测定值中有无异常值该舍弃?(置信度为 95%)

12. 有一 CaO 标准样品,其质量分数标准值为 40.43%。今用一新方法测定该样品中 CaO 的含量,得如下结果:$n = 6$,$\bar{x} = 40.51\%$,$s = 0.05\%$。问:此测定有无系统误差?(给定置信度为 95%)

13. 甲、乙分析同一试样中碳的质量分数,结果如下。

    甲:4.08%　4.03%　3.94%　3.90%　3.96%　3.99%

    乙:3.98%　3.92%　3.90%　3.97%　3.94%

    问:甲、乙二人分析结果的精密度是否存在显著性差异?

MOOC 资源

    1. 误差(2)

    2. 有效数字

    3. 有限次测量数据的统计处理

    4. 思维导图式总结

课程案例

1. 案例主题

毫厘必争,则真相必现。

2. 案例意义

在现代各种天然以及人造材料中,几乎没有稀有气体的元素成分,但稀有气体在化学合成及芯片制造等领域具有不可替代的作用。稀有气体的发现体现了严谨务实、追求真理的科学家精神。而测量不严谨、方法不正确等引起的误差能够引起重大安全事故与财产损失。通过案例分析同学们应该认识到科学研究中精确与严谨的重要性,养成良好的科研素养与生活态度。

3. 案例描述

化学元素周期表中ⅧA族的天然元素一共有六种,分别是氦、氖、氩、氪、氙和氡,由于它们在空气中的含量非常稀少,故被称为稀有气体;又因为它们在化学反应中的活性非常低,故又被称为惰性气体。这六种稀有气体元素在1894—1900年间陆续被发现。其中氩气的发现诠释了科学家在面对实验数据时无比严谨的治学精神。1785年,英国科学家卡文迪许在实验中发现,除去不含水蒸气与二氧化碳的空气中的氧气和氮气后,仍有很少量的残余气体存在。一百多年后,英国物理学家瑞利(John William Strutt,Third Baron Rayleigh)测定氮气的密度时发现从空气里分离出来的氮气密度是1.2572 g/L,而从含氮物质制得的氮气密度是1.2508 g/L。经多次测定,从空气中分离出的氮气每升质量总是要重几毫克。瑞利没有忽视这种微小的差异,他找来了化学家拉姆齐(William Ramsay)一起研究。拉姆齐怀疑问题可能出在从空气中分离出来的氮不是纯氮,里面混入了比氮重的杂质气体。拉姆齐在上课的时候做过让镁在空气中燃烧的演示实验,结果镁不仅能与空气中的氧化合,还能和氮化合生成氮化镁。因此他采用这个方法除去空气中的氮气。具体做法是把已经除去水气、二氧化碳和氧气的空气通过装有赤热镁屑的瓷管,使空气中的氮因生成氮化镁而分离出来,这样反复多次,管子里还留下的就是怀疑中的杂质气体。经过测定,该杂质气体比氮气密度大,几乎是氮的一倍半。由于这气体性质极不活泼,所以命名为氩(拉丁文原意是"懒惰")。拉姆齐与瑞利发现氩气之后,两人继续合作,通过各种分离提纯实验以及光谱法于1898年发现了氪、氖和氙。由于发现了这些气态惰性元素并确定了它们在元素周期表中的位置,拉姆齐荣获了1904年的诺贝尔化学奖。这两位科学家对待实验数据的严谨态度与深入思考,使人类进一步认清了我们的世界,同时也极大地促进了化学的发展。

哈勃望远镜是世界上最大的太空光学望远镜。在1990年发射后,传回的图象没有达到预期效果——哈勃望远镜对微弱天体成像不清晰,被戏称为"近视眼"。该问题根本原因是主镜被打磨成错误的形状。打磨要求形状误差为10 nm,但实际主镜周边形状误差却高达2200 nm。主镜形状误差导致光的损失大,严重降低了望远镜成像清晰度。1993年至2009年,哈勃望远镜进行过5次太空维修升级后才满足了设计要求,变得更加精密。

从以上事例中可以看出,在科学研究中,精确可靠的实验数据与严谨认真的科研态度是何等重要。

4. 案例反思

发现稀有气体的诺贝尔化学奖得主拉姆齐曾说："多看、多学、多试。如果有成果绝不炫耀。一个人如果怕费时、费事，则将一事无成。"通过他的研究经历可以看出，在看、学、试的过程中秉承严谨的科学态度，坚持深入思考与探究，才能获得实验上的成功，才能更正确、更深刻地认识我们的世界。以上都是同学们在将来从事科学研究活动中应具有的品质，同学们可以举例自我反省，或者从他人事例中总结经验教训，培养自己的科学家精神。

应用实例

统计学中为啥自由度修正为 $n-1$

首先，我们假设有一组 n 个数目的数据：x_1、x_2、$\cdots$、x_n，它们的样本平均数是 $\bar{x}$。

方差（变异量）所要测量的是这一组数据彼此间差异的程度，它告诉我们数据的同构型或一致性。我们可以先想象这组数据全部相同的情况：数据彼此之间完全没有差异，也就是同构型高到不能再高了，一致性也大到不能再大了，此时方差为 0。如果数据彼此间差异极大，也就是同构型或一致性极低，此时方差极大。

想象一个排球队的球员，我们有这些球员上个赛季得分率的数据。如果这些数据的方差极小，这代表球员们得分能力大致相同，同构型极高；反之，如果方差极大，则能力参差不齐，同构型低。再想象我们特别关注其中一位球员，我们有他参加比赛以来每个赛季的得分率。如果这些数据的方差极小，这代表该球员每赛季表现的一致性极高；反之，如果方差极大，则一致性低。

然则为何方差要用式（2-6）计算？要算数据彼此间差异的程度，不是算出数目两两之间差异的总和或其平均值就好了吗？这样说虽然不无道理，但实际上大有问题。

设想我们把数据中所有数目依其大小标在一直在线，一共有 n 个点，则这些点两两之间一共会有 $C_n^2 = n! / [(n-2)! \, 2!]$ 个距离，例如 $n=3$ 会有 3 个距离，$n=4$ 会有 6 个距离，$n=5$ 会有 10 个距离，等等。但这些距离并不是相互独立的，因为除了相邻两点之间的距离外，其它的距离都可以算出来。举例来说，若 $n=3$ 而三点为 $x_1 < x_2 < x_3$，则共有 $|x_1 - x_2|$、$|x_2 - x_3|$、$|x_1 - x_3|$ 三个距离，但 $|x_1 - x_2| + |x_2 - x_3| = |x_1 - x_3|$，也就是 3 个距离中只有 2 个是独立的，第三个可以由这两个独立的距离算出来。推而广之，直线上 n 个点 $x_1 < x_2 < \cdots < x_n$，虽然可有 C_n^2 个距离，只有 $|x_1 - x_2|$、$|x_2 - x_3|$、$|x_3 - x_4|$、$\cdots$、$|x_{n-1} - x_n|$ 这 $n-1$ 个相邻两点之间的距离是独立的，这 $n-1$ 个距离知道之后，其它的距离也就知道了。这 $n-1$ 个相邻两点的"独立"距离，包含了样本方差所有的信息，因此我们不妨暂且把 $n-1$ 唤作"自由度"。换句话说，"自由度"就是样本方差所含独立信息的数目。

如果我们把总方差定义为数据中这些独立信息的总和，则当我们把总方差除以自由度 $n-1$，我们就得到这些独立信息的平均方差了。但这样的定义有一个问题，我们看下式就明白了：

$$\frac{\sum_{i=1}^{n-1} |x_i - x_{i+1}|}{n-1} = \frac{|x_1 - x_2| + |x_2 - x_3| + \cdots + |x_{n-1} - x_n|}{n-1} = \frac{|x_1 - x_n|}{n-1}$$

这就等于我们小学时学过的植树问题：一条路有 90 m，沿路每边种了 10 棵树，两端都种，请问每边树与树间的平均距离是多少？这样来算方差，除了用到数据最大数和最小数之间的范围(range)外，完全忽略了中间 $n-2$ 个相对点位置所含的信息，因此它不是一个适当的方法。

此外，因为两数相减可能得到负数，但距离必须是正的，所以我们常用绝对值来算距离。但绝对值函数 $y=|x|$ 在 $x=0$ 的地方有个尖锐转折，不是一个平滑函数，数学上不好处理。比较好的消去负号的方法是平方：负负得正。

因此统计学不用数据点两两之间距离绝对值的和来算总方差，而是用每个数据点与平均数距离平方的总和，也就是"差方和"。差方和的好处是它用到了数据中每一点的位置，但它同时也必须用到样本平均数。用了样本平均数之后，数据中的 n 个点与平均数的距离就有一个限制了：

$$(x_1 - \bar{x}) + (x_2 - \bar{x}) + \cdots + (x_n - \bar{x}) = \sum_{i=1}^{n} x_i - n\bar{x} = n\bar{x} - n\bar{x} = 0$$

因此它们只包含了 $n-1$ 个独立的信息。我们把 $n-1$ 叫作自由度，也就是独立信息的数目。把差方和除以自由度就得到方差；它可以诠释为每个独立信息对数据所含总信息——差方和——的平均贡献。方差因为用了距离的平方，必须开根号才能回到原来的距离单位。于是我们把方差开根号，得到的结果，就是所谓标准偏差(standard deviation)：

$$s = \sqrt{\frac{\sum_{i=1}^{n} (x_i - \bar{x})^2}{n-1}}$$

知识拓展

统计分析中遇到的几个基本概念

概率分布

概率分布，是指用于表述随机变量取值的概率规律。事件的概率表示了一次试验中某一个结果发生的可能性大小。若要全面了解试验，则必须知道试验的全部可能结果及各种可能结果发生的概率，即随机试验的概率分布。如果试验结果用变量 X 的取值来表示，则随机试验的概率分布就是随机变量的概率分布，即随机变量的可能取值及取得对应值的概率。根据随机变量所属类型的不同，概率分布取不同的表现形式。

随机过程

随机过程，是依赖于参数的一组随机变量的全体，参数通常是时间。随机变量是随机现象的数量表现，其取值随着偶然因素的影响而改变。例如，某商店在从时刻 t_0 到时刻 t_K 这段时间内接待顾客的人数，就是依赖于时间 t 的一组随机变量，即随机过程。

研究随机过程的方法多种多样，主要可以分为两大类：一类是概率方法，其中用到轨道性质、停时和随机微分方程等；另一类是分析的方法，其中用到测度论、微分方程、半群理论、堆函数和希尔伯特空间等。

实际研究中常常两种方法并用。另外，组合方法和代数方法在某些特殊随机过程的研究中也有一定作用。

研究内容

数学上的随机过程是由实际随机过程概念引起的一种数学结构。人们研究这种过程，是因为它是实际随机过程的数学模型，或者是因为它的内在数学意义以及它在概率论领域之外的应用。

数学上的随机过程可以简单地定义为一组随机变量，即指定一参数集，对于其中每一参数点 t 指定一个随机变量 $x(t)$。由于随机变量自身就是一个函数，以 ω 表示随机变量 $x(t)$ 的定义域中的一点，并以 $x(t,\omega)$ 表示随机变量在 ω 的值，则随机过程就由刚才定义的点偶 (t,ω) 的函数以及概率的分配完全确定。如果固定 t，这个二元函数就定义一个 ω 的函数，即以 $x(t)$ 表示的随机变量。如果固定 ω，这个二元函数就定义一个 t 的函数，这是过程的样本函数。

正态分布

正态分布是一种很重要的连续型随机变量的概率分布。生物现象中有许多变量是服从或近似服从正态分布的，如家畜的体长、体重、产奶量、产毛量、血红蛋白含量、血糖含量等。许多统计分析方法都是以正态分布为基础的。此外，还有不少随机变量的概率分布在一定条件下以正态分布为其极限分布。因此，在统计学中，正态分布无论在理论研究上还是实际应用中，均占有重要的地位。

正态分布的概率计算，先从标准正态分布着手。这是因为，一方面标准正态分布在正态分布中形式最简单，而且任意正态分布都可化为标准正态分布来计算；另一方面，人们已经根据标准正态分布的分布函数编制成正态分布表以供直接查用。

方差分析

方差分析，又称"变异数分析"，是费希尔（R. A. Fisher）提出的，用于两个及两个以上样本均值差别的显著性检验。由于各种因素的影响，研究所得的数据呈现波动状。造成波动的原因可分成两类，一类是不可控的随机因素，另一类是研究中施加的对结果形成影响的可控因素。

方差分析的基本原理是认为不同处理组的均值间的差别基本来源有两个：

(1)实验条件。不同的处理造成的差异，称为组间差异，用变量在各组的均值与总均值之偏差平方和的总和表示，记作 S_{Sb}，组间自由度为 d_{fb}。

(2)随机误差。测量误差造成的差异或个体间的差异，称为组内差异，用变量在各组的均值与该组内变量值之偏差平方和的总和表示，记作 S_{Sw}，组内自由度为 d_{fw}。

总偏差平方和
$$S_{St}=S_{Sb}+S_{Sw}$$

S_{Sw}、S_{Sb} 除以各自的自由度（组内 $d_{fw}=n-m$，组间 $d_{fb}=m-1$，其中 n 为样本总数，m 为组数），得到其均方值 M_{Sw} 和 M_{Sb}。一种情况是处理没有起作用，即各组样本均来自同一总体，$M_{Sb}/M_{Sw}\approx1$；另一种情况是处理确实有作用，组间均方是由于误差与不同处理共同导致的结果，即各样本来自不同总体。那么，$M_{Sb}\gg M_{Sw}$。

M_{Sb} 和 M_{Sw} 的比值构成 F 分布。用 F 值与其临界值比较，推断各样本是否来自相同的总体。

1) 方差分析的假定条件：

(1)各处理条件下的样本是随机的；

(2)各处理条件下的样本是相互独立的，否则可能出现无法解析的输出结果；

(3)各处理条件下的样本分别来自正态分布总体,否则使用非参数分析;

(4)各处理条件下的样本方差相同,即具有方差齐性。

2)方差分析的假设检验

假设有 K 个样本,如果原假设 H_0 样本均值都相同,K 个样本有共同的方差 σ,则 K 个样本来自具有共同方差 σ 和相同均值的总体。

如果经过计算,组间均方远远大于组内均方,则推翻原假设,说明样本来自不同的正态总体,说明处理造成均值的差异有统计意义。否则承认原假设,样本来自相同总体,处理间无差异。

应用条件:

(1)各样本是相互独立的随机样本;

(2)各样本均来自正态分布总体;

(3)各样本的总体方差相等,即具有方差齐性;

(4)在不满足正态性时可以用非参数检验。

方差分析主要用途:

(1)均值差别的显著性检验;

(2)分离各有关因素并估计其对总变异的作用;

(3)分析因素间的交互作用;

(4)方差齐性检验。

在科学实验中常常要探讨不同实验条件或处理方法对实验结果的影响。通常是比较不同实验条件下样本均值间的差异。例如,医学界研究几种药物对某种疾病的疗效,农业上研究土壤、肥料、日照时间等因素对某种农作物产量的影响,不同化学药剂对作物害虫的杀灭效果等,都可以使用方差分析方法去解决。

一个复杂的事物,其中往往有许多因素互相制约又互相依存。方差分析的目的是通过数据分析找出对该事物有显著影响的因素、各因素之间的交互作用,以及显著影响因素的最佳水平等。方差分析是在可比较的数组中,把数据间的总的"变差"按各指定的变差来源进行分解的一种技术。对变差的度量,采用离差平方和。方差分析方法就是从总离差平方和分解出可追溯到指定来源的部分离差平方和,这是一个很重要的思想。

经过方差分析若拒绝了检验假设,只能说明多个样本总体均值不相等或不全相等。若要得到各组均值间更详细的信息,应在方差分析的基础上进行多个样本均值的两两比较。

第3章　滴定分析法

Titrimetric Analysis

学习要求

1. 掌握滴定分析的基本概念。
2. 掌握滴定分析的滴定反应条件。
3. 掌握滴定分析的基准物质和标准溶液。
4. 掌握滴定分析的方式及其计算。

　　滴定分析法作为化学分析重要的组成部分,也称容量分析法,根据反应类型不同,包括酸碱滴定法、氧化还原滴定法、沉淀滴定法和配位滴定法。滴定分析法是一种简便、快速、应用广泛的定量分析方法,在常量分析中有较高的准确度。本章主要介绍不同滴定分析法中涉及的共性内容等,包括滴定分析法中的滴定反应条件和滴定分析法分类、基准物质和标准溶液、滴定方式及其相关计算等。

3.1　滴定分析法概述

　　滴定分析法是使用滴定管将一种已知准确浓度的试剂溶液(即标准溶液)滴加到待测物的溶液中,当加入标准溶液的物质的量与待测组分的物质的量满足滴定反应式的化学计量关系时,待测组分恰好完全反应,根据标准溶液的浓度和所消耗的体积,计算出待测组分的含量。将标准溶液滴加到待测溶液中的操作过程称为滴定。滴加的标准溶液与待测组分按照化学计量关系恰好完全反应的那一点称为化学计量点(stoichiometric point, sp)。在化学计量点时,反应往往无明显的易为人察觉的外部特征,因此,通常是在待测溶液中加入指示剂(如甲基橙、酚酞等),利用指示剂在化学计量点附近颜色的突变来判断化学反应是否反应完全,或者利用电化学等方法来确定反应的化学计量点。当指示剂变色时对应的那一点称为滴定终点(titration end point)。实际分析操作中指示剂颜色转变点(滴定终点)与理论上的化学计量点往往不完全一致,它们之间会存在微小差别,由此引起的误差称为终点误差(曾称滴定误差)。

3.1.1　滴定反应的条件和滴定分析法的分类

1. 滴定分析法对滴定反应的要求

为了保证滴定分析的准确度,要求滴定分析中的化学反应必须满足下列条件:

(1)滴定剂和被滴定物质必须按照化学计量关系进行反应;

(2)反应要接近完全(99.9%),即反应的平衡常数要足够大;

(3)反应速度要快,只有反应在瞬间完成,才能准确地把握滴定终点,对于反应速度慢的反应,应采取适当措施提高其反应速度;

(4)有合适的、比较简便的确定滴定终点的方法,如指示剂法、电位法等。

2. 滴定分析法的分类

根据滴定反应即标准溶液和待测组分间的反应类型的不同,滴定分析法分为四大类:酸碱滴定法、氧化还原滴定法、沉淀滴定法和配位滴定法。大多数滴定分析都在水溶液中进行,在水以外的溶剂中进行滴定分析法则为非水滴定法。本书主要介绍水溶液中进行的滴定分析法。

1)酸碱滴定法(acid-base titration)

酸碱滴定法是以酸和碱在水中的质子转移反应为基础的滴定分析方法。最常用的标准溶液是盐酸溶液和氢氧化钠溶液,可用于直接测定酸、碱,以及测定间接和酸碱反应的一些物质,其基本反应(强酸和强碱)为 $H^+ + OH^- \rightleftharpoons H_2O$,也称为中和法,是一种利用酸碱反应进行容量分析的方法。这是一种用途非常广泛的分析方法。

酸碱滴定法在工、农业生产和医药卫生等领域都有非常重要的意义。三酸、二碱是重要的化工原料,它们都用此法分析。在测定制造肥皂所用油脂的皂化值时,先用氢氧化钾的乙醇溶液与油脂反应,然后用盐酸返滴过量的氢氧化钾,从而计算出 1 g 油脂消耗多少毫克的氢氧化钾,作为制造肥皂时所需碱量的依据。又如测定油脂的酸值时,可用氢氧化钾溶液滴定油脂中的游离酸,得到 1 g 油脂消耗多少毫克氢氧化钾的数据。酸值说明油脂的新鲜程度。粮食中蛋白质的含量可用凯氏定氮法测定。很多药品是很弱的有机碱,可以在冰醋酸介质(非水溶剂)中用高氯酸滴定。

2)氧化还原滴定法(redox titration)

氧化还原滴定法是以溶液中氧化剂和还原剂之间的电子转移为基础的一种滴定分析方法。与酸碱滴定法和配位滴定法相比较,氧化还原滴定法应用较为广泛,它不仅可用于无机物分析,而且广泛用于有机物分析,许多具有氧化性或还原性的有机化合物可以用氧化还原滴定法来测定。氧化还原滴定法也可以间接测量一些物质,这些物质间接地和滴定反应中的某物质存在一定关系。氧化还原滴定法主要有高锰酸钾法、重铬酸钾法、碘量法等。

3)沉淀滴定法(precipitation titration)

沉淀滴定法是利用沉淀反应进行容量分析的方法。生成沉淀的反应很多,但符合容量分析条件的却很少,某些沉淀的组成不定,反应没有确定的计量关系;找不到合适的确定终点的方法;不少沉淀的溶解度较大,反应不完全;还有的反应速率低或存在副反应。实际上应用最多的是银量法,即利用 Ag^+ 与卤素离子(Cl^-、Br^-、I^-)、硫氰根离子(SCN^-)的反应来测定卤素离子、硫氰根离子等。

4）配位滴定法（complex titration）

配位滴定法是以配位反应为基础的一种滴定分析方法。配位反应中配体主要是 EDTA（乙二胺四乙酸），所以配位滴定法又称 EDTA 滴定法。该方法在种植业和养殖业中应用广泛，例如植物及种子中钙、镁含量的测定，水的总硬度的测定，饲料中钙含量的测定及饲料添加剂 D-泛酸钙含量的测定，食品中微量元素钙含量的测定及食品辅料镁的测定等。

3.1.2　基准物质和标准溶液

在滴定分析中，不论采取何种滴定方法，都离不开标准溶液，所以，正确地配制标准溶液、准确地标定标准溶液的浓度、妥善地保存标准溶液，对于提高滴定分析的准确度有重要的意义。

1.基准物质

能用于直接配制或标定标准溶液的物质，称为基准物质或标准物质（primary standard substance）。常见的基准物质见表 3-1。

表 3-1　常见基准物质的干燥条件和应用

基准物质名称	分子式	干燥条件	标定对象
无水碳酸钠	Na_2CO_3	270～300 ℃	酸
硼砂	$Na_2B_4O_7 \cdot 10H_2O$	放在装有 NaCl 和蔗糖饱和溶液的密封器皿中	酸
二水合草酸	$H_2C_2O_4 \cdot 2H_2O$	室温，空气干燥	碱或 $KMnO_4$
邻苯二甲酸氢钾	$KHC_8H_4O_4$	110～120 ℃	碱
重铬酸钾	$K_2Cr_2O_7$	140～150 ℃	还原剂
溴酸钾	$KBrO_3$	130 ℃	还原剂
碘酸钾	KIO_3	130 ℃	还原剂
铜	Cu	室温，干燥器中保存	氧化剂
草酸钠	$Na_2C_2O_4$	130 ℃	氧化剂
碳酸钙	$CaCO_3$	110 ℃	EDTA
锌	Zn	室温，干燥器中保存	EDTA
氯化钠	NaCl	500～600 ℃	$AgNO_3$
硝酸银	$AgNO_3$	220～250 ℃	氯化物

基准物质应符合下列要求。

（1）试剂组成恒定：试剂的组成应与化学式完全符合，若含有结晶水，其结晶水含量也应与化学式完全相同，如 $Na_2B_4O_7 \cdot 10H_2O$ 等。

（2）试剂纯度高（试剂的含量≥99.9%）：其杂质的含量应低至滴定分析所允许的误差限度以下。若试剂纯度不满足要求，应选用易制备和提纯的试剂进行处理，含量满足要求方可使用。

（3）试剂性质稳定：试剂性质应该稳定，加热干燥时不发挥、不分解，称量时不吸收空气中的水和二氧化碳等物质。

（4）具有较大的摩尔质量：保证称量时相对误差较小，以尽量减小方法滴定误差。该项并不是必须的。

需要说明的是，某些标识为优级纯、分析纯的试剂并不一定是基准物质，只有同时满足上述前 3 项的试剂才能作为基准物质。表 3 - 2 给出了实验室常用试剂分类级别表示方法及标签颜色。

表 3 - 2　实验室常用试剂级别分类及标签颜色

级别	中文名	英文标志	标签颜色
1	优级纯	GR	绿
2	分析纯	AP	红
3	化学纯	CP	蓝
生化试剂		BR	咖啡色

2. 标准溶液

标准溶液（standard solution）是已知准确浓度的试剂溶液，也称滴定分析过程的操作溶液。标准溶液的配制一般采取直接和间接（标定法）两种方法。

（1）直接法。该方法用于具有基准物质的标准溶液的配制。准确称取一定量的基准物质，用蒸馏水溶解后配成一定体积的溶液，根据基准物质的质量和溶液体积即可计算出标准溶液的浓度。例如称取 36.775 g $K_2Cr_2O_7$，用蒸馏水溶解后，转移到 250 mL 容量瓶中，再用蒸馏水稀释至刻度，摇匀即得到浓度为 0.5000 mol · L^{-1} 的 $K_2Cr_2O_7$ 标准溶液。

（2）间接法。实际中用来配制标准溶液的物质大多数不是基准物质。如酸碱滴定法中用的盐酸溶液，除恒沸点的盐酸溶液以外，一般市售盐酸的 HCl 含量都有一定的波动；又如 NaOH 极易吸收空气中的 CO_2 和水分，称得的质量不能代表纯 NaOH 的质量。因而，对于这一类物质不能用直接法配制标准溶液，需要用间接法配制。

间接配制时，通过初步计算，粗略地称取一定量物质或量取一定体积的溶液，配制成接近所需浓度的溶液（准确浓度未知），然后用基准物质或者另一种物质的标准溶液来测定它的准确浓度。这种确定溶液准确浓度的操作过程称为标定。

如配制 NaOH 标准溶液和 HCl 标准溶液（浓度均约为 0.1 mol · L^{-1}）。首先配成浓度近似为 0.1 mol · L^{-1} 的 NaOH 溶液，然后用基准物质邻苯二甲酸氢钾进行标定，根据二者完全作用时 NaOH 溶液的用量和邻苯二甲酸氢钾的质量，即可计算出 NaOH 溶液的准确浓度。再用已知准确浓度的 NaOH 标准溶液标定 HCl 溶液的准确浓度。

3.1.3　标准溶液浓度表示方法

标准溶液的浓度通常用物质的量浓度、滴定度表示。其中最常用的为物质的量浓度（详见第 1 章），这里主要介绍滴定度。

滴定度(titer)是指与每毫升标准溶液相当的待测组分的质量,用 $T_{待测物/滴定剂}$ ($T_{A/T}$) 表示。例如用来测定铁含量的 $KMnO_4$ 标准溶液,其浓度可用 $T_{Fe/KMnO_4}$ 表示。

例如,$T_{NaOH/HCl} = 0.005014$ g·mL^{-1} 的 HCl 溶液,即表示每毫升此 HCl 溶液相当于 0.005014 g NaOH。若 $T_{Fe/KMnO_4} = 0.005682$ g·mL^{-1},表示 1 mL $KMnO_4$ 标准溶液相当于 0.005682 g 铁,也就是说,1 mL 的 $KMnO_4$ 标准溶液能把 0.005682 g Fe^{2+} 氧化成 Fe^{3+}。

在实际生产中,常常需要对大批试样中同一组分的含量进行测定,这时若用滴定度来表示标准溶液所相当于的被测物质的质量,则计算待测组分的含量就非常方便。如上例中,如果已知滴定中消耗 $KMnO_4$ 标准溶液的体积为 V,则被测定铁的质量 $m(Fe) = T_{A/T} \times V$。

作为同一个标准溶液,物质的量浓度 c 与滴定度 $T_{A/T}$ 之间存在如下关系:

$$c = \frac{T_{A/T}}{M_A} \times 10^3 \qquad (3-1)$$

其中 M_A 为待测物的摩尔质量。

例 3 - 1　有一 $KMnO_4$ 标准溶液,已知其浓度为 0.02154 mol·L^{-1},求 $T_{Fe/KMnO_4}$。(已知 $M(Fe) = 55.85$ g·mol^{-1})。

解:该题涉及的反应为 $MnO_4^- + 5Fe^{2+} + 8H^+ \rightleftharpoons Mn^{2+} + 5Fe^{3+} + 4H_2O$。

因此　　　　　　　　　　　　　　$5n(KMnO_4) = n(Fe^{2+})$

$$T_{Fe/KMnO_4} = \frac{5}{1} \times \frac{[KMnO_4] \times M_{Fe}}{1000} = \frac{5}{1} \times \frac{0.02154 \text{ mol·L}^{-1} \times 55.85 \text{ g·mol}^{-1}}{1000}$$
$$= 0.006015 \text{ g·mL}^{-1}$$

3.2　滴定方式及分析结果的计算

因滴定反应的限制或指示剂的限制等原因,有些分析对象不能进行直接滴定,但却可以通过合理的分析方案设计进行滴定分析。滴定分析可根据滴定方式分为直接滴定法、返滴定法(又称剩余滴定法)、置换滴定法及间接滴定法。下面分别介绍。

3.2.1　直接滴定法

如果滴定反应能够满足滴定分析对反应的要求,就可以直接进行滴定分析。这是最基本和最常用的滴定方法,具有简便、快速、引入误差少等特点。

在直接滴定法中,当待测物质 B 和滴定剂 T 采用等物质的量规则时,其计算依据是标准溶液的浓度(c_T)和标准溶液的体积(V_T):

$$n_B = n_T = c_T V_T \qquad (3-2)$$
$$m_B = n_B M_B = c_T V_T M_B \qquad (3-3)$$

分析结果表示为

$$x\% = \frac{m_B}{m_s} = c_T V_T M_B / m_s \qquad (3-4)$$

例 3 - 2　利用酸碱滴定法分析含有杂质的草酸钠试样时(杂质不影响测量),称取试样 0.2015 g,溶于适量水中,恰好与 22.56 mL 浓度为 0.1052 mol·L^{-1} 的 NaOH 标准溶液完全反应,求样品中 $H_2C_2O_4 \cdot 2H_2O$ 的纯度。(已知 $M(H_2C_2O_4 \cdot 2H_2O) = 126.07$ g·mol^{-1}。)

解： 滴定反应为 $\qquad H_2C_2O_4 + 2NaOH \Longrightarrow Na_2C_2O_4 + 2H_2O$

滴定终点时： $\qquad n(H_2C_2O_4 \cdot 2H_2O) : n(NaOH) = 1 : 2$

因此 $\qquad n(H_2C_2O_4 \cdot 2H_2O) = \dfrac{1}{2}n(NaOH)$

即 $\qquad \dfrac{m(H_2C_2O_4 \cdot 2H_2O)}{M(H_2C_2O_4 \cdot 2H_2O)} = \dfrac{1}{2}[NaOH] \times V(NaOH)$

所以

$$w(H_2C_2O_4 \cdot 2H_2O)\% = \frac{m(H_2C_2O_4 \cdot 2H_2O)}{W_s} = \frac{\frac{1}{2}c_T V_T M(H_2C_2O_4 \cdot 2H_2O)}{W_s}$$

$$= \frac{\frac{1}{2} \times 0.1052 \times 22.56 \times 126.07}{0.2015 \times 1000}$$

$$= 74.25\%$$

例 3-3 称取铁矿石试样 0.2000 g，溶于酸并将矿样中的铁处理为 Fe^{2+} 离子，用浓度为 0.02014 mol·L^{-1} 的 $KMnO_4$ 标准溶液滴定，用去 25.12 mL，计算试样中铁的含量以及用 FeO 表示的质量分数。（已知 $M(Fe) = 55.85g \cdot mol^{-1}$，$M(FeO) = 71.85\ g \cdot mol^{-1}$。）

解： 在酸性介质中 $KMnO_4$ 与 Fe^{2+} 的反应为

$$MnO_4^- + 5Fe^{2+} + 8H^+ \Longrightarrow Mn^{2+} + 5Fe^{3+} + 4H_2O$$

按其反应实质，1 mol $KMnO_4$ 与 5 mol Fe^{2+} 反应。而每个 FeO 中含有一个 Fe^{2+}，因此

$$1MnO_4^- \sim 5Fe^{2+}, \qquad n(Fe^{2+}) = 5n(MnO_4^-)$$

$$n(Fe^{2+}) = n(Fe) = n(FeO) = 5n(MnO_4^-)$$

因此，铁矿石中以不同形式表示的铁含量，计算如下：

$$w(Fe)\% = \frac{5 \times 0.02014 \times 25.12 \times 55.85}{0.2000 \times 1000} = 70.64\%$$

$$w(FeO)\% = \frac{5 \times 0.02014 \times 25.12 \times 71.85}{0.2000 \times 1000} = 90.88\%$$

但是有些反应不完全符合直接滴定法的要求，此时可采用以下几种方式进行滴定。

3.2.2 返滴定法

返滴定法又称剩余滴定法或回滴法。在反应速度较慢或反应物是固体或无合适的指示剂等情况时（如 Al^{3+} 与 EDTA 配位反应速度缓慢，而且对二甲酚橙指示剂有封闭作用），可采用返滴定法。

具体操作：在待测物质或溶液中，先准确加入定量、过量的一种标准溶液，使之与试液中的待测物质或固体试样进行反应，待反应完全后，再用另一种标准溶液滴定剩余的第一种标准溶液，按照两种标准溶液的体积及浓度计算待测组分的含量。

在沉淀滴定法中，返滴定法主要用于测定卤素离子 Cl^-。向被测试液中先加入定量、过量的 $AgNO_3$ 标准溶液与卤素离子反应，待 Cl^- 沉淀完全后，以铁铵矾为指示剂，用 NH_4SCN 标准溶液返滴定剩余的 Ag^+。相关反应如下：

$$Ag^+(定量、过量) + Cl^- \Longrightarrow AgCl \downarrow$$

$$Ag^+（剩余）+SCN^- \Longrightarrow AgSCN\downarrow$$
$$Fe^{3+}+SCN^- \Longrightarrow [FeSCN]^{2+}$$

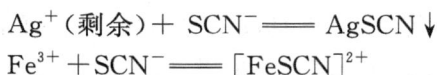

例 3－4　采用配位滴定法滴定某试样中铝的含量。称取试样 $W(g)$，溶解后加入浓度为 $c_1(mol \cdot L^{-1})$ 的 EDTA 标准溶液 $V_1(mL)$，调节溶液的 pH＝3.5，加热至沸。待 Al^{3+} 与 EDTA 完全反应后，调节溶液的 pH＝5～6，以浓度为 $c_2(mol \cdot L^{-1})$ 的 Zn^{2+} 标准溶液滴定剩余的 EDTA，消耗 Zn^{2+} 标准溶液为 $V_2(mL)$，求铝的质量分数。

解：EDTA 与 Al^{3+}、Zn^{2+} 的反应为

$$Al^{3+}+Y^{4-} \Longrightarrow AlY^{2-}，Zn^{2+}+Y^{4-} \Longrightarrow ZnY^{2-}$$
$$n(Al^{3+})=n(EDTA)-n(Zn^{2+})=c_1 \times V_1 - c_2 \times V_2$$
$$w(Al)\% = \frac{m(Al)}{W} = \frac{(c_1 \times V_1 - c_2 \times V_2) \times 26.98}{W}$$

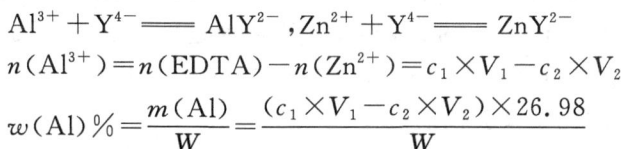

3.2.3　置换滴定法

如果待测物与滴定剂不能直接发生反应，或不按照一定的化学计量关系反应，或存在副反应，不能直接进行滴定时，可采用置换滴定法。

滴定方法：先选用适当的试剂与待测物质完全反应，使它定量地置换出另外一种物质，再用适当的滴定剂滴定置换出来的物质。

比如将被测定的金属离子 M 与干扰离子 N 全部用 EDTA 配合，加入选择性高的配位剂 L 以夺取 M，并释放出 EDTA，其反应式为

$$MY+L \Longrightarrow ML+Y$$

反应完全后，释放出与 M 等物质的量的 EDTA，然后再用金属盐类标准溶液（Zn^{2+}）滴定释放出的 EDTA，从而可求得 M 的含量。

例 3－5　实验室通常用置换滴定法来标定 $Na_2S_2O_3$ 溶液的浓度，其具体操作为：将 $W(K_2Cr_2O_7)g$ 基准物质溶解于水后，加入酸及过量的 KI，在暗处放置 10 min，待充分反应后，用水稀释并以淀粉作指示剂，用 $Na_2S_2O_3$ 标准溶液滴定，用去该溶液 $V(Na_2S_2O_3)$ mL，求 $Na_2S_2O_3$ 标准溶液的浓度 $[Na_2S_2O_3]$。

解：在酸性介质中发生的反应为

$$Cr_2O_7^{2-}+14H^++6I^- \Longrightarrow 2Cr^{3+}+7H_2O+3I_2$$

滴定反应为

$$I_2+2S_2O_3^{2-} \Longrightarrow 2I^-+S_4O_6^{2-}$$

各物质之间的关系为

$$1Cr_2O_7^{2-} \sim 3I_2 \sim 6S_2O_3^{2-} \qquad n(Cr_2O_7^{2-})=\frac{1}{6}n(S_2O_3^{2-})$$

$$\frac{W(K_2Cr_2O_7)}{M(K_2Cr_2O_7)} = \frac{1}{6} \times [Na_2S_2O_3] \times V(Na_2S_2O_3) \div 1000$$

$$[Na_2S_2O_3] = 6 \times \frac{W(K_2Cr_2O_7) \times 1000}{M(K_2Cr_2O_7) \times V(Na_2S_2O_3)}$$

3.2.4　间接滴定法

间接滴定法又称中间物滴定法。待测物不能与滴定剂直接反应，但可通过其它的化学反

应间接测定其含量。对于不能直接与滴定剂反应的某些物质,可预先通过其它反应使其转变成能与滴定剂定量反应(该反应通常不是置换反应)的产物,从而间接测定。

例如,溶液中 Ca^{2+} 几乎不发生氧化还原反应,但利用它与 $C_2O_4^{2-}$ 作用形成 CaC_2O_4 沉淀,过滤洗净后,加入 H_2SO_4 使其溶解,用 $KMnO_4$ 标准滴定溶液滴定 $C_2O_4^{2-}$,就可间接测定 Ca^{2+} 含量。

例 3 - 6　利用氧化还原滴定法测定某矿石中 $CaCO_3$ 的含量。称取 0.2000 g 试样,溶解于 HCl 中,在一定条件下,将钙沉淀为草酸钙,经过滤、洗涤沉淀后,将洗净的 CaC_2O_4 沉淀溶解于酸中,用 0.02514 $mol·L^{-1}$ 的 $KMnO_4$ 标准溶液进行滴定,消耗了 25.34 mL。计算矿石中 $CaCO_3$ 的质量分数。(已知 $M(CaCO_3)=100.09$ g · mol^{-1}。)

解: 分析中涉及的化学反应包括:

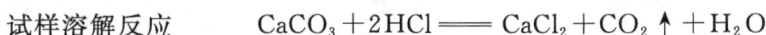

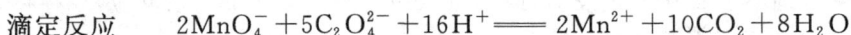

试样溶解反应　　　　$CaCO_3+2HCl \Longrightarrow CaCl_2+CO_2\uparrow+H_2O$

沉淀反应　　　　　　$Ca^{2+}+C_2O_4^{2-} \Longrightarrow CaC_2O_4\downarrow$

沉淀溶解反应　　　　$CaC_2O_4+2H^+ \Longrightarrow Ca^{2+}+H_2C_2O_4$

滴定反应　　$2MnO_4^-+5C_2O_4^{2-}+16H^+ \Longrightarrow 2Mn^{2+}+10CO_2+8H_2O$

由上述反应可知　　　　$5CaCO_3 \sim 5C_2O_4^{2-} \sim 2MnO_4^-$

$$n(CaCO_3)=\frac{5}{2}\times n(MnO_4^-)$$

$$m(CaCO_3)=\frac{5}{2}[KMnO_4]\times V(KMnO_4)\times M(CaCO_3)$$

$$w(CaCO_3)\%=\frac{m(CaCO_3)}{W}=\frac{\frac{5}{2}\times 0.02514\times 25.34\times 100.09}{0.2000\times 1000}=79.70\%$$

3.2.5　滴定分析误差

从理论上讲,滴定应在到达化学计量点时结束,但实际上很难正好滴定到这一点,因此滴定分析误差总是存在的。方法误差是容量分析误差的主要来源,是采用任何滴定方法时首先要考虑的问题。除方法误差外,试样的称重、溶液体积的测量、指示剂的消耗等也会影响容量分析的准确度,并带来一定的误差。滴定分析误差一般要求相对误差为±0.1%。

1. 方法误差

方法误差主要是终点误差,是指滴定终点与理论终点(化学计量点)不符引起的误差。可能的原因有:

(1)标准溶液的加入不能恰好在指示剂变色时结束,因此接近终点时需半滴半滴加入!

(2)指示剂本身会消耗少量标准溶液,可通过做空白试验减小。

(3)指示剂不能准确地在化学计量点时改变颜色。

(4)试样中若存在杂质,也会消耗一定量标准溶液,从而带来误差。

2. 称量误差

根据不同滴定分析要求的精准度,若天平的精确度不能达到指定的要求,就会造成实际质量与称量质量的误差,从而引起实际滴定终点与要求的不符合,造成后续的计算误差。

例如,每次称量误差为±0.0001 g,一份试样称量误差为±0.0002 g(差量法),若相对误差为±0.1%,则每一份试样的称量至少应为0.2 g。

3. 量器误差

例如,滴定管读数误差为±0.01 mL,一份试样量取误差为±0.02 mL,若相对误差为±0.1%,则每一份试样体积量至少为20 mL。

思 考 题

1. 滴定分析中的化学反应必须满足哪些条件?
2. 什么是"化学计量点"? 什么是滴定终点? 什么是滴定误差?
3. 滴定分析中为什么要求反应必须具有确定的化学计量关系?
4. 作为基准物质的条件之一是具有较大的摩尔质量,这是为什么? 是否是必要条件?
5. 什么是滴定度? 滴定度与物质的量浓度有什么关系?
6. 平衡浓度和分析浓度一样吗? 有什么区别和联系?
7. 滴定分析中,化学计量点、指示剂变色点、滴定终点有什么联系? 又有什么区别?
8. 使用下列物质配制标准溶液,哪些可用直接法? 哪些只能用间接法?
   $KMnO_4$,　$NaOH$,　$KBrO_3$,　$K_2Cr_2O_7$,　$CaCO_3$,　$Na_2S_2O_3$,　$H_2C_2O_4 \cdot 2H_2O$
9. 作为基准物质,摩尔质量的大小对分析结果是否有影响? 为什么?

习 题

1. 以碳酸钠基准物质标定近似浓度为 0.1 $mol \cdot L^{-1}$ 的 HCl 溶液时,要使消耗的 HCl 溶液体积控制为 20 ~ 30 mL,碳酸钠基准物质的称取质量范围为多少?

2. 计算 0.1024 $mol \cdot L^{-1}$ HCl 溶液对 NaOH 的滴定度。

3. 称取 $CaCO_3$ 试样 0.1600 g,加入浓度为 0.1025 $mol \cdot L^{-1}$ 的 HCl 标准溶液 20.00 mL。煮沸除去 CO_2,用浓度为 0.1012 $mol \cdot L^{-1}$ 的 NaOH 标准溶液返滴定过量酸,消耗了 10.24 mL NaOH 溶液。计算试样中 $CaCO_3$ 的质量分数。

4. 滴定 0.1086 g 草酸试样,用去浓度为 0.09254 $mol \cdot L^{-1}$ 的 NaOH 溶液 17.25 mL,求草酸试样中 $H_2C_2O_4 \cdot 2H_2O$ 的质量分数。

5. 称取某试样 1.9800 g,其中仅含 $Na_2C_2O_4$ 和 KHC_2O_4 两种组分,需用 20.00 mL 浓度为 0.3012 $mol \cdot L^{-1}$ 的 $KMnO_4$ 溶液滴定至终点。同样质量的样品,若用 0.1021 $mol \cdot L^{-1}$ 的 NaOH 溶液滴定,需消耗 NaOH 溶液多少毫升?

6. 标定 HCl 溶液浓度,称量 0.2600 g Na_2CO_3 基准物溶于适量水中后,用 0.2 $mol \cdot L^{-1}$ 的 HCl 滴定至终点,大约消耗此 HCl 溶液多少毫升?

7. 有一 KOH 溶液,浓度为 0.1024 $mol \cdot L^{-1}$,需要和 0.2700 g 纯草酸($H_2C_2O_4 \cdot 2H_2O$)中和,求消耗该 KOH 溶液多少毫升?

8. 某混合物包含 0.4000 g Na_2CO_3 和 0.4000 g K_2CO_3,以少量纯水溶解,再加入 15.00 mL 浓度为 1.3861 $mol \cdot L^{-1}$ 的 HCl 溶液与之反应,反应后溶液呈酸性还是碱性? 计算反应后

溶液中剩余酸或碱的物质的量 n_B。

9. 精密称取 CaO 试样 0.1231 g,加过量 0.1024 mol·L^{-1} HCl 滴定液 40 mL,剩余 HCl 用 0.1024 mol·L^{-1} 氢氧化钠滴定液消耗 10.23 mL,求 CaO 的质量分数。

MOOC 资源

1. 滴定分析法概述
2. 标准溶液与基准物质
3. 滴定分析中的计算
4. 溶液中各型体的分布
5. 思维导图式总结

课程案例

1. 案例主题

敢于创新,突破界限

2. 案例意义

在传统的滴定分析中,滴定终点的判断时机是确保分析结果准确可靠的关键之一。通常,根据滴定突跃曲线在滴定待测液中加入合适的指示剂,当指示剂发生变色时我们认为达到了滴定终点。因此,指示剂变色前后的颜色可区分度以及变色范围成为滴定终点判断与误差控制的关键。在酸碱滴定过程中,酚酞、甲基橙、甲基红等是最常用的指示剂,国内外的分析实验课以及相关滴定分析检测标准中大都以这几种指示剂为参考,但是这几种指示剂也存在变色前后颜色对比不明显、变色范围较宽等问题。那是否能够开发新的指示剂,解决以上问题? 通过案例分析同学们应该认识到传统中使用的方法、材料等并非一成不变,从基本原理出发设计制备更先进的指示剂,能更好地为我们的科学研究以及经济发展服务。

3. 案例描述

为了解决酚酞、甲基橙、甲基红等指示剂存在的变色前后颜色对比不明显、变色范围较宽等问题,中国科学家基于酸碱反应的基本原理设计开发了一种新型酸碱指示剂(ACS Appl. Bio. Mater. 2021,4(4) 3623 - 3629)。他们以邻苯二胺以及尿素为原料,在 210 ℃反应 8 h,制备出红色的碳纳米材料。所得材料的平均直径为 2.60 ± 0.68 nm,因此又被称作碳点(carbon dots)。这些材料表面的化学键会随着外界 pH 值的改变而发生变化,从而显示出不同的颜色。具体来说,当溶液 pH 值大于 4.4 时,溶液颜色为红色;当溶液 pH 值小于 3.3 时,溶液颜色为蓝色;当溶液 pH 值在 4.4 与 3.3 之间时,溶液颜色为紫色;此外,随着 pH 值的变化,碳点材料在溶液中的颜色变化是可逆的。

由于具有以上特征,这些碳点被用作指示剂开展酸碱滴定研究,同时以传统指示剂甲基橙为对照指示剂。滴定实验以标准盐酸溶液滴定混合碱开展,结果表明,以碳点为指示剂的测定结果与以甲基橙为指示剂的测定结果极为接近。此外,碳点为指示剂滴定时变色 pH 范围不仅较窄且变色前后颜色对比更加明显。以上结果表明这些碳点是性能十分优异的酸碱指示剂。

另外,这些碳点材料能够在波长在 $360\sim580$ nm 的紫外-可见光激发下发出红色荧光,因此可以被用于细胞内质网成像,展示细胞内的部分精细结构,体现出其多功能特性。

4. 案例反思

自从 300 多年以前英国科学家玻意耳发现紫罗兰花瓣接触盐酸之后能够变为红色开始,科学家对于酸碱指示剂的寻找与研究从未停歇。尽管目前酚酞、甲基橙、甲基红等指示剂被广泛使用,但依然有科学家在设计制备变色范围更窄、变色对比更明显的酸碱指示剂,以期获得更好的指示效果与检测准确度,同时也赋予酸碱指示剂其它的应用功能,开发出多功能型材料以满足现代检测的要求。同学们应该认识到,科研的本质是为了获得新原理、找到新方法、服务于科学与社会发展。在这个过程中,勇于探索,突破界限,方得成功。

应用实例

凯氏定氮法:蛋白质检测

准确测定蛋白质和其它含氮化合物中的氮的一个重要方法是凯氏定氮法。根据蛋白质的量可以计算出包含氮的质量分数。虽然确定蛋白质的其它更迅速的方法也存在,但凯氏定氮法是所有其它方法的基础。

用硫酸消解将材料分解,将氮转化为硫酸铵:

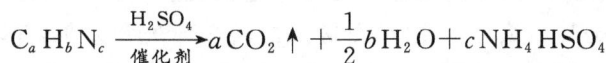

$$C_aH_bN_c \xrightarrow[\text{催化剂}]{H_2SO_4} aCO_2\uparrow + \frac{1}{2}bH_2O + cNH_4HSO_4$$

将溶液冷却后,加入浓碱溶液,使溶液呈碱性,易挥发的氨用过量的酸标准溶液吸收,多余的标准酸溶液用标准碱溶液滴定。以下是蒸馏过程:

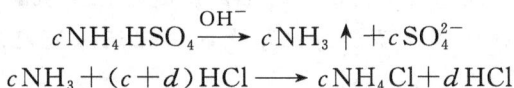

$$cNH_4HSO_4 \xrightarrow{OH^-} cNH_3\uparrow + cSO_4^{2-}$$

$$cNH_3 + (c+d)HCl \longrightarrow cNH_4Cl + dHCl$$

$$dHCl + dNaOH \longrightarrow \frac{1}{2}dH_2O + dNaCl$$

$$n(N) = n(HCl_{反应}) = n(HCl_{使用}) \times (c+d) - n(NaOH)$$

$$n(C_aH_bN_c) = \frac{1}{c}n(N)$$

加入硫酸钾提高了消解速度,提高了沸点,并用硒盐和铜盐等作为催化剂。对含氮化合物中氮的含量以质量比表示。

知识拓展

滴定分析的起源

滴定分析法的产生可追溯到 17 世纪后期。最初,"滴定"这种想法是直接从生产实践中得到启示的。1659 年,格劳贝尔介绍利用硝酸和锅灰碱制造硝酸铵时就曾指出:把硝酸逐滴加到锅灰碱中,直到不再产生气泡,这时两种物料就都失掉了它们的特性,这是反应达到中和点的标志。可见那时已经有了关于酸碱反应中和点的初步概念。

然而,滴定分析的进一步发展还是在工业革命开始之后。滴定分析原是在化学工业兴起的直接推动下从法国产生和发展起来的。使用各种化学产品的厂家,为了保证自身产品的质量,避免经济上的损失,化工原料的纯度和成分就显得非常重要。厂家就要对从专门工厂买回来的原料进行质检,所以纷纷建立起原料质量检验部门——工厂化验室。为适应简陋的环境和紧张的生产速度,工厂化验室需要迅速和简易的分析方法。然而,当时流行的重量分析方法需要经过分离提纯称量等多个步骤,明显不能满足要求。因此,滴定法应时而生。

由此可见,滴定分析起源于生产,更是被生产推动。科学的发展,除了探索自然的奥秘,满足人的好奇心外,更重要的是要满足人们日益增加和提高的物质文化需求。只有适应时代发展的趋势,满足生产生活的变化和要求,科技才能吸引更多的资金投入和人才贡献,才能更好更快地发展,所以说社会需求是科技进步的一大动力。基础研究可起于实践,更要回归实践。

有人称,19世纪分析化学的最大成就是滴定分析法的大发展。19世纪30至50年代,滴定分析法的发展达到了极盛时期。盖吕萨克的银量法使这种方法的准确度空前提高,可以与重量分析法相媲美,在货币分析中赢得了信誉,从而引起了法国以外的化学家对滴定法的关注,促进了这种方法的推广。这一时期,滴定法中广泛地采用了氧化还原反应,碘量法、高锰酸钾法、铈量法纷纷建立。

说起滴定分析发展,就不得不提到法国著名化学家盖吕萨克。他因对滴定分析的巨大贡献而被后人称为"滴定分析之父"。1833年他制订了著名的银量法。这个方法发表之后,引起了各国的极大注意。因为它比当时已应用了几百年的火试金法更加准确。盖氏曾断言火试金法的分析结果偏低,而招致法国政府在金融上遭受过很大损失。法国造币厂为了验证他的说法,制造了一系列银合金标准试样,把它们分送到欧洲各国进行分析,并与盖吕萨克的方法加以对比,结果充分证实了盖氏的断言。因此他的方法很快为各国采纳,并确认为标准法。1835年,盖吕萨克又找到了更好的滴定次氯酸盐的方法。他改用亚砷酸为基准物,而用靛蓝作指示剂。这是历史上第一个使用氧化还原指示剂的记载。随后他用硫酸滴定草木灰,又用氯化钠滴定硝酸银。这三项工作分别代表了分析化学中的氧化还原滴定法、酸碱滴定法和沉淀滴定法。

第4章 酸碱平衡与酸碱滴定法

Acid-Base Equilibrium and Acid-Base Titration

学习要求

1. 理解酸碱电离理论和酸碱电子理论,掌握酸碱质子理论。
2. 掌握一元弱酸(碱)的解离平衡和解离常数 $K^{\ominus}$、解离度 α 以及强(弱)酸(碱)溶液中的$[H^+]$、$[OH^-]$和 pH 值的计算。
3. 掌握同离子效应、缓冲溶液的原理及相关计算方法,学会配制缓冲溶液。
4. 掌握酸碱滴定的基本原理及其应用。

　　酸碱反应是生物化学、地质学以及日常生活中人们比较熟悉、同时又很重要的一类反应,是各类化学反应的基础。溶液的酸度或碱度通常是影响化学反应的一个重要因素。使用缓冲溶液保持溶液合适的 pH 范围是比较常用的方法;而酸碱平衡对于理解酸碱滴定和理解酸对化学物质和化学反应的影响非常重要,比如酸对于络合平衡和沉淀平衡的影响。以酸碱平衡为基础的酸碱滴定法是最基本也是最重要的滴定分析方法,具有简单、方便、应用广泛等优点。本章以酸碱理论和酸碱平衡为基础,讨论水溶液中的酸碱平衡及其影响因素;酸碱平衡体系中有关各型体的浓度计算和影响因素;各种溶液 pH 值的计算;缓冲溶液的性质、组成和应用;酸碱滴定法的基本原理;酸碱指示剂的选择及酸碱滴定法的分析应用。

4.1　酸碱理论

　　人们对酸碱的认识经历了很长的一段时间。“酸”一词来源于拉丁语 acere,意思是酸的。在历史上碱被称为盐,该词来源于阿拉伯语 al-qili,它是一种植物灰烬,富含碳酸钠。在 17 世纪中叶,人们已经认识到酸和碱趋于相互中和,但概念是模糊的。例如,酸被认为是会导致石灰岩产生气泡并且遇到碱金属会发生激烈反应的物质。1664 年玻意耳(Robert Boyle)定义了酸碱:把有酸味,能使蓝色石蕊变红的物质叫酸;将有涩味,能使红色石蕊变蓝的物质叫碱。拉瓦锡(Antoine Lavoisier)认为:酸中的共同物质是氧元素。在希腊语中,氧的含义是“酸的形成体”。1810 年,戴维(Humphry Davy)提出:酸中的共同物质是氢元素。然而所有含氢的物质并不都是酸。1838 年,利比希(Justus von Liebig)确定含氢化合物为酸,其中氢不能被金属取代。历史上主要提出了三种不同的酸碱理论,下面分别介绍。

4.1.1　酸碱电离理论

1884 年,阿伦尼乌斯(Svante Arrhenius)提出了酸碱电离理论。该理论认为:电解质在水溶液中解离时,凡是解离出的正离子全部是 H^+ 的化合物都是酸;凡是解离出的负离子全部是 OH^- 的化合物都是碱。例如:

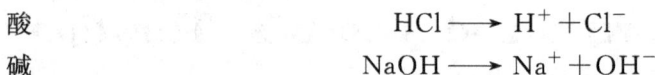

酸　　　　　　　　　　　$HCl \longrightarrow H^+ + Cl^-$

碱　　　　　　　　　　　$NaOH \longrightarrow Na^+ + OH^-$

酸碱中和反应的实质是生成盐和水:$NaOH + HCl \longrightarrow H_2O + NaCl$。此外,根据强弱电解质的概念,阿伦尼乌斯定义了强酸(碱)、弱酸(碱):在水溶液中全部电离的称为强酸(碱),部分电离的称为弱酸(碱)。

酸碱电离理论提高了人们对酸碱的认识,对化学学科的发展起了很大的推动作用。阿伦尼乌斯因酸碱电离理论对化学发展做出的贡献而荣获 1903 年诺贝尔化学奖。但电离理论有一定局限性,它只说明了水溶液中酸碱的概念,而不适用于非水体系和无溶剂体系,也不能说明 KAc、Na_2CO_3、CO_2 等不含有 H^+ 或 OH^- 的物质的酸碱性。

4.1.2　酸碱质子理论

1. 酸和碱

酸碱质子理论是 1923 年由丹麦化学家布朗斯特(J. N. Brønsted)和英国化学家劳里(T. M. Lowry)提出。该理论认为:凡是能给出质子(H^+)的物质就是酸;凡是能接受质子(H^+)的物质就是碱。也就是说,酸是质子的给予体,碱是质子的接受体。

根据酸碱质子理论,酸和碱不是彼此孤立存在的,而是统一在一个质子关系上的。酸给出质子后余下的部分就是碱,反过来,碱接受质子后即成酸。它们之间的关系可用下式表示:

酸 $\rightleftharpoons$ 质子 + 碱

酸碱之间的这种对应关系称作共轭关系。右边的碱是左边酸的共轭碱,左边的酸是右边碱的共轭酸,相对应的一对酸碱称为共轭酸碱对。

例如:

$$H_2O \rightleftharpoons H^+ + OH^-$$
$$HAc \rightleftharpoons H^+ + Ac^-$$
$$NH_4^+ \rightleftharpoons H^+ + NH_3$$
$$H_2PO_4^- \rightleftharpoons H^+ + HPO_4^{2-}$$
$$HClO_4 \rightleftharpoons H^+ + ClO_4^-$$

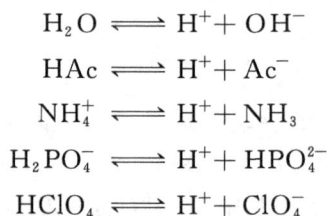

在上面的式子中,H_2O、HAc、NH_4^+、$H_2PO_4^-$ 和 $HClO_4$ 是酸,OH^-、Ac^-、NH_3、HPO_4^{2-} 和 ClO_4^- 是相应的碱,每一反应式中的一对酸碱组成一个共轭酸碱对。

2. 酸碱反应

根据酸碱质子理论,酸和碱可以是中性分子,也可以是阳离子或阴离子。也就是说,当一种酸给出质子时,溶液中必定有一种碱接受质子。

根据酸碱质子理论,酸碱的解离过程和盐的水解过程都是质子的转移过程。例如:

$$HAc + H_2O \rightleftharpoons H_3O^+ + Ac^- \qquad 解离$$
$$NH_3 + H_2O \rightleftharpoons NH_4^+ + OH^- \qquad 解离$$
$$酸(1) + 碱(1) \rightleftharpoons 酸(2) + 碱(2)$$
$$2〗Ac^- + H_2O \rightleftharpoons OH^- + HAc \qquad 水解$$
$$NH_3 + H_2O \rightleftharpoons OH^- + NH_4^+ \qquad 水解$$
$$碱(1) + 酸(1) \rightleftharpoons 碱(2) + 酸(2)$$

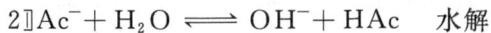

酸和碱的中和反应也是质子的转移过程。各种酸碱反应过程都是质子转移过程,所以根据质子理论,酸碱反应的实质就是两个共轭酸碱对之间质子转移的反应。也就是说,酸碱反应是质子从一个共轭酸碱对中的酸转移给另一个共轭酸碱对中的碱。

3. 水的质子自递反应

根据上面的讨论,HAc 在水溶液中解离时,溶剂水就是接受质子的碱,它们的反应表示为
$$HAc + H_2O \rightleftharpoons H_3O^+ + Ac^-$$
$$酸(1) + 碱(1) \rightleftharpoons 酸(2) + 碱(2)$$
反应中存在两个共轭酸碱对,它们相互作用达到平衡。

碱在水溶液中接受质子时,溶剂水分子也参加反应,此时它是给出质子的酸。NH_3 在水溶液中的解离,同样也是两个共轭酸碱对相互作用达到平衡:
$$H_2O + NH_3 \rightleftharpoons NH_4^+ + OH^-$$
$$酸(1) + 碱(1) \rightleftharpoons 酸(2) + 碱(2)$$

在上面的两个例子中,水分子在前一反应中是碱,在后一反应中是酸。这种既能给出质子又可接受质子的物质称为两性物质,水就是常见的两性物质之一。其它常见的两性物质还有 HS^-、HPO_4^{2-}、$H_2PO_4^-$、HCO_3^- 等。

由于水分子的两性作用,它既可以作为酸给出质子,也可以作为碱接受质子,因此两个水分子也可以组成一个酸碱反应,表示为
$$H_2O + H_2O \rightleftharpoons H_3O^+ + OH^-$$

水分子之间存在的这种质子传递作用,称为水的质子自递作用,对应的反应称为水的质子自递反应,反应的平衡常数称为水的质子自递常数,表示为
$$K_w^\ominus = [H_3O^+]/c^\ominus \cdot [OH^-]/c^\ominus = [H_3O^+] \cdot [OH^-]$$

水合质子 H_3O^+ 也常简写为 H^+,因此水的质子自递常数常简写为
$$K_w^\ominus = [H^+] \cdot [OH^-] \qquad (4-1)$$

式(4-1)不仅适用于纯水,也适用于所有水溶液中。在 25 ℃时 $K_w^\ominus$ 等于 1.0×10^{-14}。我们可以通过热力学数据计算出常温下及其它温度下水的质子自递常数。表 4-1 列出了不同温度下水的质子自递常数。

表 4-1 不同温度下水的质子自递常数

$t/℃$	$K_w^\ominus$	$t/℃$	$K_w^\ominus$
0	1.15×10^{-15}	40	2.87×10^{-14}
10	2.96×10^{-15}	50	5.31×10^{-14}
20	6.87×10^{-15}	90	3.73×10^{-13}
25	1.01×10^{-14}	100	5.43×10^{-13}

4. 酸碱的强弱

按照酸碱质子理论,酸碱的强弱取决于物质给出质子或接受质子能力的强弱。给出质子的能力愈强,酸性就愈强,反之就愈弱;接受质子的能力愈强,碱性就愈强,反之就愈弱。

酸碱的强弱可以用溶液中 H_3O^+ 浓度或 OH^- 浓度的大小表示,H_3O^+ 浓度越大,溶液酸性越强,OH^- 浓度越大,溶液碱性越强。在一定温度下,如果向溶液中加酸来增加 H_3O^+ 浓度,因为 H_3O^+ 浓度与 OH^- 浓度的乘积保持不变,则 OH^- 浓度必然减小。反之,如果向溶液中加碱来增加 OH^- 浓度,因为 H_3O^+ 浓度与 OH^- 浓度的乘积保持不变,则 H_3O^+ 浓度必然减小。当溶液中 H_3O^+ 浓度或 OH^- 浓度小于 $1\ mol \cdot L^{-1}$ 时,用 pH 或 pOH 来表示溶液的酸碱性:

$$pH = -lg[H_3O^+]/c^\ominus = -lg[H^+]$$
$$pOH = -lg[OH^-]/c^\ominus = -lg[OH^-]$$

$(4-2)$

式$(4-1)$以负对数的形式可表示为

$$pK_w^\ominus = pH + pOH$$

在 25 ℃时,则有 $pK_w^\ominus = pH + pOH = 14.00$

因此,25 ℃时,可根据 H_3O^+ 浓度(或者 pH)的相对大小来判断溶液的酸碱性。

酸性溶液:$[H_3O^+] > 10^{-7}\ mol \cdot L^{-1} > [OH^-]$,$pH < 7 < pOH$

中性溶液:$[H_3O^+] = 10^{-7}\ mol \cdot L^{-1} = [OH^-]$,$pH = 7 = pOH$

碱性溶液:$[H_3O^+] < 10^{-7}\ mol \cdot L^{-1} < [OH^-]$,$pH > 7 > pOH$

表 4-2 一些常见物质的酸碱性

名称	pH	名称	pH
胃液	0.9～1.5	柠檬汁	2.4
尿液	4.6～8.0	醋	2.4～3.4
唾液	6.5～7.5	橙汁	3.5
血液	7.4	啤酒	4.4～4.6
眼泪	7.4	牛奶	6.4

5. 弱酸(碱)的解离平衡

一元弱酸 HA,在水溶液中存在以下解离平衡:

$$HA + H_2O \rightleftharpoons H_3O^+ + A^-$$

$$K_a^\ominus(HA) = \frac{[H_3O^+]/c^\ominus \cdot [A^-]/c^\ominus}{[HA]/c^\ominus} = \frac{[H_3O^+] \cdot [A^-]}{[HA]} = \frac{[H^+] \cdot [A^-]}{[HA]}$$

$(4-3)$

$K_a^\ominus(HA)$ 称为弱酸的解离平衡常数,其大小表示弱酸解离程度的大小,与温度有关。温度一定时,$K_a^\ominus(HA)$ 越大,酸的解离程度越大,对应酸的酸性越强。

对于一元弱碱 B,也有类似的解离平衡:

$$B+H_2O \Longleftrightarrow HB^+ + OH^-$$

$$K_b^\ominus(B) = \frac{[HB^+]/c^\ominus \cdot [OH^-]/c^\ominus}{[B]/c^\ominus} = \frac{[HB^+]\cdot[OH^-]}{[B]} \tag{4-4}$$

表 4-3 给出了几种常见酸的解离平衡常数,可以定量地说明酸碱的强弱。根据共轭酸碱对中酸、碱的依赖关系,酸越容易给出质子,那么对应的共轭碱就越不容易接受质子,即酸的 $K_a^\ominus(HA)$ 越大,其共轭碱的碱性越弱,即 $K_b^\ominus(A^-)$ 越小。例如:

$$HAc+H_2O \Longleftrightarrow H_3O^+ + Ac^- \qquad K_a^\ominus(HAc)=1.8\times10^{-5}$$

$$HCN+H_2O \Longleftrightarrow H_3O^+ + CN^- \qquad K_a^\ominus(HCN)=5.8\times10^{-10}$$

这两种酸的强度顺序为 HAc>HCN。HAc 及 HCN 的共轭碱的解离常数 $K_b^\ominus$ 分别为

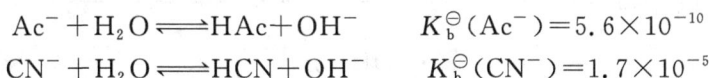

$$Ac^- + H_2O \Longleftrightarrow HAc + OH^- \qquad K_b^\ominus(Ac^-)=5.6\times10^{-10}$$

$$CN^- + H_2O \Longleftrightarrow HCN + OH^- \qquad K_b^\ominus(CN^-)=1.7\times10^{-5}$$

这两种共轭碱的强度顺序为 $CN^->Ac^-$,这个次序与两种共轭酸的强弱次序相反。说明酸愈强,它的共轭碱的碱性就愈弱;酸愈弱,它的共轭碱的碱性就愈强。同样,碱愈强,它的共轭酸的酸性就愈弱;碱愈弱,它的共轭酸的酸性就愈强。

表 4-3　常见共轭酸碱对及解离平衡常数

名称	HA(酸)	A^-(共轭碱)	$K_a^\ominus$	$pK_a^\ominus$
氢碘酸	HI	I^-	$\sim10^{11}$	-11
氢溴酸	HBr	Br^-	$\sim10^9$	-9
高氯酸	$HClO_4$	ClO_4^-	$\sim10^7$	-7
盐酸	HCl	Cl^-	$\sim10^7$	-7
硫酸	H_2SO_4	HSO_4^-	$\sim10^2$	-2
水合氢离子	H_3O^+	H_2O	1	0.0
亚硫酸	H_2SO_3	HSO_3^-	1.7×10^{-2}	1.76
硫酸氢根离子	HSO_4^-	SO_4^{2-}	1.0×10^{-2}	2
磷酸	H_3PO_4	$H_2PO_4^-$	6.7×10^{-3}	2.17
氢氟酸	HF	F^-	6.9×10^{-4}	3.16
碳酸	H_2CO_3	HCO_3^-	4.2×10^{-7}	6.37
硫化氢	H_2S	HS^-	8.9×10^{-8}	7.05
铵离子	NH_4^+	NH_3	5.6×10^{-10}	9.23
氢氰酸	HCN	CN^-	5.8×10^{-10}	9.31
碳酸氢根离子	HCO_3^-	CO_3^{2-}	4.7×10^{-11}	10.33
磷酸氢根离子	HPO_4^{2-}	PO_4^{3-}	4.5×10^{-13}	12.35
水	H_2O	OH^-	1.0×10^{-14}	14.00

共轭酸碱对中酸、碱的相互依赖关系说明它们的解离常数 $K_a^\ominus$ 和 $K_b^\ominus$ 之间也存在着某种联系。下面我们就以共轭酸碱对 HAc/Ac⁻ 为例来讨论它们的解离常数 $K_a^\ominus$ 和 $K_b^\ominus$ 之间的关系。

HAc/Ac⁻ 作为酸碱在水溶液中存在下列解离：

$$HAc+H_2O \rightleftharpoons H_3O^+ +Ac^- \qquad K_a^\ominus(HAc)=\frac{[H^+]/c^\ominus \cdot [Ac^-]/c^\ominus}{[HAc]/c^\ominus}$$

$$Ac^- +H_2O \rightleftharpoons HAc+OH^- \qquad K_b^\ominus(Ac^-)=\frac{[HAc]/c^\ominus \cdot [OH^-]/c^\ominus}{[Ac^-]/c^\ominus}$$

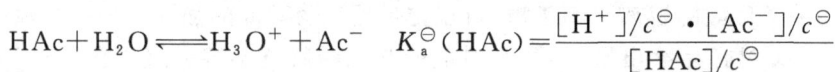

将对应的平衡常数 $K_a^\ominus$ 和 $K_b^\ominus$ 相乘得：

$$K_a^\ominus(HAc)\cdot K_b^\ominus(Ac^-)=\frac{[H^+]/c^\ominus \cdot [Ac^-]/c^\ominus}{[HAc]/c^\ominus}\times\frac{[HAc]/c^\ominus \cdot [OH^-]/c^\ominus}{[Ac^-]/c^\ominus}$$
$$=[H^+]/c^\ominus \cdot [OH^-]/c^\ominus$$

即
$$K_a^\ominus \cdot K_b^\ominus=K_w^\ominus \quad 或 \quad K_b^\ominus=\frac{K_w^\ominus}{K_a^\ominus} \qquad\qquad (4-5)$$

其负对数形式为
$$pK_w^\ominus=pK_a^\ominus+pK_b^\ominus \qquad\qquad (4-6)$$

因此，知道了酸和碱的解离常数，就可以计算出它们的共轭碱或共轭酸的解离常数，从而根据解离常数的大小判断酸（碱）性的强弱。在共轭酸碱对中，共轭酸的解离常数愈大，说明共轭酸愈容易给出质子，酸性愈强，则其共轭碱就愈不容易接受质子，碱性就愈弱。例如 HClO₄、HCl 都是强酸，它们的共轭碱 ClO₄⁻、Cl⁻ 都是弱碱。反之，共轭酸的解离常数愈小，说明共轭酸给出质子的能力愈弱，则其共轭碱就愈容易接受质子，其碱性就愈强。例如 NH₄⁺、HS⁻ 等是弱酸，它们的共轭碱 NH₃、S²⁻ 则为较强的碱。

酸碱的质子理论不仅适用于水溶液体系，而且适用于非水体系。但是，布朗斯特酸不包括那些不交换质子又具有酸性的物质。由于这类物质并不多，所以不影响质子理论被普遍接受和应用。

4.1.3　酸碱电子理论

提出酸碱质子理论的同一年（1923 年），美国物理化学家路易斯（Lewis. G. N.）根据大量酸碱反应的化学键变化，以及原子的电子结构提出了酸碱电子理论，也称广义酸碱理论、路易斯酸碱理论。该理论认为：在反应中，能接受电子对的任何分子、原子或离子称为路易斯酸，能给出电子对的任何分子、原子或离子称为路易斯碱。在路易斯的酸碱理论中，酸是电子对的接受体，碱是电子对的给予体。酸碱反应是电子对发生转移、酸碱之间加和形成共价键的过程。可以表示为

$$B:+A \longrightarrow B:A$$

在上述反应式中，A 代表路易斯酸，可以接受电子对；B：代表路易斯碱，能给出电子对；酸碱反应就是 B：的电子对向 A 偏移，在 A、B 之间形成共价键的过程。B：A 代表酸碱反应产物——酸碱加合物（adduct）。例如 $[Fe(H_2O)_6]^{3+}$ 和 $[Cu(NH_3)_4]^{2+}$ 中的 Fe^{3+} 离子和 Cu^{2+} 具有空轨道，都是电子对的接受体，所以它们是路易斯酸；而 H_2O、NH_3 是电子对的给予体，它们是路易斯碱。

按照路易斯酸碱理论,所有的金属离子都是酸,与金属离子配位的阴离子或中性分子都是碱,配位化合物就是酸碱加合物,可见路易斯酸碱的范围十分广泛。

在酸碱电子理论中,一种物质究竟是酸还是碱,还是酸碱加合物,应该在具体的反应中确定。但是,酸碱电子理论中酸碱的强弱没有一个定量的标度,缺乏像质子理论那样的定量计算,这是酸碱电子理论的不足。如果没有特别强调,本书所涉及的酸碱理论相关内容均以酸碱质子理论为准。

4.2 溶液中各型体的分布

在弱酸弱碱平衡体系中,常常同时存在多个型体,此时各种型体的浓度称为平衡浓度,以 c(型体)或[型体]表示,各种型体的平衡浓度之和称为总浓度 c(或分析浓度),某型体的平衡浓度占总浓度 c 的分数称为该型体的分布系数,用符号 δ 表示。分布系数的大小可以定量说明各种型体的分布情况。当溶液中 H^+ 浓度发生变化时,各种型体的平衡浓度随之变化,从而分布系数也会发生变化,因此分布系数的大小与溶液中 H^+ 浓度有关。

4.2.1 一元弱酸(碱)溶液

一元弱酸 HA,在水溶液中有 HA 和 A^- 两种型体。设它们的分析浓度为 c,HA 和 A^- 的平衡浓度为[HA]和[A^-],$\delta(HA)$ 和 $\delta(A^-)$ 分别为代表 HA 和 A^- 的分布系数,则

$$\delta(HA)=\frac{[HA]}{c}=\frac{[HA]}{[HA]+[A^-]}=\frac{1}{1+\frac{K_a^\ominus}{[H^+]}}=\frac{[H^+]}{[H^+]+K_a^\ominus}$$

$$\delta(A^-)=\frac{[A^-]}{c}=\frac{[A^-]}{[HA]+[A^-]}=\frac{K_a^\ominus}{[H^+]+K_a^\ominus}$$

可以看出,分布系数决定于酸(或碱)的 $K_a^\ominus$(或 $K_b^\ominus$)和溶液中的[H^+],而与酸(或碱)的分析浓度 c 无关。而且,各型体分布系数之和等于1,即 $\delta(HA)+\delta(A^-)=1$。根据分布系数和溶液中的[H^+]可以计算出各种型体的平衡浓度。这在分析化学中是很重要的。

例 4 - 1 计算 pH=4.00 和 pH=6.00 时,浓度为 0.10 mol·L^{-1} 的 HAc 溶液中,HAc 和 Ac^- 的分布系数及平衡浓度。

解:当 pH=4.00 时:

$$\delta(HAc)=\frac{[H^+]}{[H^+]+K_a^\ominus}=\frac{1.0\times10^{-4}}{1.0\times10^{-4}+1.75\times10^{-5}}=0.85$$

$$\delta(Ac^-)=\frac{K_a^\ominus}{[H^+]+K_a^\ominus}=\frac{1.75\times10^{-5}}{1.0\times10^{-4}+1.75\times10^{-5}}=0.15$$

$$[HAc]=\delta(HAc)c=0.85\times0.10 \text{ mol·}L^{-1}=0.085 \text{ mol·}L^{-1}$$

$$[Ac^-]=\delta(Ac^-)c=0.15\times0.10 \text{ mol·}L^{-1}=0.015 \text{ mol·}L^{-1}$$

当 pH=6.00 时:

$$\delta(HAc)=\frac{[H^+]}{[H^+]+K_a^\ominus}=\frac{1.0\times10^{-6}}{1.0\times10^{-6}+1.75\times10^{-5}}=0.05$$

$$\delta(Ac^-)=\frac{K_a^\ominus}{[H^+]+K_a^\ominus}=\frac{1.75\times10^{-5}}{1.0\times10^{-6}+1.75\times10^{-5}}=0.95$$

$$[HAc] = \delta(HAc)c = 0.05 \times 0.10 \text{ mol} \cdot L^{-1} = 0.005 \text{ mol} \cdot L^{-1}$$

$$[Ac^-] = \delta(Ac^-)c = 0.95 \times 0.10 \text{ mol} \cdot L^{-1} = 0.095 \text{ mol} \cdot L^{-1}$$

可见,当 pH=4.00 时,HAc 是主要型体;当 pH=6.00 时,Ac^- 是主要型体。

根据分布系数和溶液 pH 浓度的关系,可以计算出不同 pH 对应的各型体的分布系数,然后绘制分布系数与溶液 pH 的关系图,即 δ-pH 曲线,称为分布曲线。图 4-1 为 HAc 的 δ-pH 曲线。由图可见,当 pH=$pK_a^\ominus$ 时,溶液中 HAc 和 Ac^- 两种型体各占 50%;当 pH<$pK_a^\ominus$ 时,HAc 为主要型体;当 pH>$pK_a^\ominus$ 时,Ac^- 为主要型体。

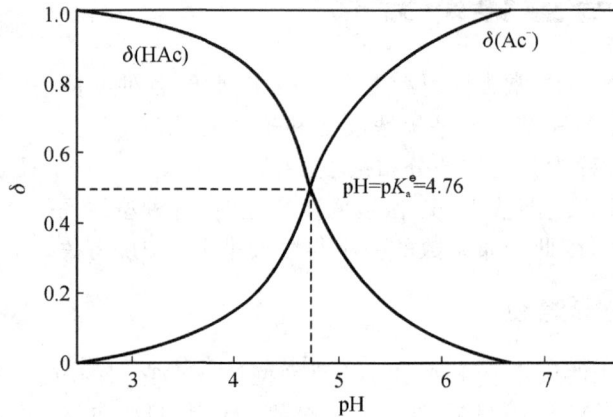

图 4-1 HAc 和 Ac^- 的 δ-pH 曲线

4.2.2 多元弱酸(碱)溶液

二元弱酸 H_2A 在水溶液中有 H_2A、HA^- 和 A^{2-} 三种型体,设它们的总浓度为 c,即 $c = [H_2A] + [HA^-] + [A^{2-}]$。则有

$$\delta(H_2A) = \frac{[H_2A]}{c} = \frac{1}{1 + \frac{K_{a_1}^\ominus}{[H^+]} + \frac{K_{a_1}^\ominus K_{a_2}^\ominus}{[H^+]^2}} = \frac{[H^+]^2}{[H^+]^2 + [H^+]K_{a_1}^\ominus + K_{a_1}^\ominus K_{a_2}^\ominus}$$

$$\delta(HA^-) = \frac{[HA^-]}{c} = \frac{[H^+]K_{a_1}^\ominus}{[H^+]^2 + [H^+]K_{a_1}^\ominus + K_{a_1}^\ominus K_{a_2}^\ominus}$$

$$\delta(A^{2-}) = \frac{[A^{2-}]}{c} = \frac{K_{a_1}^\ominus K_{a_2}^\ominus}{[H^+]^2 + [H^+]K_{a_1}^\ominus + K_{a_1}^\ominus K_{a_2}^\ominus}$$

图 4-2 为酒石酸溶液中三种型体的分布图。酒石酸的 $pK_{a_1}^\ominus = 3.04$,$pK_{a_2}^\ominus = 4.37$。pH<$pK_{a_1}^\ominus$ 时,溶液中以 H_2A 为主;pH>$pK_{a_2}^\ominus$,溶液中以 A^{2-} 为主;当 $pK_{a_1}^\ominus$<pH<$pK_{a_2}^\ominus$ 时,则 HA^- 是主要型体。

对三元弱酸 H_3A,设 $c = [H_3A] + [H_2A^-] + [HA^{2-}] + [A^{3-}]$,则各型体的分布系数如下:

$$\delta(H_3A) = \frac{[H_3A]}{c} = \frac{[H^+]^3}{[H^+]^3 + [H^+]^2 K_{a_1}^\ominus + [H^+]K_{a_1}^\ominus K_{a_2}^\ominus + K_{a_1}^\ominus K_{a_2}^\ominus K_{a_3}^\ominus}$$

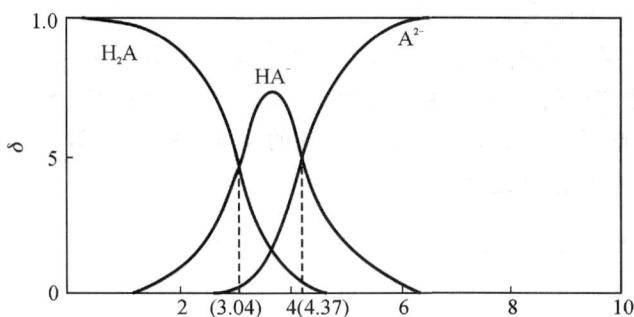

图 4 - 2　酒石酸的 δ-pH 曲线

$$\delta(H_2A^-) = \frac{[H_2A^-]}{c} = \frac{[H^+]^2 K_{a_1}^{\ominus}}{[H^+]^3 + [H^+]^2 K_{a_1}^{\ominus} + [H^+] K_{a_1}^{\ominus} K_{a_2}^{\ominus} + K_{a_1}^{\ominus} K_{a_2}^{\ominus} K_{a_3}^{\ominus}}$$

$$\delta(HA^{2-}) = \frac{[HA^{2-}]}{c} = \frac{[H^+] K_{a_1}^{\ominus} K_{a_2}^{\ominus}}{[H^+]^3 + [H^+]^2 K_{a_1}^{\ominus} + [H^+] K_{a_1}^{\ominus} K_{a_2}^{\ominus} + K_{a_1}^{\ominus} K_{a_2}^{\ominus} K_{a_3}^{\ominus}}$$

$$\delta(A^{3-}) = \frac{[A^{3-}]}{c} = \frac{K_{a_1}^{\ominus} K_{a_2}^{\ominus} K_{a_3}^{\ominus}}{[H^+]^3 + [H^+]^2 K_{a_1}^{\ominus} + [H^+] K_{a_1}^{\ominus} K_{a_2}^{\ominus} + K_{a_1}^{\ominus} K_{a_2}^{\ominus} K_{a_3}^{\ominus}}$$

$$\delta(H_3A) + \delta(H_2A^-) + \delta(HA^{2-}) + \delta(A^{3-}) = 1$$

H_3PO_4 的 $pK_{a_1}^{\ominus} = 2.17$，$pK_{a_2}^{\ominus} = 7.21$，$pK_{a_3}^{\ominus} = 12.35$，图 4 - 3 为 H_3PO_4 的 δ-pH 曲线。

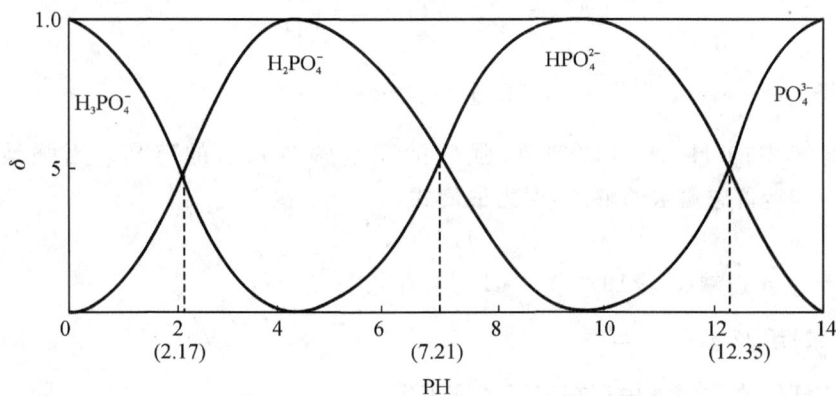

图 4 - 3　H_3PO_4 的 δ-pH 曲线形

　　其它多元酸可采用同样的方法处理,但随着酸的元数越多,分布系数表达式中的分母项数也越多。对于 n 元酸,共有 $n+1$ 个型体,对应分母项数为 $n+1$ 项。

4.3　酸碱溶液 pH 的计算

　　按照酸碱质子理论,酸碱反应的实质是质子的转移。达到平衡时,碱所得的质子的量必等于酸失去质子的量,这一数量关系的数学表达式称为质子平衡方程式(proton balance equation,PBE),简称质子平衡式或质子条件式。

书写质子条件时,必须选择适当的物质作参考。通常选择在溶液中大量存在并参与质子传递的物质,作为考虑质子传递的参照物,这些物质称为参考水准(reference level)或零水准(zero level)。然后根据得失质子的物质的量相等的原则,写出 PBE,求得溶液中 H_3O^+(或简写为 H^+)浓度和有关组分浓度之间的关系式。

4.3.1 一元酸(碱)溶液

1. 强酸(碱)溶液

一元强酸 HA(分析浓度为 c_a),在水溶液中存在以下解离平衡:

$$HA \longrightarrow H^+ + A^-$$

溶液中水本身的解离平衡:

$$H_2O + H_2O \Longleftrightarrow H_3O^+ + OH^-$$

选择 H_2O 和 HA 为参考水准,溶液中质子转移情况如下:

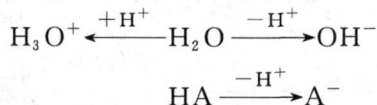

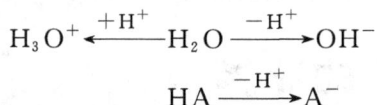

$$H_3O^+ \xleftarrow{+H^+} H_2O \xrightarrow{-H^+} OH^-$$

$$HA \xrightarrow{-H^+} A^-$$

根据得失质子数相等原则,列出质子条件为

$$[H^+] = [A^-] + [OH^-]$$

已知
$$[A^-] = c_a, \quad [OH^-] = \frac{K_w^\ominus}{[H^+]}$$

代入 PBE 中得
$$[H^+] = c_a + \frac{K_w^\ominus}{[H^+]}$$

它表明溶液中的 H^+ 来自两部分:强酸的完全解离和水的解离。当强酸浓度 $c_a \geqslant 10^{-6}$ mol·L^{-1} 时,可忽略水的解离,即为最简式:

$$[H^+] = c_a$$

同理,对于一元强碱($c_b \geqslant 10^{-6}$ mol·L^{-1})有 $[OH^-] = c_b$。

2. 弱酸(碱)溶液

一元弱酸 HA,在水溶液中存在以下解离平衡:

$$HA + H_2O \Longleftrightarrow H_3O^+ + A^-$$

溶液中水本身的解离平衡:

$$H_2O + H_2O \Longleftrightarrow H_3O^+ + OH^-$$

选择 H_2O 和 HA 为参考水准,溶液中质子转移情况如下:

$$H_3O^+ \xleftarrow{+H^+} H_2O \xrightarrow{-H^+} OH^-$$

$$HA \xrightarrow{-H^+} A^-$$

根据得失质子数相等原则,列出质子条件为

$$[H^+] = [A^-] + [OH^-]$$

根据平衡常数表达式可得

$$[A^-]=\frac{K_a^{\ominus}[HA]}{[H^+]},\quad [OH^-]=\frac{K_w^{\ominus}}{[H^+]}$$

代入 PBE 中得

$$[H^+]=\frac{K_a^{\ominus}[HA]}{[H^+]}+\frac{K_w^{\ominus}}{[H^+]}$$

或

$$[H^+]=\sqrt{K_a^{\ominus}[HA]+K_w^{\ominus}} \qquad (4-7)$$

这是计算一元弱酸水溶液中 H^+ 浓度的精确式。如果酸不是太弱,可以忽略水的解离。当 $[HA]K_a^{\ominus}\geqslant 20K_w^{\ominus}$ 时,忽略 $K_w^{\ominus}$ 项引起的相对误差(小于 5%),式(4-7)可以简化为

$$[H^+]=\sqrt{K_a^{\ominus}[HA]} \qquad (4-8)$$

浓度为 c_a 的弱酸 HA 溶液的平衡浓度为

$$[HA]=c_a-[H^+]$$

代入式(4-8),可得

$$[H^+]=\sqrt{K_a^{\ominus}\{c_a-[H^+]\}} \qquad (4-9)$$

整理得 $\qquad [H^+]^2+K_a^{\ominus}[H^+]-c_aK_a^{\ominus}=0$

则

$$[H^+]=\frac{-K_a^{\ominus}+\sqrt{(K_a^{\ominus})^2-4K_a^{\ominus}c_a}}{2} \qquad (4-10)$$

这是计算一元弱酸水溶液 H^+ 浓度的近似公式。当 $c_aK_a^{\ominus}\geqslant 20K_w^{\ominus}$,且 $c_a/K_a^{\ominus}\geqslant 500$ 时,可认为 $c_a-[H^+]\approx c_a$,式(4-10)可简化为

$$[H^+]=\sqrt{c_aK_a^{\ominus}} \qquad (4-11)$$

这是计算一元弱酸水溶液中 H^+ 浓度的最简式。

当 $c_aK_a^{\ominus}\leqslant 20K_w^{\ominus}$,且 $c_a/K_a^{\ominus}\geqslant 500$ 时,水的解离不可忽略,但 $[H^+]$ 可以忽略,故 $c_a-[H^+]=c_a$。可得

$$[H^+]=\sqrt{c_aK_a^{\ominus}+K_w^{\ominus}} \qquad (4-12)$$

例 4-2　计算 $0.10\ mol\cdot L^{-1}$ HAc 溶液的 pH 和解离度 α。

解:由附录 4 可知:$K_a^{\ominus}(HAc)=1.75\times10^{-5}$。因为 $c_aK_a^{\ominus}\geqslant 20K_w^{\ominus}$,且 $c_a/K_a^{\ominus}\geqslant 500$,所以可用最简式(4-11)计算:

$$[H^+]=\sqrt{c_aK_a^{\ominus}}=\sqrt{0.10\times1.75\times10^{-5}}=1.3\times10^{-3}\ mol\cdot L^{-1}$$

$$pH=2.87$$

$$\alpha=\frac{[H^+]}{c_a}\times100\%=\frac{1.3\times10^{-3}\ mol\cdot L^{-1}}{0.10\ mol\cdot L^{-1}}\times100\%=1.3\%$$

例 4-3　计算 $0.10\ mol\cdot L^{-1}$ NH$_4$Cl 溶液的 pH。

解:由附录 4 可知:NH$_3$ 的 $K_b^{\ominus}=1.8\times10^{-5}$。NH$_4^+$ 是 NH$_3$ 的共轭酸,则

$$K_a^{\ominus}(NH_4^+)=K_w^{\ominus}/K_b^{\ominus}(NH_3)=\frac{10^{-14}}{1.8\times10^{-5}}=5.6\times10^{-10}$$

由于 $c_aK_a^{\ominus}\geqslant 20K_w^{\ominus}$,且 $c_a/K_a^{\ominus}\geqslant 500$,可用最简式(4-11)计算:

$$[H^+]=\sqrt{K_a^\ominus c_a}=\sqrt{5.6\times10^{-10}\times0.10}=7.48\times10^{-6}\ \text{mol}\cdot\text{L}^{-1}$$

$$pH=5.13$$

处理一元弱碱的方法与一元弱酸类似。只需将以上各计算一元弱酸溶液 H^+ 浓度的有关公式中的 $K_a^\ominus$ 换成 $K_b^\ominus$，$[H^+]$ 换成 $[OH^-]$ 即可。例如，计算浓度为 c_b 的一元弱碱溶液碱度的近似式为

$$[OH^-]=\frac{-K_b^\ominus+\sqrt{(K_b^\ominus)^2+4K_b^\ominus c_b}}{2} \tag{4-13}$$

若 $c_bK_b^\ominus\geqslant20K_w^\ominus$，且 $c_b/K_b^\ominus\geqslant500$，可得最简式为

$$[OH^-]=\sqrt{c_bK_b^\ominus} \tag{4-14}$$

例 4-4　计算 $0.10\ \text{mol}\cdot\text{L}^{-1}$ 氨水溶液的 pH 和解离度 α。

解: 由附录 4 可知:NH_3 的 $K_b^\ominus=1.8\times10^{-5}$。由于 $c_bK_b^\ominus\geqslant20K_w^\ominus$，且 $c_b/K_b^\ominus\geqslant500$，可用最简式(4-14)计算:

$$[OH^-]=\sqrt{c_bK_b^\ominus}=\sqrt{0.10\times1.8\times10^{-5}}=1.3\times10^{-3}\ \text{mol}\cdot\text{L}^{-1}$$

$$pOH=2.89$$

$$pH=14.00-2.89=11.11$$

$$\alpha=\frac{[OH^-]}{c_b}=\frac{1.3\times10^{-3}}{0.1}\times100\%=1.3\%$$

例 4-5　计算 $0.10\ \text{mol}\cdot\text{L}^{-1}$ NaAc 溶液的 pH。

解: 由附录 4 可知:HAc 的 $K_a^\ominus=1.75\times10^{-5}$。$Ac^-$ 是 HAc 的共轭碱，则 $K_b^\ominus(Ac^-)=K_w^\ominus/K_a^\ominus(HAc)=\dfrac{10^{-14}}{1.75\times10^{-5}}=5.7\times10^{-10}$。

由于 $c_bK_b^\ominus\geqslant20K_w^\ominus$，且 $c_b/K_b^\ominus\geqslant500$，故可采用最简式(4-14)计算:

$$[OH^-]=\sqrt{c_bK_b^\ominus}=\sqrt{0.10\times5.7\times10^{-10}}=7.48\times10^{-6}\ \text{mol}\cdot\text{L}^{-1}$$

$$pOH=5.13$$

$$pH=14.00-5.13=8.87$$

4.3.2　多元酸(碱)溶液

多元弱酸(碱)是分步解离的。如 H_3PO_4 在水中分三级解离:

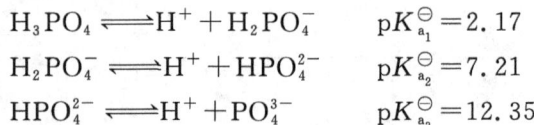

$$H_3PO_4\Longleftrightarrow H^++H_2PO_4^-\qquad pK_{a_1}^\ominus=2.17$$
$$H_2PO_4^-\Longleftrightarrow H^++HPO_4^{2-}\qquad pK_{a_2}^\ominus=7.21$$
$$HPO_4^{2-}\Longleftrightarrow H^++PO_4^{3-}\qquad pK_{a_3}^\ominus=12.35$$

一般来说，多元弱酸碱的解离常数存在显著差异，因此可以认为溶液中的 H_3O^+ 主要来自第一级解离，而且一级解离出来的 H_3O^+ 又抑制了后面的各级解离。因此可按一元弱酸碱处理。

例 4-6　计算 $0.10\ \text{mol}\cdot\text{L}^{-1}$ Na_2CO_3 溶液的 pH。

解: 由附录 4 可知:H_2CO_3 的 $pK_{a_1}^\ominus=4.5\times10^{-7}$，$K_{a_2}^\ominus=4.7\times10^{-11}$。

二元碱 CO_3^{2-} 的 $K_{b_1}^\ominus=K_w^\ominus/K_{a_2}^\ominus=\dfrac{10^{-14}}{4.7\times10^{-11}}=2.13\times10^{-4}$

$$K_{b_2}^\ominus = K_w^\ominus / K_{a_1}^\ominus = \frac{10^{-14}}{4.5 \times 10^{-7}} = 2.22 \times 10^{-8}$$

由于 $K_{b_1}^\ominus \gg K_{b_2}^\ominus$，可按一元弱碱处理。又由于 $c_b K_{b_1}^\ominus \geqslant 20 K_w^\ominus$，且 $c_b / K_{b_1}^\ominus \geqslant 500$，故可用最简式(4-14)进行计算：

$$[OH^-] = \sqrt{c_b K_b^\ominus} = \sqrt{0.10 \times 2.13 \times 10^{-4}} = 4.62 \times 10^{-3} \text{ mol} \cdot L^{-1}$$

$$pOH = 2.34$$

$$pH = 14.00 - 2.34 = 11.66$$

4.3.3　两性物质溶液

既能给出质子，又能得到质子的物质，称为两性物质。如酸式盐（$NaHCO_3$、NaH_2PO_4 等）、弱酸弱碱盐（NH_4Ac）及氨基酸等，其酸碱平衡较为复杂，这里只介绍近似的处理方法。

1. 酸式盐

以二元弱酸的酸式盐 $NaHA$ 为例，H_2A 的解离常数为 $K_{a_1}^\ominus$ 和 $K_{a_2}^\ominus$，在水溶液中存在下列平衡：

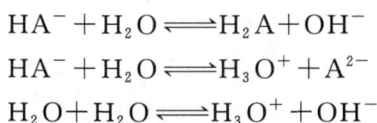

$$HA^- + H_2O \Longrightarrow H_2A + OH^-$$

$$HA^- + H_2O \Longrightarrow H_3O^+ + A^{2-}$$

$$H_2O + H_2O \Longrightarrow H_3O^+ + OH^-$$

选择 HA^- 和 H_2O 为参考水准，列出质子条件为

$$[H_3O^+] + [H_2A] = [A^{2-}] + [OH^-]$$

根据有关平衡常数式，可得

$$[H^+] + \frac{[H^+][HA^-]}{K_{a_1}^\ominus} = \frac{K_{a_2}^\ominus [HA^-]}{[H^+]} + \frac{K_w^\ominus}{[H^+]}$$

整理得

$$[H^+] = \sqrt{\frac{K_{a_1}^\ominus \{K_{a_2}^\ominus [HA^-] + K_w^\ominus\}}{K_{a_1}^\ominus + [HA^-]}} \tag{4-15}$$

这是计算 HA^- 溶液 H^+ 浓度的精确式。

若 $K_{a_1}^\ominus$ 和 $K_{a_2}^\ominus$ 相差较大，则 $K_{a_2}^\ominus$ 和 $K_{b_2}^\ominus$ 都较小，说明它得失质子能力都较弱，可以认为 $[HA^-] \approx c$，得计算 HA^- 溶液 H^+ 浓度的近似式为

$$[H^+] = \sqrt{\frac{K_{a_1}^\ominus (K_{a_2}^\ominus c + K_w^\ominus)}{K_{a_1}^\ominus + c}} \tag{4-16}$$

(1)若 $c K_{a_2}^\ominus \geqslant 20 K_w^\ominus$，则 $K_w^\ominus$ 可忽略，可得计算 HA^- 溶液 H^+ 浓度的另一近似式为

$$[H^+] = \sqrt{\frac{K_{a_1}^\ominus K_{a_2}^\ominus c}{K_{a_1}^\ominus + c}} \tag{4-17}$$

(2)当 $c K_{a_2}^\ominus \geqslant 20 K_w^\ominus$，且 $c \geqslant 20 K_{a_1}^\ominus$，则 $K_{a_1}^\ominus + c \approx c$，可得最简式如下：

$$[H^+] = \sqrt{K_{a_1}^\ominus K_{a_2}^\ominus} \tag{4-18}$$

对于其它多元酸的酸式盐，可按类似方法进行处理，只需找准对应的 $K_{a_1}^\ominus$、$K_{a_2}^\ominus$。

例 4 - 7   计算 $0.10 \ mol \cdot L^{-1} NaHCO_3$ 溶液的 pH。

解: H_2CO_3 的 $K_{a_1}^{\ominus} = 4.5 \times 10^{-7}$，$K_{a_2}^{\ominus} = 4.7 \times 10^{-11}$，且 $cK_{a_2}^{\ominus} \geqslant 20 K_w^{\ominus}$，$c \geqslant 20 K_{a_1}^{\ominus}$，可用最简式(4 - 18)计算$[H^+]$：

$$[H^+] = \sqrt{K_{a_1}^{\ominus} K_{a_2}^{\ominus}} = \sqrt{4.5 \times 10^{-7} \times 4.7 \times 10^{-11}} = 4.60 \times 10^{-9} \ mol \cdot L^{-1}$$

pH = 8.34

例 4 - 8   计算 $0.033 \ mol \cdot L^{-1} Na_2HPO_4$ 溶液的 pH。

解: 已知 H_3PO_4 的 $K_{a_1}^{\ominus} = 6.9 \times 10^{-3}$，$K_{a_2}^{\ominus} = 6.2 \times 10^{-8}$，$K_{a_3}^{\ominus} = 4.8 \times 10^{-13}$。因为 $cK_{a_3}^{\ominus} < 20 K_w^{\ominus}$，则 $K_w^{\ominus}$ 不可忽略；但是 $c \geqslant 20 K_{a_2}^{\ominus}$，则 $c + K_{a_2}^{\ominus} \approx c$，所以根据计算$[H^+]$的近似式(4 - 16)：

$$[H^+] = \sqrt{\frac{K_{a_2}^{\ominus}(cK_{a_3}^{\ominus} + K_w^{\ominus})}{c + K_{a_2}^{\ominus}}}$$

则有：

$$[H^+] = \sqrt{\frac{K_{a_2}^{\ominus}(K_{a_3}^{\ominus} c + K_w^{\ominus})}{c}} = \sqrt{\frac{6.2 \times 10^{-8}(4.8 \times 10^{-13} \times 0.033 + 10^{-14})}{0.033}} = 10^{-9.66}$$

pH = 9.66

2. 弱酸弱碱盐

弱酸弱碱盐也是两性物质。下面以 $0.10 \ mol \cdot L^{-1} NH_4CN$ 为例讨论。按照酸式盐的方法可得：

$$[H^+] = \sqrt{K_a^{\ominus}(HCN) K_a^{\ominus}(NH_4^+)} = \sqrt{K_a^{\ominus}(HCN) \times \frac{K_w^{\ominus}}{K_b^{\ominus}(NH_3)}} \qquad (4 - 19)$$

式(4 - 19)表明：一定温度下，$K_a^{\ominus} = K_b^{\ominus}$ 时，溶液呈中性；$K_a^{\ominus} > K_b^{\ominus}$ 时，溶液呈酸性；$K_a^{\ominus} < K_b^{\ominus}$ 时，溶液呈碱性。

4.4   缓冲溶液

4.4.1   同离子效应和盐效应

在 HAc 溶液中加入固体 NaAc，溶液的 pH 会如何变化呢？我们来计算一下。

例 4 - 9   向 $0.10 \ mol \cdot L^{-1}$ HAc 溶液中加入固体 NaAc，使 NaAc 浓度为 $0.10 \ mol \cdot L^{-1}$，求此混合溶液的解离度及溶液 pH。

解: 假设平衡时，H_3O^+ 的浓度为 $x \ mol \cdot L^{-1}$，

$$HAc + H_2O \Longleftrightarrow H_3O^+ + Ac^-$$

起始浓度/mol·L^{-1}　　　　　　0.10　　　　　　0　　　0.10

平衡浓度/mol·L^{-1}　　　0.10 - $x \approx$ 0.10　　　x　　0.10 + $x \approx$ 0.10

代入解离常数表达式中，并做近似处理得

$$K_a^{\ominus} = \frac{[H^+] \cdot [Ac^-]}{[HAc]} = \frac{x(0.10 + x)}{0.10 - x} = \frac{0.10x}{0.10} = 1.75 \times 10^{-5}$$

解得　　　　　　　　　$[H^+] = x = 1.75 \times 10^{-5} \ mol \cdot L^{-1}, \ pH = 4.76$

解离度　　　　　　　$\alpha = \dfrac{[H^+]}{c} = \dfrac{1.75 \times 10^{-5} \ mol \cdot L^{-1}}{0.10 \ mol \cdot L^{-1}} \times 100\% = 0.018\%$

　　和例 4 - 2 的计算结果比较可知,0.10 mol · L⁻¹ HAc 的 H⁺ 浓度为 1.3×10^{-3} mol · L⁻¹,解离度为 1.3%,pH 为 2.89。可见,在 HAc 溶液中加入 NaAc 后,使 HAc 的解离度降低了。

　　因此可得出如下结论:在弱电解质溶液中加入与弱电解质含有相同离子的强电解质时,弱电解质的解离度降低。这种现象称为同离子效应。

　　如果加入的强电解质中不具有相同离子,如向 HAc 中加入 NaCl,同样会破坏原有的平衡,使平衡向右移动,使弱酸、弱碱的解离度增大,这种现象叫盐效应。这是由于强电解质完全解离,大大增大了溶液中离子的总浓度,使得 H_3O^+、Ac^- 被更多的异号离子 Cl^- 或 Na^+ 所包围,在每一离子周围形成一个带相反电荷的"离子氛"(ionic atmosphere)。由于"离子氛"的存在,离子的运动受到牵制,大大降低了离子重新结合成弱电解质分子的概率,因此,解离度相应增大。

　　当所加具有相同离子的电解质溶液浓度较大时,同离子效应和盐效应共存,通常当电解质溶液浓度较大时,以盐效应为主,当电解质浓度较小时,以同离子效应为主。

4.4.2　缓冲溶液

　　一定条件下,如果在 pH 为 7.00 的 1 L 纯水中加入 1 mL 10 mol · L⁻¹ HCl 溶液,则溶液的 pH 由 7.00 降低到 2.00,即 pH 改变了 5 个单位;如果在 1 L 0.10 mol · L⁻¹ HAc 中加入 1 mL 10 mol · L⁻¹ HAc 溶液,则溶液的 pH 由 2.89 变化到 2,pH 改变了 0.89 个单位;如果在 1 L 含有等量的 0.10 mol · L⁻¹ HAc 和 0.10 mol · L⁻¹ NaAc 的混合溶液中,加入 1 mL 10 mol · L⁻¹ HCl 溶液,则溶液的 pH 从 4.76 降低到 4.66,即 pH 只改变了 0.1 个单位。

　　上述实验中,在含有 HAc - Ac⁻ 共轭酸碱对的混合溶液中加入少量强酸或强碱,或被轻度稀释后,溶液的 pH 几乎不变,这种能够维持 pH 相对稳定的溶液,称为缓冲溶液(buffer solution)。缓冲溶液在分析化学和生物化学中应用广泛。

1. 缓冲作用

　　为什么缓冲溶液能够保持 pH 相对不变呢?根据酸碱质子理论,缓冲溶液是一共轭酸碱对体系,是由一种酸(HB)和它的共轭碱(B⁻)组成的混合系统,在溶液中存在下面的质子转移反应:

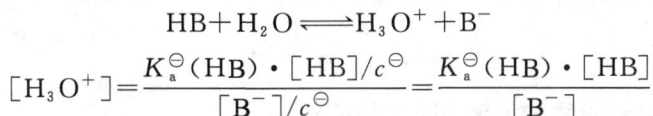

$$HB + H_2O \Longrightarrow H_3O^+ + B^-$$

$$[H_3O^+] = \frac{K_a^{\ominus}(HB) \cdot [HB]/c^{\ominus}}{[B^-]/c^{\ominus}} = \frac{K_a^{\ominus}(HB) \cdot [HB]}{[B^-]}$$

在缓冲溶液中,HB 和 B⁻ 的起始浓度较大,即溶液中大量存在的是 HB 和 B⁻。

　　当加入少量强酸时,H_3O^+ 浓度增大,平衡向左移动;B⁻ 浓度略有减小,HB 浓度略有增大,但[HB]/[B⁻]值变化很小,H_3O^+ 浓度改变也很小,因而溶液 pH 基本保持不变。

　　当加入少量强碱时,H_3O^+ 被中和,其浓度略有减小,平衡向右移动,HB 浓度略有减小,B⁻ 浓度略有增大,但[HB]/[B⁻]值变化很小,H_3O^+ 浓度改变也很小,因而溶液 pH 基本保持不变。常见的缓冲体系有 $HAc-Ac^-$、$NH_4^+-NH_3$、$HCO_3^--CO_3^{2-}$、$H_2PO_4^--HPO_4^{2-}$、$HPO_4^{2-}-PO_4^{3-}$ 等。

2. 缓冲溶液 pH 的计算

以弱酸 HB 及其共轭碱 B^- 组成的缓冲溶液为例,设弱酸及其共轭碱的初始浓度分别为 c_a 和 c_b。在水溶液中的质子转移情况如下:

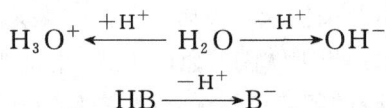

$$H_3O^+ \xleftarrow{+H^+} H_2O \xrightarrow{-H^+} OH^-$$
$$HB \xrightarrow{-H^+} B^-$$

因此,质子条件式为

$$[H^+]=[OH^-]+\{[B^-]-c_b\}$$

或者

$$[B^-]=c_b+[H^+]-[OH^-] \tag{4-20}$$

由于 $c_a+c_b=[HB]+[B^-]$,则

$$[HB]=c_a-[H^+]+[OH^-] \tag{4-21}$$

由弱酸的解离常数,得

$$pH=pK_a^{\ominus}(HB)-lg\frac{[HB]}{[B^-]} \tag{4-22}$$

将式(4-20)和式(4-21)代入式(4-22),得

$$pH=pK_a^{\ominus}(HB)-lg\frac{c_a-[H^+]+[OH^-]}{c_b+[H^+]-[OH^-]} \tag{4-23}$$

当溶液呈酸性时,$[H^+] \geqslant 20[OH^-]$,式(4-23)可写成下面的公式:

$$pH=pK_a^{\ominus}-lg\frac{c_a-[H^+]}{c_b+[H^+]} \tag{4-24}$$

当溶液呈碱性时,$[OH^-] \geqslant 20[H^+]$,式(4-23)可写成下面的公式:

$$pH=pK_a^{\ominus}-lg\frac{c_a+[OH^-]}{c_b-[OH^-]} \tag{4-25}$$

当 c_a、c_b 较大时,式(4-24)和式(4-25)可以简化为

$$pH=pK_a^{\ominus}-lg\frac{c_a}{c_b} \tag{4-26}$$

对于弱碱及其共轭酸组成的缓冲溶液,同理可导出 OH^- 浓度和 pOH 的计算式

$$pOH=pK_b^{\ominus}-lg\frac{c_b}{c_a} \tag{4-27}$$

式(4-26)、(4-27)是计算缓冲溶液 pH 的最简式。

例 4-10 有 50 mL 含有 0.10 mol·L^{-1} HAc 和 0.10 mol·L^{-1} NaAc 的缓冲溶液,试求:(1)该缓冲溶液的 pH;(2)加入 0.10 mL 1.0 mol·L^{-1} 的 HCl 后,溶液的 pH;(3)加入 0.10 mL 1.0 mol·L^{-1} 的 NaOH 后,溶液的 pH;(4)加入 5 mL 1.0 mol·L^{-1} 的 HCl 后,溶液的 pH。

解:(1)缓冲溶液的 pH 为

$$pH = pK_a^{\ominus} - \lg \frac{c_a}{c_b} = 4.76 - \lg \frac{0.10}{0.10} = 4.76$$

(2)加入 0.10 mL 1.0 mol·L^{-1} 的 HCl 后,所解离出的 H$^+$ 与 Ac$^-$ 结合生成 HAc 分子,溶液中的 Ac$^-$ 浓度降低,HAc 浓度升高,此时体系中:

$$c_a = \frac{0.1 \text{ mol·L}^{-1} \times 50 \text{ mL} + 1.0 \text{ mol·L}^{-1} \times 0.10 \text{ mL}}{50.1 \text{ mL}} = 0.102 \text{ mol·L}^{-1}$$

$$c_b = \frac{0.1 \text{ mol·L}^{-1} \times 50 \text{ mL} - 1.0 \text{ mol·L}^{-1} \times 0.10 \text{ mL}}{50.1 \text{ mL}} = 0.098 \text{ mol·L}^{-1}$$

$$pH = pK_a^{\ominus} - \lg \frac{c_a}{c_b} = \lg 1.75 \times 10^{-5} - \lg \frac{0.102}{0.098} = 4.74$$

(3)加入 0.10 mL 1.0 mol·L^{-1} 的 NaOH 后,所解离出的 OH$^-$ 与 HAc 结合生成 Ac$^-$ 和 H$_2$O,溶液中的 HAc 浓度降低,Ac$^-$ 浓度升高,此时体系中:

$$c_a = \frac{0.1 \text{ mol·L}^{-1} \times 50 \text{ mL} - 1.0 \text{ mol·L}^{-1} \times 0.10 \text{ mL}}{50.1 \text{ mL}} = 0.098 \text{ mol·L}^{-1}$$

$$c_b = \frac{0.1 \text{ mol·L}^{-1} \times 50 \text{ mL} + 1.0 \text{ mol·L}^{-1} \times 0.10 \text{ mL}}{50.1 \text{ mL}} = 0.102 \text{ mol·L}^{-1}$$

$$pH = pK_a^{\ominus} - \lg \frac{c_a}{c_b} = \lg 1.75 \times 10^{-5} - \lg \frac{0.098}{0.102} = 4.78$$

从计算结果可知,加入少量 HCl 或 NaOH,溶液的 pH 基本不变。

(4)加入 5 mL 1.0 mol·L^{-1} 的 HCl 后,所解离出的 H$^+$ 与 Ac$^-$ 结合生成 HAc 分子,则有:

$$c_a = \frac{0.1 \text{ mol·L}^{-1} \times 50 \text{ mL} + 1.0 \text{ mol·L}^{-1} \times 5 \text{ mL}}{55 \text{ mL}} = 0.182 \text{ mol·L}^{-1}$$

$$c_b = \frac{0.1 \text{ mol·L}^{-1} \times 50 \text{ mL} - 1.0 \text{ mol·L}^{-1} \times 5 \text{ mL}}{55 \text{ mL}} = 0 \text{ mol·L}^{-1}$$

通过计算可以知道,溶液中 Ac$^-$ 和 H$^+$ 反应完全生成了 HAc 分子,因此溶液可以看作是 0.182 mol·L^{-1} HAc 弱酸溶液。

$$[H^+] = \sqrt{c_a K_a^{\ominus}} = \sqrt{0.182 \times 1.75 \times 10^{-5}} = 1.78 \times 10^{-3} \text{ mol·L}^{-1}$$
$$pH = 2.75$$

可见,缓冲溶液的缓冲能力是有一定限度的。对于缓冲溶液,只有在加入的强酸(碱)的量不大时,或将溶液适度稀释时,才能保持溶液的 pH 基本不变或变化不大。如果加入大量酸碱,或过度稀释,缓冲溶液的缓冲作用将会消失。

3. 缓冲容量和缓冲范围

溶液缓冲能力的大小常用缓冲容量(buffer capacity)β 来量度。

缓冲容量的定义是使 1 L 溶液的 pH 值增加 d 个单位需加强碱 d_b(mol),或使 1 L 溶液的 pH 值降低 d 个单位需加强酸 d_a(mol)的物质的量:

$$\beta = \frac{d_b}{d} = -\frac{d_a}{d}$$

实验证明,缓冲容量的大小与缓冲体系共轭酸碱对的总浓度及其浓度比值有关。当缓冲组分浓度的比为 1：1 时，缓冲容量最大。当共轭酸碱对浓度比为 1：1 时，共轭酸碱对的总浓度越大，缓冲能力越大。

常用的缓冲溶液各组分的浓度一般为 $0.1 \sim 1.0$ mol·L^{-1}，共轭酸碱对浓度比一般为 $1/10 \sim 10$。对于任何一个缓冲体系，都有一个有效的 pH 或 pOH 变化范围。pH＝p$K_a^{\ominus}\pm1$ 或 pOH＝p$K_b^{\ominus}\pm1$，称为缓冲溶液的缓冲范围。

此外，高浓度的强酸或强碱，由于氢离子浓度和氢氧根离子浓度较大，当加入少量的酸或碱时，溶液酸度不会有太大的变化。即强酸或强碱也有缓冲作用，但它们不能称为缓冲溶液。

例 4 - 11　有 HCOOH-HCOONa、H$_3$BO$_3$-NaH$_2$BO$_3$ 及 HAc-NaAc 的缓冲体系，要配制 pH＝5.0 的酸碱缓冲溶液：(1)应选择何种体系为好？(2)要配制 100 mL HAc-NaAc 缓冲溶液，需 0.3 mol·L^{-1}HAc 及 0.4 mol·L^{-1}NaAc 各多少毫升？

解：(1)在实际配制一定 pH 的缓冲溶液时，为使共轭酸碱对浓度比接近于 1，则要选用 p$K_a^{\ominus}$(或 p$K_b^{\ominus}$)等于或接近于该 pH(或 pOH)的共轭酸碱对。根据附录 4 知：p$K_a^{\ominus}$(HCOOH)＝3.74，p$K_a^{\ominus}$(H$_3$BO$_3$)＝9.24，p$K_a^{\ominus}$(HAc)＝4.76，所以选择 HAc-NaAc 最好。

(2)设要配制 100 mL pH＝5.0 的 HAc-NaAc 缓冲溶液，需 0.3 mol·L^{-1}HAc 的体积为 V(mL)，则 NaAc 的体积为($100-V$)mL，根据缓冲溶液 pH 的计算公式

$$pH = pK_a^{\ominus} - \lg\frac{c_a}{c_b}$$

$$\lg 1.75\times10^{-5} - \lg\frac{V\times0.3\ \text{mol·L}^{-1}/100\ \text{mL}}{(100\ \text{mL}-V)\times0.4\ \text{mol·L}^{-1}/100\ \text{mL}} = 5.0$$

$$V = 42.3\ \text{mL}$$

$$100\ \text{mL} - V = 57.7\ \text{mL}$$

所以应量取 43.1 mL 0.3 mol·L^{-1}HAc 及 56.9 mL 0.4 mol·L^{-1}NaAc。

因此配制缓冲溶液时，首先按照所配缓冲溶液的 pH(或 pOH)选择 p$K_a^{\ominus}$(或 p$K_b^{\ominus}$)等于或接近于该 pH(或 pOH)的缓冲体系；其次通过调节缓冲体系中酸和碱的浓度比来确定最终所要配制的具有一定 pH 的缓冲溶液。

溶液的酸碱度对许多反应有着重要的影响，只有保持合适的 pH 范围，反应才能顺利进行。如人体血浆的 pH 为 7.36～7.44，它是由 H$_2$CO$_3$-HCO$_3^-$ 和 H$_2$PO$_4^-$-HPO$_4^{2-}$ 等多种缓冲体系组成。植物体内也有多种缓冲体系，以维持植物正常的生理功能。因此，缓冲体系能维持化学和生物化学系统的稳定，在工农业、医学、化学和生物学方面具有极为重要的意义。

4.5　酸碱指示剂

4.5.1　酸碱指示剂的作用原理

酸碱指示剂(acid-base indicator)一般是有机弱酸或弱碱，当溶液的 pH 值改变时，指示剂由于结构上的改变而发生颜色变化。因此在酸碱滴定中，一般利用酸碱指示剂颜色的突然变化来指示滴定的终点。

例如酚酞是一种单色指示剂，在酸性溶液中，酚酞主要以无色分子或无色离子存在，溶液无色；在碱性溶液中，酚酞发生结构的改变，成为具有共轭体系醌式结构的红色离子，溶液呈红

色。酚酞的解离过程可表示如下：

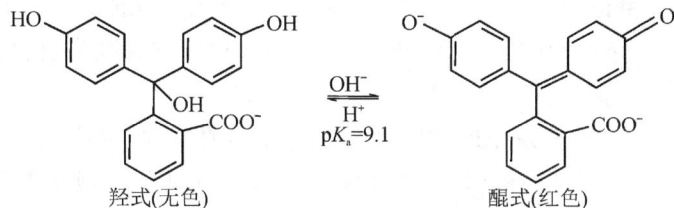

羟式(无色)　　　　　　　　　　　　　　　　　醌式(红色)

　　这个转变过程是可逆的,当溶液的 pH 值降低时,平衡向反方向移动,酚酞又会变成无色分子。

　　甲基橙是一种双色指示剂,在溶液中存在着如下平衡：

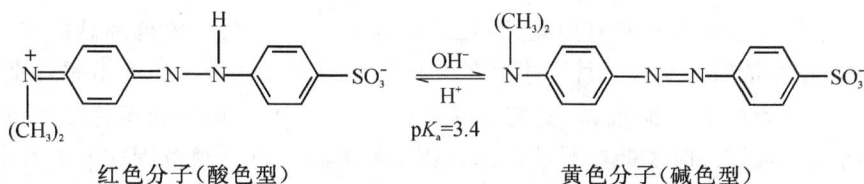

红色分子(酸色型)　　　　　　　　　　　　　黄色分子(碱色型)

　　甲基橙在强酸性溶液中呈红色,在碱性溶液中呈黄色。

4.5.2　指示剂的变色范围

　　不同的酸碱指示剂,它们的变色范围是不同的,有的在酸性溶液中变色,如甲基橙、甲基红等;有的在中性附近变色,如中性红、苯酚红等;有的则在碱性溶液中变色,如酚酞、百里酚酞等。根据实际测定,当溶液的 pH 值小于 8 时酚酞无色,pH 大于 10 时呈红色,pH 值从 8 到 10 是酚酞从无色渐变为红色的过程,称为酚酞的"变色范围"。当溶液的 pH 值小于 3.1 时,甲基橙呈红色,大于 4.4 时呈黄色,pH 值从 3.1 到 4.4 是甲基橙的"变色范围"。

　　指示剂之所以具有变色范围,可用指示剂在溶液中的平衡移动过程来解释。以 HIn 表示指示剂的酸式型体,其颜色为酸式色;In$^-$ 为指示剂的碱式型体,其颜色为碱式色。指示剂在溶液中的平衡移动过程可以用下式表示：

$$HIn + H_2O \rightleftharpoons H_3O^+ + In^-$$

达到平衡后：
$$K_{HIn}^{\ominus} = \frac{[H^+] \cdot [In^-]}{[HIn]}$$

$K_{HIn}^{\ominus}$ 称为指示剂常数,在一定温度下,它是一个常数。可得：

$$\frac{[In^-]}{[HIn]} = \frac{K_{HIn}^{\ominus}}{[H^+]} \tag{4-28}$$

　　指示剂颜色的变化依赖于[In$^-$]和[HIn]的比值。从上式可知,两者浓度的比值是由两个因素决定的:一个是 $K_{HIn}^{\ominus}$ 值,另一个是溶液的酸度[H$^+$]。对于给定的指示剂,$K_{HIn}^{\ominus}$ 在一定温度下是一个常数。因此指示剂在溶液中呈现的颜色完全由溶液中的[H$^+$]决定。

　　当溶液中[H$^+$]发生改变时,[In$^-$]/[HIn]也发生改变,溶液的颜色也逐渐改变。一般来讲,当[In$^-$]/[HIn]>10 时,即 pH>pK_{HIn}+1,指示剂显碱式色,如酚酞为红色,甲基橙为黄色;若[In$^-$]/[HIn]≤1/10,即 pH<pK_{HIn}-1,指示剂显酸式色,如酚酞为无色,甲基橙为红

色。当[In⁻]/[HIn]在 1/10 和 10 之间时,溶液的颜色应该是酸式色和碱式色的混合色,如酚酞为浅红色,甲基橙为橙色。即当溶液 pH 从 $pK_{HIn}-1$ 变化到 $pK_{HIn}+1$ 时,可明显地看到指示剂从酸式色变到碱式色,如酚酞从无色变为红色,甲基橙从红色变为黄色。因此指示剂的理论变色范围定义为 $pH=pK_{HIn}\pm1$。

当[In⁻]/[HIn]=1 时,溶液中的[H⁺]等于 $K_{HIn}^{\ominus}$ 的数值,此时溶液的颜色应该是酸式色和碱式色的中间颜色。如果此时的[H⁺]以 pH 值来表示,pH 值就应该等于指示剂常数的负对数,即当[In⁻]=[HIn]时有

$$[H^+]=K_{HIn}^{\ominus}, \quad pH=pK_{HIn}^{\ominus}$$

各种指示剂由于其指示剂常数 $K_{HIn}^{\ominus}$ 不同,呈中间颜色的 pH 值也各不相同。

从上面推算得出指示剂的理论变色范围为 $pK_{HIn}^{\ominus}\pm1$,即 2 个 pH 单位。但是表 4-4 所列各种指示剂实际的变色范围却并非如此,这是因为表 4-4 列出的变色范围是依靠人眼观察实际测定得到的,并不是根据 $pK_{HIn}^{\ominus}$ 计算出来的。由于人眼对于各种颜色的敏感程度不同,例如甲基橙的 $pK_{HIn}^{\ominus}$ 值为 3.4,按照推算,变色范围应为 2.4—4.4,但由于浅黄色在红色中不明显,只有当黄色所占比重较大时才能被观察出来。因此甲基橙实际变色范围在 pH 值小的一边就大一些,因而实际测得的变色范围是 3.1—4.4。

综上所述,可以得出以下结论:①指示剂的变色范围不是恰好位于 7 左右,而是随各种指示剂常数值 $K_{HIn}^{\ominus}$ 的不同而不同;②各种指示剂在变色范围内显示出逐渐变化的过渡颜色;③各种指示剂的变色范围的大小各不相同,但一般来说,大于 1 个 pH 单位,而小于 2 个 pH 单位。

表 4-4　一些常见指示剂的变色范围

指示剂	实际变色范围	颜色变化	$pK_{HIn}^{\ominus}$	常用溶液	20 mL 试液用量/滴
百里酚蓝	1.2—2.8	红—黄	1.7	1 g·L⁻¹ 的 20%乙醇溶液	2~3
甲基黄	2.9—4.1	红—黄	3.3	1 g·L⁻¹ 的 90%乙醇溶液	2
甲基橙	3.1—4.4	红—黄	3.4	0.5 g·L⁻¹ 的水溶液	2
溴酚蓝	3.0—4.6	黄—紫	4.1	1 g·L⁻¹ 的 20%乙醇溶液或其钠盐水溶液	2
溴甲酚绿	4.0—5.6	黄—蓝	4.9	1 g·L⁻¹ 的 20%乙醇溶液或其钠盐水溶液	2~5
甲基红	4.4—6.2	红—黄	5.2	1 g·L⁻¹ 的 60%乙醇溶液或其钠盐水溶液	2
溴百里酚蓝	6.2—7.6	黄—蓝	7.3	1 g·L⁻¹ 的 20%乙醇溶液或其钠盐水溶液	2
中性红	6.8—8.0	红—黄	7.4	1 g·L⁻¹ 的 60%乙醇溶液	2
苯酚红	6.8—8.4	黄—红	8.0	1 g·L⁻¹ 的 60%乙醇溶液或其钠盐水溶液	2
酚酞	8.0—10.0	无—红	9.1	5 g·L⁻¹ 的 90%乙醇溶液	2~5
百里酚蓝	8.0—9.6	黄—蓝	8.9	1 g·L⁻¹ 的 20%乙醇溶液	2~6
百里酚酞	9.4—10.6	无—蓝	10	1 g·L⁻¹ 的 90%乙醇溶液	2~3

由于指示剂具有一定的变色范围,因此只有当溶液中的 pH 值变化超过一定范围时,指示剂才能从一种颜色突然变为另一种颜色,本质上来讲,是指示剂从一种结构变为另一种结构。

4.5.3　混合指示剂

在酸碱滴定中,有时要将滴定终点限制在很窄的 pH 范围内,单一的指示剂难以达到要求,因此采用混合指示剂。混合指示剂主要是利用颜色之间的互补作用,使终点时变色敏锐,变色范围变窄。

混合指示剂分为两种,一种是用两种或两种以上的指示剂混合。例如 0.1％溴甲酚绿(变色范围 4.0—5.6)和 0.2％甲基红(变色范围 4.4—6.2)以 3∶1 体积比混合,呈现的颜色变化如下:

黄	绿	蓝	溴甲酚绿
红	橙	黄	甲基红
橙	灰	绿	混合后

pH　2　　4　　6　　8

另一种是在某种指示剂中加入一种惰性染料(如亚甲基蓝、靛蓝二磺酸钠等,它们不随 pH 变化而改变颜色)。例如甲基橙中加入靛蓝二磺酸钠,其颜色变化如下:

红	橙	黄	甲基橙
蓝			靛蓝二磺酸钠
紫	灰	绿	混合后

pH　2　3　4　5

实验室中常用的 pH 试纸,就是基于混合指示剂的原理而制成的。

应该指出,滴定溶液中指示剂加入量的多少也会影响变色的敏锐程度,一般来说,指示剂适当少用些,变色会明显些。而且,指示剂本身是弱酸或弱碱,也会消耗滴定剂溶液,指示剂加得过多,带来的误差越大。除此之外,温度、溶剂和离子强度因为对 $K_{HIn}^{\ominus}$ 会有影响,所以都会影响酸碱指示剂的变色范围,这里不再赘述。

4.6　酸碱滴定法的基本原理

4.6.1　强碱滴定强酸

强酸、强碱在水溶液中几乎完全解离,酸以 H^+ 的形式存在,碱以 OH^- 的形式存在,这类滴定的基本反应为

$$H^+ + OH^- \Longrightarrow H_2O$$

下面我们从滴定曲线、指示剂的选择及影响滴定突跃的因素方面讨论强碱滴定强酸的基本原理。

1. 滴定曲线

以 $0.1000\ mol \cdot L^{-1}$ NaOH 溶液滴定 $20.00\ mL$ 同浓度的 HCl 溶液为例,讨论强碱滴定强酸的滴定曲线。把滴定过程分成以下四个阶段进行讨论。

(1)滴定前。溶液的酸度取决于酸的原始浓度,所以$[H^+]=0.1000\ mol\cdot L^{-1}$,pH$=$1.00。

(2)滴定开始至化学计量点前。溶液的组成为 HCl$+$NaCl,溶液的酸度主要取决于剩余酸的浓度。例如加入 NaOH 18.00 mL 时,溶液中还剩余 2 mL 未被作用的 HCl,因此

$$[H^+]=0.1000\ molL^{-1}\times\frac{(20.00-18.00)mL}{(18.00+20.00)mL}=5.26\times10^{-3}\ mol\cdot L^{-1}$$

$$pH=2.28$$

当加入 NaOH 19.98 mL 时,溶液中还剩余 0.02 mL 未被作用的 HCl,则

$$[H^+]=0.1000\ molL^{-1}\times\frac{(20.00-19.98)mL}{(19.98+20.00)mL}=5.0\times10^{-5}\ mol\cdot L^{-1}$$

$$pH=4.30$$

(3)化学计量点时。由于加入的 NaOH 和 HCL 恰好完全作用,溶液组成为 NaCl 和 H_2O,溶液呈中性,pH$=$7.0。

(4)化学计量点后。若理论终点后继续滴加 NaOH,溶液组成为 NaCl$+$NaOH,溶液的酸度主要取决于过量 NaOH 的浓度。例如,当加入 NaOH 20.02 mL,即过量 0.02 mL NaOH溶液,则

$$[OH^-]=0.1000\ mol\cdot L^{-1}\times\frac{0.02\ mL}{(20.00+20.02)mL}=5.0\times10^{-5}\ mol\cdot L^{-1}$$

$$pOH=4.30,\qquad pH=-9.70$$

按以上方式可以逐一计算出不同 NaOH 加入量时滴定过程中溶液的 pH,见表 4-5。

表 4-5　$0.1000\ mol\cdot L^{-1}$ NaOH 溶液滴定 20.00 mL 同浓度 HCl 溶液的 pH 变化

加入 NaOH 溶液的体积/mL	剩余 HCl 溶液的体积/mL	过量 NaOH 溶液的体积/mL	pH
0.00	20.00		1.00
18.00	2.00		2.28
19.80	0.20		3.30
19.98	0.02		4.30(A)
20.00	0.00		7.00
20.02		0.02	9.70(B)
20.20		0.20	10.70
22.00		2.00	11.68
40.00		20.00	12.52

突跃范围

以 NaOH 加入量为横坐标,对应的溶液 pH 为纵坐标作图,就得到图 4-4 所示的滴定曲线。从表 4-5 和滴定曲线(图 4-4)可以看到滴定过程中$[H^+]$随滴定剂加入量的变化情况。滴定开始后,随着 NaOH 的加入,溶液 pH 变化很小,曲线比较平坦。从滴定开始到加入 19.98 mL

NaOH,溶液 pH 只变化了 3.3 个 pH 单位。在 A 点,还剩余 0.02 mL HCl 溶液未反应(或者说 A 点 NaOH 缺少 0.1%),而 B 点滴定剂仅过量 0.02 mL(或者说 B 点 NaOH 过量 0.1%),两点间 NaOH 溶液加入量仅相差 0.04 mL(不足 1 滴,通常 1 滴为 0.05 mL),溶液的 pH 却从 4.30 上升至 9.70,增加了 5.4 个 pH 单位,溶液从酸性变为碱性,pH 发生了突跃。A 点到 B 点呈现出一段几乎垂直的曲线。化学计量点前后 ±0.1% 范围内,pH 的急剧变化称为酸碱滴定突跃(titration jump of acid-base)。突跃对应的 pH 变化范围称为滴定突跃范围。$0.1000\ mol \cdot L^{-1}$ 强碱滴定 $0.1000\ mol \cdot L^{-1}$ 强酸的滴定突跃范围为 4.3~9.7。

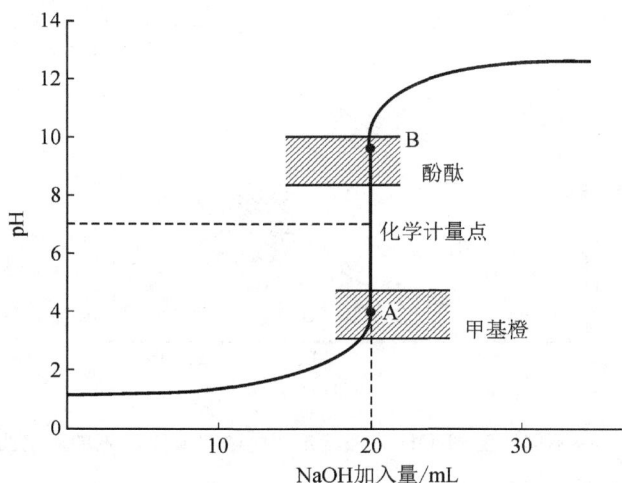

图 4 - 4　$0.1000\ mol \cdot L^{-1} NaOH$ 滴定 20.00 mL $0.1000\ mol \cdot L^{-1}$ HCl 的滴定曲线

2. 指示剂的选择

根据化学计量点附近的 pH 突跃,可选择适当的指示剂。变色点在滴定突跃范围内的指示剂都可以将终点误差控制在 0.1% 以内。显然,凡是在滴定突跃范围内变色的指示剂都可以很好地指示终点,例如溴百里酚蓝、苯酚红等都可用作这类滴定的指示剂。然而实际上,一些变色范围部分处于滴定突跃范围内的指示剂,如甲基橙、酚酞等也能用于指示终点。例如酚酞,变色范围 pH=8.0~10.0,若滴定至溶液由无色刚变粉红色时停止,溶液 pH 略大于 8.0,此时 NaOH 溶液过量不到 0.02 mL,终点误差小于 0.1%。

另外,还要考虑所选择指示剂在滴定体系中的颜色变化是否易于判断。例如,在这种滴定类型中,如果选择甲基橙指示剂,在滴定过程中,指示剂颜色变化是由红到黄,由于人眼对红色中略带黄色不易察觉,因而一般不用甲基橙指示终点。甲基橙常常用于酸滴定碱的终点指示。同样的道理,酚酞指示剂适用于碱滴定酸的终点指示,不适用于酸滴定碱。

总之,在酸碱滴定中,如果用指示剂指示滴定终点,则应根据化学计量点附近的滴定突跃范围来选择合适的指示剂。应使指示剂的变色范围完全或部分处于化学计量点附近的滴定突跃范围内。

3. 影响滴定突跃的因素

根据滴定曲线的讨论,滴定突跃的大小与溶液的浓度有关。对于强酸滴定强碱,酸、碱溶

液的浓度各增加 10 倍,滴定突跃范围就增加 2 个 pH 单位。图 4-5 就是用不同浓度的
NaOH 溶液滴定相应浓度的 HCl 溶液的滴定曲线。由图可见:酸碱溶液浓度越大,滴定曲线
上化学计量点附近的滴定突跃越大,可供选择的指示剂也越多。酸碱溶液浓度越小,化学计量
点附近的滴定突跃越小,指示剂的选择越受限制。因此,对于强碱滴定强酸,浓度的大小是影
响滴定突跃的重要因素。用 NaOH 溶液滴定其它强酸溶液(如 HNO₃ 溶液),其滴定情况相
似,可做类似处理。

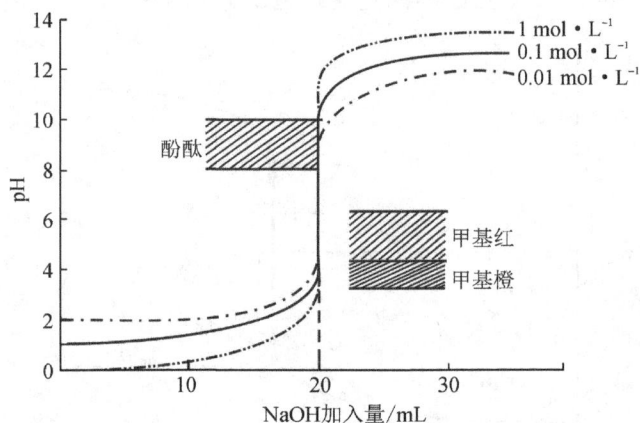

图 4-5　不同浓度 NaOH 溶液滴定相应浓度 HCl 溶液的滴定曲线

　　对于强酸滴定强碱,可以参照以上处理办法,首先了解滴定曲线的情况,然后根据滴定突
跃范围选择合适的指示剂。

4.6.2　强碱滴定弱酸

1. 滴定曲线

以 0.1000 mol·L⁻¹NaOH 溶液滴定 20.00 mL 同浓度 HAc 溶液为例,我们来讨论强碱
滴定一元弱酸的滴定曲线及指示剂的选择。

(1)滴定前。由于 HAc 为一元弱酸,因此

$$[H^+]=\sqrt{cK_a^\ominus}=\sqrt{0.1000\times1.75\times10^{-5}}=1.32\times10^{-3}\ mol\cdot L^{-1},\ pH=2.88$$

(2)滴定开始至化学计量点前。该阶段由于 Ac⁻ 的产生,结合未反应完的 HAc,形成了
HAc-Ac⁻ 缓冲体系。当加入 19.98 mL NaOH 溶液时

$$c_a=[HAc]=\frac{0.02\ mL\times0.1000\ mol\cdot L^{-1}}{(20.00+19.98)mL}=5.00\times10^{-5}\ mol\cdot L^{-1}$$

$$c_b=[NaAc]=\frac{19.98\ mL\times0.1000\ mol\cdot L^{-1}}{(20.00+19.98)mL}=5.00\times10^{-2}\ mol\cdot L^{-1}$$

$$pH=pK_a^\ominus-lg\frac{c_a}{c_b}=4.76-lg\left(\frac{5.0\times10^{-5}}{5.0\times10^{-2}}\right)=7.76$$

(3)化学计量点时。HAc 恰好完全反应,体系组成为 Ac⁻+H₂O,因此

$$[OH^-]=\sqrt{cK_b^{\ominus}}$$

$$c=\frac{20.00\ mL\times0.1000\ mol\cdot L^{-1}}{(20.00+20.00)mL}=5.00\times10^{-2}\ mol\cdot L^{-1}$$

且　　　　　　　　$$pK_b^{\ominus}=14.00-pK_a^{\ominus}=14.00-4.76=9.24$$

$$[OH^-]=\sqrt{5.00\times10^{-2}\times10^{-9.24}}=5.34\times10^{-6}\ mol\cdot L^{-1},\ pOH=5.27$$

$$pH=14.00-pOH=14.00-5.27=8.73$$

（4）化学计量点后。溶液酸度主要由过量强碱的浓度决定，共轭碱 Ac^- 对酸度的影响可以忽略，pH 变化与强碱滴定强酸相同。当过量 0.02 mL NaOH 溶液时，pH＝9.70。

若对整个滴定过程进行较为详细的计算可得到表 4-6，据此表做图，可得到这一类滴定的滴定曲线，见图 4-6。

表 4-6　0.1000 mol·L^{-1} NaOH 溶液滴定 20.00 mL 0.1000 mol·L^{-1} HAc 溶液的 pH 变化

加入 NaOH 溶液的体积/mL	剩余 HAc 溶液的体积/mL	过量 NaOH 溶液的体积/mL	pH
0.00	20.00		2.88
18.00	2.00		5.72
19.80	0.20		6.75
19.98	0.02		7.76
20.00	0.00		8.73
20.02		0.02	9.70
20.20		0.20	10.70
22.00		2.00	11.70
40.00		20.00	12.50

（突跃范围：7.76、8.73、9.70）

这类滴定的滴定曲线与强碱滴定强酸类型的滴定曲线（图 4-6 中虚线）相比，不同之处在于：由于 HAc 是弱酸，滴定开始前溶液中的 H^+ 浓度比较低，曲线起点的 pH 值较高。滴定开始瞬间，由于中和生成的 Ac^- 产生同离子效应，pH 值较快地升高。但在继续滴入 NaOH 溶液后，由于 NaAc 的不断生成，在溶液中形成弱酸及其共轭碱的缓冲体系（HAc - Ac^-），pH 值增加较慢，使这一段曲线较为平坦。当滴定到达化学计量点附近，溶液 pH 出现了一个较为短小的滴定突跃。这个突跃范围为 7.76—9.70，处于碱性范围内。

根据化学计量点附近的滴定突跃范围，显然只能选择那些在弱碱性区域内变色的指示剂，例如酚酞，变色范围 pH＝8.0—10.0，滴定由无色→粉红色。也可选择百里酚蓝或百里酚酞，但不能选择在酸性溶液中变色的指示剂，如甲基橙、甲基红等。

图 4-7 是用不同浓度的 NaOH 溶液滴定相应浓度 HAc 溶液的滴定曲线。由图可见：酸碱溶液浓度越大，滴定曲线上化学计量点附近的滴定突跃就越大，指示剂的选择范围也越大。反之，酸碱溶液浓度越小，化学计量点附近的滴定突跃就越小，指示剂的选择范围也越小。

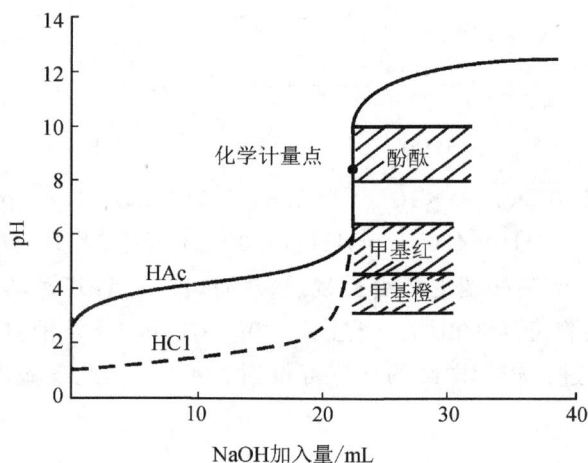

图 4-6 0.1000 mol·L^{-1} NaOH 滴定 20.00 mL 0.1000 mol·L^{-1} HAc 的滴定曲线

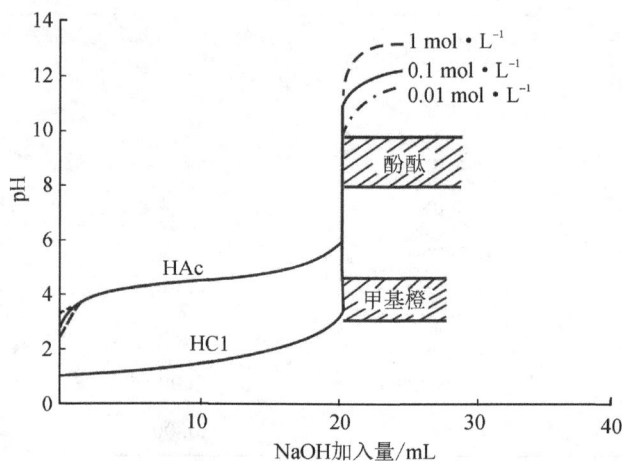

图 4-7 不同浓度 NaOH 滴定相应浓度 HAc 的滴定曲线

醋酸是一种稍强的弱酸,它的解离常数 $K_a^{\ominus}=1.75\times10^{-5}$。如果被滴定的酸较弱(它的解离常数为 10^{-7} 左右),则滴定到达化学计量点时溶液的 pH 值变大,化学计量点附近的滴定突跃范围就变小(见图 4-8)。如果被滴定的酸更弱(例如 H_3BO_3),则化学计量点附近无滴定突跃出现,在水溶液中就无法用一般的酸碱指示剂来指示滴定终点。但是可以设法使弱酸的酸性增强后再测定,比如可以在非水溶剂中进行,或用其它方法测定。

因此影响弱酸滴定突跃范围的因素包括酸碱溶液的浓度和弱酸的酸性强弱(即解离常数的大小),酸碱溶液的浓度越大、弱酸的酸性越强,滴定突跃范围越宽。

2. 准确滴定的判据

一般滴定都是使用指示剂,靠人的眼睛来目测终点。对于酸碱滴定来说,即使指示剂变色点与化学计量点完全一致,人们在目测终点时也会有大约 0.3 个 pH 单位的不确定性。根据

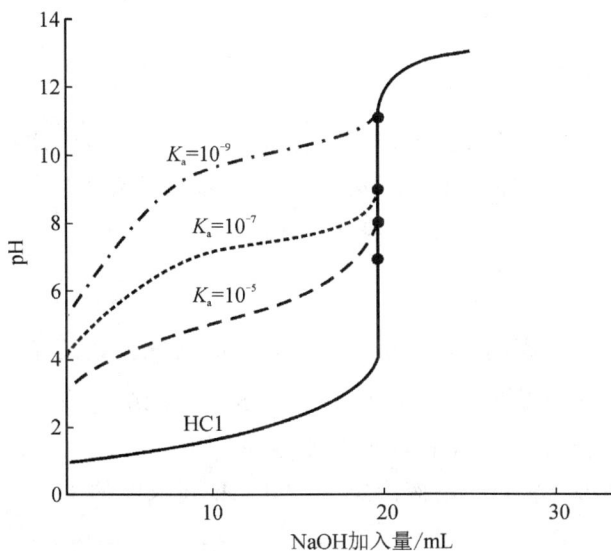

图 4-8　0.1 mol・L^{-1}NaOH 溶液滴定 0.1 mol・L^{-1} 不同弱酸溶液的滴定曲线

终点误差公式计算知:若要使终点误差不超出±0.1%,就要求 $cK_a^{\ominus}$(或 $cK_b^{\ominus}$)≥10^{-8},这就是一元弱酸(或弱碱)能否被准确滴定的判据。如果允许的误差放宽,相应判据条件也可降低。

4.6.3　强酸滴定弱碱

对强酸滴定一元弱碱可以参照以上方法进行处理,这类滴定曲线与强碱滴定一元弱酸类似,但化学计量点时溶液不是弱碱性,而是弱酸性,故应选择在酸性区域内变色的指示剂,如甲基橙、甲基红等。

用 0.1000 mol・L^{-1} HCl 溶液滴定 20.00 mL 同浓度的 NH$_3$ 溶液的滴定曲线见图 4-9。化学计量点时的 pH 值为 5.28,滴定突跃的范围为 4.30—6.25,可选用甲基红、溴甲酚绿和溴酚蓝作指示剂。与强碱滴定弱酸的情况类似,对于强酸滴定弱碱,只有当 $cK_b^{\ominus}$≥10^{-8} 时,才能

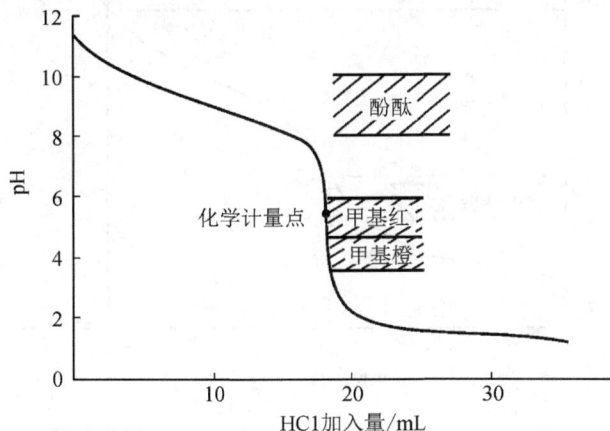

图 4-9　0.1000 mol・L^{-1} HCl 滴定 20.00 mL 0.1000 mol・L^{-1} NH$_3$ 的滴定曲线

用标准酸溶液直接滴定。

4.6.4 多元酸(碱)的滴定

这类滴定与前两种滴定类型相比有以下特征:第一,由于是多元体系,滴定过程的情况较为复杂,涉及到能否分步滴定或分别滴定;第二,滴定曲线的计算也较复杂,一般均通过实验测得;第三,滴定突跃相对来说较小,因而一般允许误差也较大。

1. 强碱滴定多元酸

多元酸在水中是分级解离的,用强碱滴定多元酸的情况比较复杂。首先应根据 $cK_{a_n}^{\ominus} \geqslant 10^{-8}$ 判断各级质子能否被准确滴定;然后根据 $K_{a_n}^{\ominus}/K_{a_{n+1}}^{\ominus} \geqslant 10^4$ (允许误差 $\pm 1\%$)来判断能否实现分步滴定;再由终点 pH 选择合适的指示剂。

下面以 $0.10\ \text{mol} \cdot \text{L}^{-1}$ NaOH 溶液滴定 20.00 mL 同浓度的 H_3PO_4 溶液为例来讨论多元酸的滴定。

H_3PO_4 在水中存在三级解离:

$$H_3PO_4 \Longrightarrow H^+ + H_2PO_4^- \qquad pK_{a_1}^{\ominus} = 2.16$$
$$H_2PO_4^- \Longrightarrow H^+ + HPO_4^{2-} \qquad pK_{a_2}^{\ominus} = 7.21$$
$$HPO_4^{2-} \Longrightarrow H^+ + PO_4^{3-} \qquad pK_{a_3}^{\ominus} = 12.32$$

因为 $K_{a_1}^{\ominus}/K_{a_2}^{\ominus} > 10^4$,所以滴定到 $H_2PO_4^-$ 时,出现第一个突跃。又因为 $K_{a_2}^{\ominus}/K_{a_3}^{\ominus} > 10^4$,滴定到 HPO_4^{2-} 时,出现第二个突跃。但 $c_{HPO_4^{2-}} K_{a_3}^{\ominus} \ll 10^{-8}$,所以 HPO_4^{2-} 不能继续被滴定。

H_3PO_4 的滴定曲线见图 4-10,图中可以看到两个较为明显的滴定突跃。第一化学计量点时生成 NaH_2PO_4,它是两性物质,根据条件判断可用最简式计算 pH。

$$pH = \frac{1}{2}(pK_{a_1}^{\ominus} + pK_{a_2}^{\ominus}) = \frac{1}{2}(2.16 + 7.21) = 4.68$$

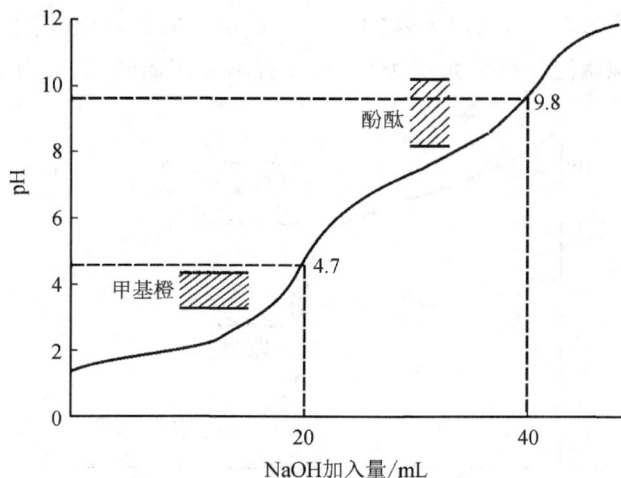

图 4-10 NaOH 溶液滴定 H_3PO_4 溶液的滴定曲线

根据化学计量点的 pH 值,可选择甲基橙为指示剂。

第二化学计量点生成 Na_2HPO_4,同样是两性物质,但不能用最简式计算 pH 值,根据条件只能用近似式计算

$$[H^+] = \sqrt{\frac{K_{a_2}^{\ominus}(K_{a_3}^{\ominus}c + K_w^{\ominus})}{K_{a_2}^{\ominus} + c}}, \quad pH = 9.84$$

可选用百里酚酞作指示剂(变色点 pH≈10)。

以上两个终点若采用混合指示剂,则变色更明显,终点误差更小。

2. 多元碱的滴定

多元碱滴定的处理方法和多元酸类似,只需将相应计算公式、判别式中的 $K_a^{\ominus}$ 换为 $K_b^{\ominus}$。以 Na_2CO_3 为例,已知 Na_2CO_3 的 $K_{b_1}^{\ominus} = \dfrac{10^{-14}}{4.7 \times 10^{-11}} = 2.13 \times 10^{-4}$,$K_{b_2}^{\ominus} = \dfrac{10^{-14}}{4.5 \times 10^{-7}} = 2.22 \times 10^{-8}$,用 0.1000 mol·$L^{-1}$ HCl 溶液滴定 20.00 mL 同浓度 Na_2CO_3 溶液时,因为 $c_0 K_{b_1}^{\ominus} \geqslant 10^{-8}$,若 $c_{HCO_3^-} K_{b_2}^{\ominus} \geqslant 10^{-8}$,且 $K_{b_1}^{\ominus}/K_{b_2}^{\ominus} \approx 10^4$,则基本上能实现分步滴定。用 0.1000 mol·L^{-1} HCl 溶液滴定 Na_2CO_3 的滴定曲线见图 4-11。从图中可以看到:第一个滴定突跃不太理想,第二个滴定突跃较为明显。

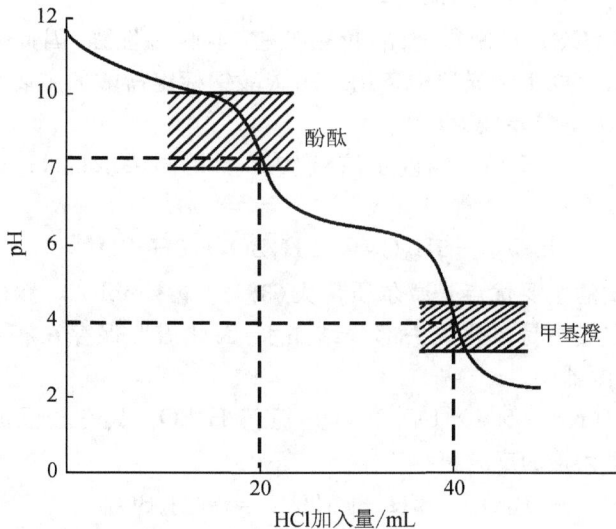

图 4-11　0.1000 mol·L^{-1} HCl 溶液滴定 Na_2CO_3 溶液的滴定曲线

第一化学计量点时形成 $NaHCO_3$:

$$pH = \frac{1}{2}(pK_{a_1}^{\ominus} + pK_{a_2}^{\ominus}) = \frac{1}{2}(6.35 + 10.33) = 8.34$$

如果要求不高,可选用酚酞为指示剂,终点误差为 1%。若希望终点变色明显,可采用甲基红和百里酚蓝混合指示剂,能使滴定结果准确到约 0.5%。

第二化学计量点时形成 H_2CO_3: H_2CO_3 的饱和溶液浓度为 0.040 mol·L^{-1},这时多元酸当作一元酸处理:

$$[H^+]=\sqrt{cK_{a_1}^{\ominus}}=\sqrt{0.04\times4.5\times10^{-7}}=1.3\times10^{-4}\,mol\cdot L^{-1}$$
$$pH=3.89$$

可以选用甲基橙或甲基橙-靛蓝磺酸钠混合指示剂,但终点颜色变化不明显。

最好采用 CO_2 饱和的含有相同浓度 NaCl 和指示剂的溶液作参比。但要注意,滴定过程中生成的 H_2CO_3 转化为 CO_2 较慢,易形成 CO_2 的过饱和溶液,使溶液酸度稍有增大,终点出现过早。因此,在滴定至终点附近时应剧烈摇动溶液,使 CO_2 尽快逸出。

4.7　酸碱滴定法的应用

4.7.1　酸碱标准溶液的配制与标定

酸碱滴定中最常用的标准溶液是 $0.10\ mol\cdot L^{-1}$ HCl 溶液和 $0.10\ mol\cdot L^{-1}$ NaOH 溶液,有时也用 H_2SO_4 溶液和 HNO_3 溶液。

1. 盐酸标准溶液

HCl 标准溶液是不能直接配制的,一般先配至近似于所需浓度,然后用基准物质进行标定。常用的基准物质有无水碳酸钠和硼砂。

(1)无水碳酸钠 Na_2CO_3:易制得纯品,价格便宜,但吸湿性强,因此使用前必须在 $270\sim300\ ℃$ 加热干燥约 1 h,存放于干燥器中备用。用碳酸钠标定盐酸的主要缺点是其摩尔质量较小($106.0\ g\cdot mol^{-1}$),称量误差较大。

(2)硼砂($Na_2B_4O_7\cdot10H_2O$):硼砂水溶液实际上是同浓度的 H_3BO_3 和 $H_2BO_3^-$ 的混合液:

$$B_4O_7^{2-}+5H_2O\Longrightarrow2H_3BO_3+2H_2BO_3^-$$

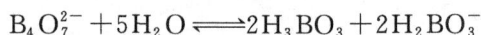

硼砂作为基准物质的主要优点是摩尔质量大($381.4\ g\cdot mol^{-1}$),称量误差小,且稳定,易制得纯品。缺点是在空气中易风化失去部分结晶水,因此需要保存在相对湿度为 60%(糖和食盐的饱和溶液)的恒湿器中。

H_3BO_3 是很弱的酸($K_a^{\ominus}=5.4\times10^{-10}$),其共轭碱 $H_2BO_3^-$ 具有较强的碱性($K_b^{\ominus}=1.75\times10^{-5}$)。用硼砂标定 HCl 溶液的反应为

$$B_4O_7^{2-}+2H^++5H_2O\Longrightarrow4H_3BO_3$$

若用 $0.05000\ mol\cdot L^{-1}$ 硼砂溶液标定 $0.1\ mol\cdot L^{-1}$ HCl 溶液,在化学计量点时,溶液为 $0.10\ mol\cdot L^{-1}$ H_3BO_3 溶液,pH 可由下式计算:

$$[H^+]=\sqrt{cK_a^{\ominus}}=\sqrt{5.4\times10^{-10}\times0.1}=7.3\times10^{-6}(mol\cdot L^{-1})$$
$$pH=5.1$$

可选用甲基红作指示剂。

2. 氢氧化钠标准溶液

NaOH 具有很强的吸湿性,又易吸收空气中的 CO_2,因此也不能直接配制标准溶液,一般先配制成近似所需浓度的溶液,然后进行标定。NaOH 最好储存在塑料瓶中,并防止与空气接触。常用来标定氢氧化钠溶液的基准物质有草酸、邻苯二甲酸氢钾等。

（1）草酸（$H_2C_2O_4 \cdot 2H_2O$）：草酸是二元弱酸，$K_{a_1}^{\ominus}=5.9\times10^{-2}$，$K_{a_2}^{\ominus}=6.4\times10^{-5}$。但 $K_{a_1}^{\ominus}/K_{a_2}^{\ominus}<10^4$，只能一次性滴定至 $C_2O_4^{2-}$，可选用酚酞作指示剂。

草酸稳定性较高，相对湿度为 $5\%\sim95\%$ 时不会风化而失水，可保存于密闭容器中备用。由于草酸摩尔质量不大，常将标准溶液配在容量瓶中，再移取部分溶液进行标定。

（2）邻苯二甲酸氢钾（$KHC_8H_4O_4$，简写为 KHF）：易制得纯品，易溶于水，不易潮解，易保存，摩尔质量较大（$204\ \mathrm{g \cdot mol^{-1}}$），是标定碱的良好基准物质。它与 NaOH 溶液的反应为

它的 $K_{a_2}^{\ominus}=3.9\times10^{-6}$，滴定产物为邻苯二甲酸钾钠，呈弱碱性，宜采用酚酞作指示剂。

由于 NaOH 强烈吸收空气中的 CO_2，因此在 NaOH 溶液中常含有少量的 Na_2CO_3，反应为

$$2NaOH+CO_2 \rule{1cm}{0.4pt} Na_2CO_3+H_2O$$

用该 NaOH 溶液作标准溶液，若滴定时用甲基橙或甲基红作指示剂，则其中的 Na_2CO_3 被中和至 CO_2+H_2O，HCl 与 Na_2CO_3 的摩尔比为 2：1；若用酚酞作指示剂，则其中的 Na_2CO_3 仅被中和至 $NaHCO_3$，所消耗的 HCl 与 Na_2CO_3 的摩尔比为 1：1，盐酸的消耗量变小，使滴定引进误差。

此外，在蒸馏水中也含有 CO_2，形成的 H_2CO_3 能与 NaOH 反应，但反应速率较慢。当用酚酞作指示剂时，滴定终点不稳定，稍放置粉红色即褪去，这是由于 CO_2 不断转化为 Na_2CO_3，直至溶液中 CO_2 转化完毕为止。因此当选用酚酞作指示剂时，需煮沸蒸馏水以消除 CO_2 的影响。

配制不含 CO_3^{2-} 的 NaOH 溶液的最好方法是：先配制 NaOH 的饱和溶液（约 50%），在这种浓碱溶液中 Na_2CO_3 溶解度很小，会下沉于溶液底部。实验中取上层清液，用煮沸的蒸馏水稀释至所需浓度。NaOH 溶液若长时间不用，浓度会发生改变，使用前应重新标定。

4.7.2　酸碱滴定法应用示例

1. 混合碱的测定

工业纯碱、烧碱及 Na_3PO_4 等产品组成大多是混合碱，它们的测定方法有多种，其中酸碱滴定法是较常用的一种。例如纯碱，其组成形式可能是纯 Na_2CO_3，或是 Na_2CO_3+NaOH，或是 $Na_2CO_3+NaHCO_3$。混合碱测定常采用双指示剂法，具体为：标准溶液为 HCl 溶液，先以酚酞为指示剂滴定到终点，消耗 HCl 溶液体积记为 V_1，继续以甲基橙为指示剂滴定至变色，消耗 HCl 溶液体积记为 V_2，根据 V_1 和 V_2 的关系判断其组成及其相对含量的测定方法。

例 4-12　某纯碱试样 1.000 g（所含杂质不影响测定），溶于水后，以酚酞为指示剂，用去 20.40 mL 0.2500 $\mathrm{mol \cdot L^{-1}}$ HCl 标准溶液；再以甲基橙为指示剂，继续用 0.2500 $\mathrm{mol \cdot L^{-1}}$ HCl 溶液滴定，共耗去 48.86 mL。求试样组成及各组分的质量分数。

解：根据已知条件，以酚酞为指示剂时，耗去 HCl 溶液 $V_1=20.40$ mL，而用甲基橙为指示剂时，又消耗 HCl 溶液 $V_2=(48.86-20.40)\mathrm{mL}=28.46$ mL。由于 $V_2>V_1>0$，因而试样为

$Na_2CO_3 + NaHCO_3$。其中 V_1 用于将试样的 Na_2CO_3 作用至 $NaHCO_3$，而 V_2 是将滴定反应所产生的 $NaHCO_3$ 以及原试样中的 $NaHCO_3$ 一起作用完全时所消耗的 HCl 溶液体积，因此

$$w(Na_2CO_3) = \frac{[HCl] \times V_1 \times M(Na_2CO_3)}{m} \times 100\%$$

$$= \frac{0.2500 \text{ mol} \cdot L^{-1} \times 20.40 \times 10^{-3} L \times 106.0 \text{ g} \cdot mol^{-1}}{1.000 \text{ g}} \times 100\%$$

$$= 54.06\%$$

$$w(NaHCO_3) = \frac{[HCl] \times (V_2 - V_1) \times M(NaHCO_3)}{m} \times 100\%$$

$$= \frac{0.2500 \text{ mol} \cdot L^{-1} \times (28.46 - 20.40) \times 10^{-3} L \times 84.01 \text{ g} \cdot mol^{-1}}{1.000 \text{ g}} \times 100\%$$

$$= 16.93\%$$

混合碱组成测定的另一种方法为 $BaCl_2$ 法。例如含 $NaOH + Na_2CO_3$ 的试样，分别量取两等份试液分别做如下测定。第一份试液以甲基橙为指示剂，用 HCl 溶液滴定混合碱的总量；第二份试液加入过量 $BaCl_2$ 溶液，使 Na_2CO_3 形成难解离的 $BaCO_3$，然后以酚酞为指示剂，用 HCl 溶液滴定 NaOH，这样就能求得 NaOH 和 Na_2CO_3 的含量。

2. 铵盐中氮的测定

常需测定肥料、土壤及含氮有机化合物的含氮量。一般将试样处理后，使试样中的氮转化为 NH_4^+，再进行测定。对于 NH_4^+，其 $pK_a^\ominus = 9.25$，是一种很弱的酸，在水作为溶剂的体系中不能直接滴定，但可以间接测定。测定的方法主要有蒸馏法和甲醛法。

1）蒸馏法

蒸馏法是根据以下反应进行的：

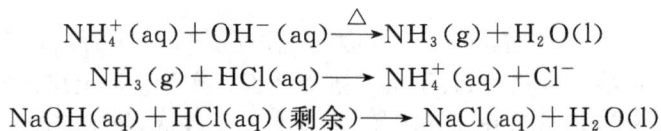

$$NH_4^+(aq) + OH^-(aq) \xrightarrow{\triangle} NH_3(g) + H_2O(l)$$

$$NH_3(g) + HCl(aq) \longrightarrow NH_4^+(aq) + Cl^-$$

$$NaOH(aq) + HCl(aq)(剩余) \longrightarrow NaCl(aq) + H_2O(l)$$

即在 $(NH_3)_2SO_4$ 或 NH_4Cl 试样中加入过量 NaOH 溶液，加热煮沸，将蒸馏出的 NH_3 用一定量的过量 H_2SO_4 或 HCl 标准溶液吸收，作用后剩余的酸再以甲基红或甲基橙为指示剂，用 NaOH 标准溶液滴定，这样就能间接求得 $(NH_4)_2SO_4$ 或 NH_4Cl 的含量。

2）甲醛法

NH_4^+ 和甲醛反应，定量的生成质子化的六次甲基四胺和 H^+：

$$4NH_4^+ + 6HCHO \Longrightarrow (CH_2)_6N_4H^+ + 3H^+ + 6H_2O$$

用 NaOH 标准溶液滴定，以酚酞为指示剂。由于 $(CH_2)_6N_4H^+$ 的 $pK_a^\ominus = 5.13$，因此 NaOH 滴定的是 $(CH_2)_6N_4H^+$ 和 H^+ 的总量。

一些含氮有机物质（如氨基酸、生物碱等），常用凯氏（Kjeldahl）定氮法测定其中的氮含量。

测定时将试样与浓 H_2SO_4 共煮，进行消化分解，有机化合物被氧化为 CO_2 和水，其中所含的氮在 $CuSO_4$ 或汞盐催化下转变为 NH_4^+：

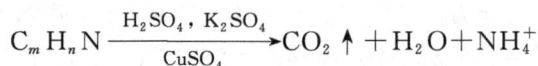

$$C_mH_nN \xrightarrow[CuSO_4]{H_2SO_4, K_2SO_4} CO_2 \uparrow + H_2O + NH_4^+$$

溶液以过量的 NaOH 碱化后,再以蒸馏法测定。

思 考 题

1. 根据酸碱质子理论,说明什么是共轭酸碱对。共轭酸碱对的解离常数之间存在什么关系?

2. 如何判断酸碱的强弱? 请举例说明。

3. 什么是同离子效应? 请说明缓冲溶液的作用原理。

4. 如何配制具有一定 pH 的缓冲溶液?

5. 酸碱滴定中,指示剂的变色原理是什么? 如何选择合适的指示剂?

6. 什么是滴定突跃范围?

7. 下列弱酸弱碱能否准确滴定? 如果可以,有几个突跃?

(1) $0.1 \ mol \cdot L^{-1} NaCl$;　　　　　　(2) $0.5 \ mol \cdot L^{-1} NaAc$;

(3) $0.1 \ mol \cdot L^{-1} H_2C_2O_4$;　　　(4) $0.2 \ mol \cdot L^{-1}$ 柠檬酸。

8. 下面哪种溶液能够作为缓冲溶液? 并说明理由。

(1) $0.1 \ mol \cdot L^{-1} NaCl$;

(2) 20 mL $0.1 \ mol \cdot L^{-1} NaCl$ 和 20 mL $0.1 \ mol \cdot L^{-1} NH_4Cl$;

(3) 20 mL $0.1 \ mol \cdot L^{-1} CH_3NH_2$ 和 20 mL $0.15 \ mol \cdot L^{-1} CH_3NH_3^+Cl^-$;

(4) 20 mL $0.1 \ mol \cdot L^{-1} HCl$ 和 50 mL $0.05 \ mol \cdot L^{-1} NaNO_2$。

9. 请分析 $0.10 \ mol \cdot L^{-1} Na_2S$ 溶液的酸碱性。

10. 影响一元弱酸滴定突跃范围的因素有哪些? 弱酸能够被准确滴定需要满足什么条件?

11. 要配制 pH 为 7.00 的 NH_4Cl 溶液 0.500 L,需要向 $0.500 \ mol \cdot L^{-1} NH_4Cl$ 溶液中加入下列哪种溶液?

a. $10.0 \ mol \cdot L^{-1} HCl$; b. $10.0 \ mol \cdot L^{-1} NH_3$。

12. 浓度均为 $1.0 \ mol \cdot L^{-1}$ 的 HCl 溶液滴定 NaOH 溶液的滴定突跃范围是 pH=3.3—10.7,当浓度变为 $0.01 \ mol \cdot L^{-1}$ 时,其滴定突跃范围如何变化?

习 题

1. 从附录 4 中查出相应的 $K_a^\ominus$,比较酸的相对强弱,写出这些酸的共轭碱:
$HCN, H_2CO_3, HAc, H_2C_2O_4, H_3PO_4$

2. 从附录 4 中查出相应的 $K_b^\ominus$,比较碱的相对强弱,写出这些碱的共轭酸:
$NH_2OH, NH_3, (CH_2)_6N_4, N_2H_4$

3. 计算下列溶液的 pH:

(1) $0.5 \ mol \cdot L^{-1} NaCN$;　　　　　　(2) $0.1 \ mol \cdot L^{-1} HCN$;

(3) $0.3 \ mol \cdot L^{-1} Na_2CO_3$;　　　　(4) $0.1 \ mol \cdot L^{-1} NaH_2PO_4$。

4. 计算 300.0 mL $0.500 \ mol \cdot L^{-1} H_3PO_4$ 与 400.0 mL $1.00 \ mol \cdot L^{-1} NaOH$ 的混合

溶液的 pH。

5. 今有 2.00 L 的 0.500 mol·L^{-1} NH_3(aq)和 2.00 L 的 0.500 mol·L^{-1} HCl(aq)，若配制 pH＝9.00 的缓冲溶液，不允许再加水，最多能配多少升缓冲溶液？组成缓冲溶液的缓冲对的缓冲比是多少？

6. 亚硫酸在 18 ℃时的标准解离常数分别为 $K_{a1}^{\ominus}=1.54\times10^{-2}$ 和 $K_{a2}^{\ominus}=1.02\times10^{-7}$，试计算：

(1)1 L 浓度为 0.200 mol·L^{-1} 的亚硫酸在该温度下的解离度；

(2)该溶液的 pH 值；

(3)达到平衡时，SO_3^{2-} 离子的浓度；

(4)如向该体系中不断缓慢加入 NaOH 固体，将会出现几种缓冲溶液，其 pH 值分别为多少？

7. HAc 在 25 ℃时的标准解离常数为 $K_a^{\ominus}=1.75\times10^{-5}$，试计算：

(1)0.200 mol·L^{-1} 的 HAc 在该温度下的解离度；

(2)该溶液的 pH 值；

(3)达到平衡时，Ac^- 离子的浓度；

8. 20 mL 0.1 mol·L^{-1} 的 HAc 与 20 mL 0.1 mol·L^{-1} 的 NaAc 混合均匀后，计算：

(1)溶液的 pH 值；

(2)在上述溶液中加入 0.5 mL 0.1 mol·L^{-1} 的 NaOH 溶液，混合均匀后溶液的 pH 值；

(3)配制 pH＝4.7 的缓冲溶液 100 mL，需 0.1 mol·L^{-1} 的 NaAc 和 HAc 各多少 mL。

9. 称取混合碱试样 0.9632 g，加入酚酞指示剂，用 0.2687 mol·L^{-1}HCl 滴定至终点，消耗盐酸 31.55 mL；再加入甲基橙指示剂，又消耗盐酸 16.21 mL。确定试样组成及百分含量。

10. 称取混合碱试样 0.6632 g，加入酚酞指示剂，用 0.1982 mol·L^{-1}HCl 滴定至终点，消耗盐酸 22.85 mL；再加入甲基橙指示剂滴定至终点，又消耗盐酸 29.26 mL。确定混合碱试样组成及百分含量。

11. 测定某试样中的氮含量时，称取试样 0.4656 g，加浓硫酸和催化剂，使其中的氮全部转化为 NH_4^+，加碱蒸馏，蒸出的氨用 50.00 mL 0.5002 mol·L^{-1}HCl 吸收，剩余的 HCl 用 0.0800 mol·L^{-1}NaOH 滴定到甲基红变色，消耗 NaOH 12.42 mL。计算样品中氮的百分含量。

12. 称取含 Na_3PO_4 和 Na_2HPO_4 的样品 1.168 g，溶解后加入酚酞指示剂，用 0.2987 mol·L^{-1}盐酸滴定至终点，消耗盐酸 18.12 mL；再加入甲基红指示剂，又消耗盐酸 18.61 mL。试确定试样中 Na_3PO_4 和 Na_2HPO_4 的百分含量。

13. 取 50.00 mL 0.1002 mol·L^{-1} 的某一元弱酸，与 25.00 mL 0.1002 mol·L^{-1} 混合，将混合溶液稀释至 100.00 mL，测得其 pH 为 5.35，求此弱酸的解离常数。

14. 对于 $(CH_3)_2AsO_2H$ 和 $ClCH_2COOH$ 及 HAc，它们的标准解离常数分别为：6.4×10^{-7}、1.4×10^{-5}、1.75×10^{-5}。问：

(1)要配制 pH＝6.5 的酸碱缓冲溶液，应选择何种体系为好？

(2)要配制 100 mL 缓冲溶液，需要 0.2 mol·L^{-1} 该酸及 0.5 mol·L^{-1}NaOH 各多少毫升？

15. 将 500.0 mL 0.20 mol·L^{-1}NaOH 与 500.0 mL 0.20 mol·$L^{-1}$$NH_4NO_3$ 混合，计

算溶液的 pH。

16. 以硼砂为基准物标定盐酸,称取硼砂 0.8796 g,以甲基红为指示剂,滴定到终点时用去盐酸 24.86 mL,求盐酸的浓度。

17. 有一碱溶液,可能是 $NaOH$、Na_2CO_3、$NaHCO_3$ 或其中二者的混合物。加入酚酞指示剂,用盐酸滴定至终点,消耗的盐酸为 V_1;再加入甲基橙指示剂滴定至终点,又消耗的盐酸体积为 V_2,在下列情况下,试判断溶液组成(在不附加额外条件的情况下):

(1)$V_1 > V_2 > 0$;(2)$V_2 > V_1 > 0$;(3)$V_2 = V_1$;(4)$V_2 > 0$,$V_1 = 0$;(5)$V_1 > 0$,$V_2 = 0$。

18. 血液中的缓冲体系为 $H_2PO_4^- - HPO_4^{2-}$,回答下列问题。

(1)为什么说该缓冲体系在 pH＝7.2 时具有最大的缓冲能力?

(2)当 $[H_2PO_4^-] = 0.05 \ mol \cdot L^{-1}$、$[HPO_4^{2-}] = 0.15 \ mol \cdot L^{-1}$ 时,缓冲体系的 pH 是多少?

19. 0.500 L 溶液中含有 1.68 g NH_3 和 4.05 g $(NH_4)_2SO_4$,试回答:

(1)该溶液的 pH 是多少?

(2)如果给上述溶液中加入 0.88 g $NaOH$ 后,溶液的 pH 是多少?

(3)如果想获得 pH 为 9.00 的溶液,需要给 0.500 L 起始溶液中加入多少毫升 12 $mol \cdot L^{-1}$ 溶液?

20. 称取可能含有 $NaOH$、$NaHCO_3$、Na_2CO_3 或其混合物的样品(不含互相反应的组分)2.3500 g,溶解后稀释至 250.00 mL,取 25.00 mL 溶液,以酚酞为指示剂,滴定至变色时用去 0.1100 $mol \cdot L^{-1}$ 的 HCl 溶液 18.95 mL;另取一份溶液以甲基橙为指示剂,用 0.1100 $mol \cdot L^{-1}$ 的 HCl 溶液滴定至变色时,用去 39.20 mL。求此混合碱的组成和各组分的百分含量。(有关分子量:$M_{NaOH} = 40.00$,$M_{NaHCO_3} = 84.01$,$M_{Na_2CO_3} = 106.0$。)

21. 有工业硼砂 1.0000 g,用 0.2000 $mol \cdot L^{-1}$ 的 HCl 滴定至甲基橙变色,消耗盐酸 24.50 mL,计算试样中 $Na_2B_4O_7 \cdot 10H_2O$ 的百分含量和以 B_2O_3 和 B 表示的百分含量。

MOOC 资源

1. 酸碱理论
2. 酸碱溶液 pH 值的计算
3. 缓冲溶液
4. 酸碱指示剂
5. 酸碱滴定原理
6. 酸碱滴定法的应用
7. 典型例题和思维导图式总结

课程案例

1. 案例主题

突破封锁,自力更生,才是我们的发展之道。

2. 案例意义

化学是唯一具有创造新物质特点的学科,是推动人类社会不断发展的中心学科,只有我们真正掌握了核心物质的制备方法，才能不受制于人，才能安全繁荣发展。同学们应该脚踏实地、努力学习、不畏封锁，为国家发展积极贡献自己的力量。

3. 案例描述

1861年，比利时人索尔维以食盐、石灰石和氨为原料，制得了碳酸钠和氯化钙，该制作方法被称为索尔维制碱法。纯碱（碳酸钠）乃基本化工原料，国内造胰（皂）、造纸、玻璃工业等，甚至制造百姓发馒头用的小苏打，无不需要纯碱。后来，法、德、美等国相继建厂。这些国家发起组织索尔维公会，设计图纸只向会员国公开，对外绝对保守秘密。凡有改良或新发现，会员国之间彼此通气，并相约不申请专利，以防泄露。索尔维集团垄断了市场，随意地抬高纯碱价格，又封锁了技术，使工业落后的国家如中国，欲筹建制碱厂而无从下手。

幸好中国有位名士侯德榜。他在求学期间，一直勤奋好学、成绩优秀。1911年，侯德榜成为了清华大学唯一一个十门功课，门门满分的1000分得主。1921年，侯德榜在美国哥伦比亚大学获得博士学位。1921年10月，侯德榜胸怀报国志，接受了永利制碱公司的聘请毅然回国。

几乎从零起步的永利制碱厂，从研究花重金购买的简略资料，到最终试车成功，遇到了无数的问题、故障，侯德榜总是身先士卒，第一个下到灼热的石灰窑或满是油污的下水道里。为了搞清事故原因，他夜以继日地泡在实验室。在他的技术指导下，中国在20世纪20年代建立了亚洲第一大碱厂，生产出"红三角"碱。1932年他出版了《纯碱制造》一书，将制碱法公之于世，为中外化工学者共享。1937年，他主持建成了具有世界先进水平的永利化学工业公司南京硫酸铵厂，开创了我国化肥工业的新纪元。1943年，侯德榜首先在实验室实现了连续生产纯碱和氯化铵的联合制碱工艺，此法被世人称为"侯氏制碱法"，为世界制碱技术开辟了一条新途径，并得到了国际学术界的重视。1955年他被选聘为中国科学院学部委员（院士）。

"侯氏制碱法"，是一个以中国人的姓名命名的发明。在我们国家深受帝国主义欺辱、被称为"东亚病夫"的时候，一个中国人的名字能够闪耀在世界科学的舞台上，将世界制碱科学史推向一个新阶段，这充分显示出中华民族的智慧和力量。永利制碱公司总经理范旭东先生曾高度评价侯德榜："中国化工能跻身世界舞台，侯先生之贡献，实在首屈一指。"他称侯德榜为中国之"国宝"。现在的天津碱厂是中国制碱工业的摇篮和近代化学工业的发源地，见证了中国百年化工的发展历程，也见证了我国化学工业奠基人——侯德榜一生的卓越功绩。

4. 案例反思

侯德榜先生是一位杰出的科学家。他打破了索尔维集团70多年对制碱技术的垄断，发明了世界制碱领域最先进的技术，并为祖国的化工事业奋斗终生。侯德榜先生为我国化学工业的开发、建设和生产作出了卓越贡献，是我国近代化学工业的奠基人之一。他在给友人的一封信中曾写道：这些事"无一不令人烦闷，设非隐忍顺应，将一切办好，万一功亏一篑，使国人从此不敢再谈化学工程，则吾等成为中国之罪人。吾人今日只有前进，赴汤蹈火，亦所弗顾，其实目前一切困难，在事前早已见及，故向来未抱丝毫乐观，只知责任所在，拼命为之而已"。他这一生勤奋刻苦、不畏国外技术封锁、为国家发展拼命的精神，是培养后人为国努力学习、承担民族复兴重任的宝贵财富。侯德榜先生一生的奋斗成果，发根于他为国为民的赤子之心，来源于他苦心苦力坚持科学创新的思想意识，是激励我们不忘初心、牢记使命的先进代表。

应用实例

油脂酸值的测定

　　自然界中的油脂是多种物质的混合物,其主要成分是一分子甘油与三分子高级脂肪酸脱水形成的酯,称为甘油三酯,其主要生理功能是贮存和供应热能,在代谢中可以提供的能量比糖类和蛋白质约高一倍,是人类的主要营养物质和主要食物之一。饱和脂肪、胆固醇、磷脂质、ω-3 脂肪酸和 ω-6 脂肪酸等都是人体细胞的重要构成成分。我们日常饮食所用的油脂由于受到保存环境的影响,例如密封不严、接触空气、光线照射及微生物及酶等作用,油脂品质可能会降低甚至败坏。鉴别油脂质量好坏的重要指标之一是酸值,表示油脂中游离脂肪酸含量的多少。因此,中和 1 g 油脂中游离脂肪酸所需氢氧化钾的质量(mg)称为酸值。油脂酸败越严重,其酸值越高。

　　酸值的测定常用酸碱中和滴定法,其简要测定过程是用中性乙醚-乙醇的混合溶剂溶解试样后,用氢氧化钾标准溶液滴定油脂中的游离脂肪酸,根据消耗氢氧化钾的质量及油脂的质量计算出酸值的大小。

　　反应方程式为　　　　　$RCOOH + KOH \longrightarrow RCOOK + H_2O$

　　滴定过程使用酚酞作为指示剂,滴定质量为 m(g)试样的油脂消耗浓度为 c(mol/L)的氢氧化钾标准溶液 V(mL)后,溶液出现微粉色且 30 s 内不褪色表明达到滴定终点,酸值 $A.V. = \dfrac{V \times c \times 56.1}{m}$(mg/g)。一般需要测量三次求平均值作为最终测定结果,且要求平行测量结果间相对偏差不超过 10% 来保证精度。

知识拓展

目前世界上最强的酸

　　在实验室中,最常见的无机酸有磷酸、硫酸、硝酸、盐酸等,有机酸有草酸、乙酸、苯甲酸等。以它们能够给出质子的能力来定义酸的强度,上述无机酸属于中强酸或强酸,在水溶液中很容易解离出氢离子,也很容易溶解锌、铁、铝等常见的金属。如果将浓盐酸和浓硝酸按体积比为 3∶1 组成混合溶液,其甚至能将非常稳定的金溶解掉,因而被称之为"王水"。基于王水能够溶解而其它常见强酸无法溶解金的事实,在大多数人的认知里世界上最强的酸非王水莫属。

　　1994 年诺贝尔化学奖授予匈牙利裔美国人乔治·欧拉(George Orah)教授,以表彰他在有机化学碳正离子研究方面所做出的突出贡献。1966 年的一个偶然事件成为欧拉教授在碳阳离子研究中的重要里程碑之一。该事件是欧拉教授的助手将蜡烛丢在一个装酸的容器里后发现蜡烛很快溶解了！作为长链烷烃,蜡烛几乎是不可能发生酸碱反应的,这一现象令人震惊。欧拉教授带领团队研究后发现溶解蜡烛的酸是五氟化锑和氟磺酸的混合物 FSO_3H - SbF_5。由于该酸令人惊奇的能力,被称作"魔酸"。欧拉教授进一步的研究发现"魔酸"竟然将烷烃质子化了！更深入的实验发现"魔酸"能够将其它烷烃、烯烃质子化,生成一种又一种碳正离子,为超强酸稳定碳正离子的研究提供了强大的工具。

　　后来,将五氟化锑与氢氟酸以 1∶1 的比例混合后获得了一种新的超强酸,被称为"六氟锑酸($HSbF_6$)",其结构为 SbF_5 与 F^- 离子形成正八面体型阴离子 SbF_6^-,余下的氢离子能几乎不受束缚地自由运动,从而获得超强酸性。在比较强酸以及超强酸之间的酸性强弱时,传统的 pH 值已经不适用,取而代之的是一个新的指标:哈米特酸度函数(H_0 值),H_0 值的绝对值越大,酸性越强;H_0 值每相差 1,其酸性相差约 10 倍。在这个新指标体系中,硫酸 H_0 值是 −12,高氯酸的 H_0 值是 −13,魔酸的 H_0 值为 −25,氟锑酸则进一步达到 −28,即氟锑酸比硫酸的酸性要强 2×10^{19} 倍,成为现在已知最强的超强酸。由于具有如此强的酸性,氟锑酸遇水会产生爆炸性反应,且能与目前已知几乎所有的溶剂发生反应,极强的腐蚀性导致其只能用聚四氟乙烯材料制成的容器来保存。

第5章 沉淀-溶解平衡与沉淀滴定法

Precipitation-Dissolution Equilibrium and Precipitation Titration

学习要求

1. 掌握溶度积的概念及溶度积与溶解度的相互换算;
2. 会用溶度积规则判断沉淀的生成、溶解及转化;
3. 掌握沉淀-溶解平衡中的相关计算;
4. 了解沉淀滴定法的原理,掌握银量法确定终点的三种方法。

沉淀的生成和溶解是一类常见的化学平衡。例如,自然界中钟乳石的形成与碳酸钙的沉淀溶解平衡有关,龋齿与羟基磷灰石的沉淀溶解平衡有关。这类平衡和前一章中介绍的酸碱平衡不同,属于多相平衡,因其在反应过程中总是伴随着一种物相的生成或消失。判断沉淀溶解反应发生的方向及利用沉淀的生成和溶解解决一些工业和生产当中的实际问题是我们讨论沉淀溶解平衡的意义所在。本章主要介绍难溶电解质沉淀溶解平衡的规律以及相关的沉淀滴定分析方法。

5.1 沉淀-溶解平衡

5.1.1 溶度积

物质的溶解度只有大小之分,在水中绝对不溶的物质是不存在的。通常按照溶解度的大小,将电解质分为可溶、微溶和难溶三大类。通常把室温 20 ℃时在 H_2O 中溶解度小于 0.01 g/100 g 的电解质称为难溶电解质。当难溶电解质晶体,如 $BaSO_4$ 被放入水中时,晶体表面上的 Ba^{2+} 和 SO_4^{2-} 离子在水分子作用下会脱离晶体表面进入溶液,这一过程称为溶解 (dissolution)。而与此同时,溶液中不断运动着的 Ba^{2+} 和 SO_4^{2-} 离子会有部分碰撞到晶体表面,受到晶体表面的正负离子吸引返回晶体表面,这一过程称为沉淀(precipitation)。在一定温度下,当溶解和沉淀速率相同时,该溶液形成 $BaSO_4$ 饱和溶液,建立沉淀溶解平衡,即

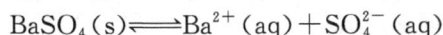

$$BaSO_4(s) \Longrightarrow Ba^{2+}(aq) + SO_4^{2-}(aq)$$

上述平衡是一个动态平衡,与电离平衡一样,达到沉淀溶解平衡时服从化学平衡规律,其

平衡常数可表示为

$$K_{sp}^{\ominus}(BaSO_4) = \frac{[Ba^{2+}]}{c^{\ominus}} \cdot \frac{[SO_4^{2-}]}{c^{\ominus}}$$

由上式可看出,在一定温度下,难溶电解质饱和溶液中离子相对浓度幂的乘积为一常数。式中 $K_{sp}^{\ominus}$ 称为溶度积(solubility product),和其它平衡常数一样,它也是温度的函数。$K_{sp}^{\ominus}$ 是无量纲量,它仅与难溶电解质的本性和温度有关,而与离子浓度无关。

对于任意一个难溶电解质 $A_mB_m(s)$,其饱和溶液的沉淀溶解平衡可用通式表示如下:

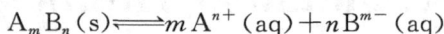

$$A_mB_n(s) \Longleftrightarrow m A^{n+}(aq) + n B^{m-}(aq)$$

上述沉淀溶解平衡的平衡常数可表示为

$$K_{sp}^{\ominus}(A_mB_n) = \left(\frac{[A^{n+}]}{c^{\ominus}}\right)^m \cdot \left(\frac{[B^{m-}]}{c^{\ominus}}\right)^n = [A^{n+}]^m \cdot [B^{m-}]^n \qquad (5-1)$$

严格来讲,根据热力学推导,难溶电解质饱和溶液中离子活度幂的乘积才等于常数。只有在难溶电解质溶解度很小时,离子强度较小,才可近似地认为离子的活度系数约等于1,利用浓度代替活度进行计算,此时离子浓度幂的乘积近似等于 $K_{sp}^{\ominus}$。一般溶度积表中所给出的 $K_{sp}^{\ominus}$,是在很稀的溶液中且没有其它离子影响时的数值。一些难溶化合物在 298.15 K 的 $K_{sp}^{\ominus}$ 值可参见本书附录5。在经常涉及到的沉淀溶解平衡计算中,溶液浓度一般很低,离子强度也很小,可用浓度代替活度进行计算。$K_{sp}^{\ominus}$ 的大小反映了难溶电解质的溶解能力和生成沉淀的难易。$K_{sp}^{\ominus}$ 值越大,则表明该物质在水中越容易溶解,或者越不易生成沉淀。难溶电解质的 $K_{sp}^{\ominus}$ 值可通过实验测定,也可通过相关组分的标准摩尔生成吉布斯函数($\Delta_f G_m^{\ominus}$)计算得到(例5-1)。某些难溶电解质的 $K_{sp}^{\ominus}$ 亦可通过直接测定饱和溶液中相应的离子浓度来求解。

例 5-1 已知 298.15 K 时的下列热力学数据,求 AgCl 的溶度积。

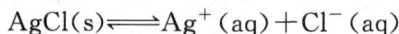

$$AgCl(s) \Longleftrightarrow Ag^+(aq) + Cl^-(aq)$$

$\Delta_f G_m^{\ominus}(kJ \cdot mol^{-1})$ -109.789 77.107 -131.228

解: 根据反应的吉布斯函数与标准摩尔生成吉布斯函数之间的关系可得

$$\Delta_r G_m^{\ominus}(298.15\ K) = -131.228 + 77.107 + 109.789 = 55.668\ kJ \cdot mol^{-1}$$

再根据反应的吉布斯函数和反应的标准平衡常数之间的关系得:

$$\Delta_r G^{\ominus}m(298.15\ K) = -RT \ln K_{sp}^{\ominus}$$

$$\lg K_{sp}^{\ominus}(298.15\ K) = \frac{-\Delta_r G_m^{\ominus}}{2.303RT} = \frac{-55.66 \times 1000}{2.303 \times 8.314 \times 298.15} = -9.751$$

$$K_{sp}^{\ominus}(AgCl, 298.15\ K) = 1.77 \times 10^{-10}$$

5.1.2 溶解度和溶度积的关系

溶度积和溶解度都能反映难溶电解质在一定温度下的溶解能力,但二者又有所不同。溶解度会随其它离子存在的情况不同而改变,而溶度积在溶液中离子浓度变化不太大时,一般在数量级上不发生改变。在一定条件下,它们之间可以相互换算。

对于任意一个难溶电解质 $A_mB_n(s)$,设在一定温度下饱和溶液中 A_mB_n 的溶解度为 s mol·L^{-1}(为了讨论问题方便,将物质的溶解度以物质的量浓度来表示),则可以利用沉淀溶解平衡对 s 和 $K_{sp}^{\ominus}$ 的关系进行推导,即

$$K_{sp}^{\ominus}(A_mB_n) = [A^{n+}]^m \cdot [B^{m-}]^n = (ms)^m (ns)^n = m^m \cdot n^n \cdot s^{m+n}$$

$$s = \sqrt[m+n]{\frac{K_{sp}^{\ominus}}{m^m \cdot n^n}} \qquad\qquad (5-2)$$

例 5 – 2 15 mg CaF_2 溶解于 1 L 水中形成饱和溶液。求 $K_{sp}^{\ominus}(CaF_2)$（已知 CaF_2 的分子量为 78.1）。

解： 根据已知条件推算 CaF_2 在水中的溶解度 s 为

$$s = \frac{m}{MV} = \frac{0.015}{78.1 \times 1} = 1.9 \times 10^{-4} \text{ mol} \cdot L^{-1}$$

$$K_{sp}^{\ominus} = 4s^3 = 2.8 \times 10^{-11}$$

例 5 – 3 在某温度下，$Mg(OH)_2$ 的 $K_{sp}^{\ominus}(Mg(OH)_2) = 1.2 \times 10^{-11}$，求其在纯水中的溶解度 s。

解： 设 $Mg(OH)_2$ 在纯水中的溶解度为 s mol $\cdot L^{-1}$。纯水中存在下列平衡：

$$Mg(OH)_2(s) \Longrightarrow Mg^{+}(aq) + 2OH^{-}(aq)$$

平衡常数为

$$K_{sp}^{\ominus} = 4s^3$$

平衡浓度

$$s = \sqrt[3]{\frac{K_{sp}^{\ominus}}{4}} = \sqrt[3]{\frac{1.2 \times 10^{-11}}{4}} = 1.4 \times 10^{-4} \text{ mol} \cdot L^{-1}$$

几种类型难溶盐的溶解度与溶度积的换算公式见表 5 – 1。需要说明的是，这些换算关系只适用于不存在任何副反应的难溶电解质的沉淀溶解平衡，并且难溶电解质要一步完成解离，不适用于存在显著水解的难溶电解质，以及某些易于在溶液中以离子对形式存在的难溶电解质。

表 5 – 1 几种类型难溶盐的溶解度与溶度积的换算公式

类型	换算公式	举例
1 : 1	$K_{sp}^{\ominus} = s^2$	$BaSO_4$，$AgBr$，$CaCO_3$
1 : 2 或 2 : 1	$K_{sp}^{\ominus} = 4s^3$	Ag_2CrO_4，Cu_2S
1 : 3 或 3 : 1	$K_{sp}^{\ominus}$	Ag_3PO_4，$Fe(OH)_3$

对于相同类型的难溶电解质，例如同是 1 : 2 型的 Ag_2CrO_4 和 Cu_2S，相同温度下，可以通过比较它们的 $K_{sp}^{\ominus}$，大致判断它们在纯水中的溶解能力大小，$K_{sp}^{\ominus}$ 越大，溶解度越大，反之则越小。而对于不同类型的难溶电解质，例如对于 $AgCl$ 和 Ag_2CrO_4，则不能通过 $K_{sp}^{\ominus}$ 来比较其溶解度大小。

关于溶度积和溶解度的关系，有以下几点需要注意：

(1) 公式 (5-2) 只适用于难溶强电解质溶度积和溶解度的相互换算。

(2) 有些难溶电解质在水中分步解离，所以使用公式 (5-2) 时需要注意。如 $Fe(OH)_3$ 在水溶液中分三步电离：

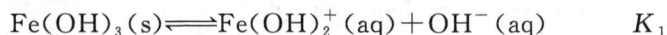
$$Fe(OH)_3(s) \Longrightarrow Fe(OH)_2^{+}(aq) + OH^{-}(aq) \qquad K_1$$
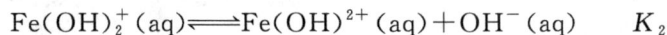
$$Fe(OH)_2^{+}(aq) \Longrightarrow Fe(OH)^{2+}(aq) + OH^{-}(aq) \qquad K_2$$
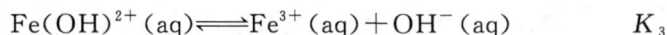
$$Fe(OH)^{2+}(aq) \Longrightarrow Fe^{3+}(aq) + OH^{-}(aq) \qquad K_3$$

$$\text{Fe(OH)}_3(s) \Longrightarrow \text{Fe}^{3+}(aq) + 3\text{OH}^-(aq) \qquad K_{sp}^{\ominus} = K_1 \cdot K_2 \cdot K_3$$

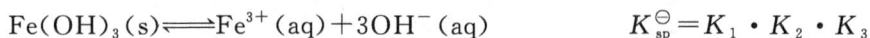

分步电离可能导致多种离子同时存在不符合上述公式转换关系，但总平衡式 $K_{sp}^{\ominus} = [\text{Fe}^{3+}][\text{OH}^-]^3$ 有其实际应用价值，比如改变溶液 pH 值可以使得 Fe(OH)_3 沉淀生成或溶解。

（3）一些弱酸/碱生成的难溶物在水中会发生酸式/碱式电离，此时需要考虑偏差。如 PbS 解离出的 S^{2-} 离子会发生水解生成 HS^-。

5.2 沉淀-溶解平衡的移动

5.2.1 溶度积规则

由化学平衡的知识可知，在一定温度下，溶度积 $K_{sp}^{\ominus}$ 是一特征常数，而任意情况下溶液中离子相对浓度幂的乘积（即反应商 J）是可变的。将 J 与 $K_{sp}^{\ominus}$ 进行比较，可以判断在该条件下沉淀的生成或溶解情况。

任一难溶电解质 A_mB_n 的沉淀-溶解平衡：

$$A_mB_n(s) \Longrightarrow m\text{A}^{n+}(aq) + n\text{B}^{m-}(aq)$$

平衡时有 $K_{sp}^{\ominus}(A_mB_n) = [\text{A}^{n+}]^m \cdot [\text{B}^{m-}]^n$。则反应商 J 与溶度积 $K_{sp}^{\ominus}$ 存在下列三种关系：

（1）当 $J < K_{sp}^{\ominus}$ 时，无沉淀析出或原有沉淀溶解，对应为不饱和溶液；
（2）当 $J = K_{sp}^{\ominus}$ 时，建立平衡体系，溶液为饱和溶液；
（3）当 $J > K_{sp}^{\ominus}$ 时，生成沉淀，溶液为过饱和溶液。

以上规则即为溶度积规则，是用来判断沉淀的生成、溶解、转化的重要依据。

5.2.2 沉淀的生成

根据溶度积规则，只要满足 $J > K_{sp}^{\ominus}$，就会析出沉淀。如果期望得到沉淀，一般要使沉淀剂的量增大，可以加入沉淀剂或者控制酸度等。通常一种离子与沉淀剂生成沉淀物后在溶液中的残留量不超过 1.0×10^{-5} mol·L^{-1} 时，则可认为已经沉淀完全。加入过量的沉淀剂使欲沉淀的离子浓度小于该值，则沉淀完全。若所涉及的沉淀体系中有弱电解质的酸根离子或易形成氢氧化物沉淀的金属离子，即沉淀平衡与酸碱平衡共存，就要考虑体系中酸度的影响，通过调节合适的酸度来获得沉淀。

例 5-4 现有 100 mL 0.20 mol·L^{-1} 的 $CaCl_2$ 溶液，分别向其中加入：①100 mL 0.20 mol·L^{-1} 的 $Na_2C_2O_4$ 溶液；②150 mL 0.20 mol·L^{-1} 的 $Na_2C_2O_4$ 溶液。问：两种情况下反应后溶液中的 Ca^{2+} 各为多少？

解：（1）当 100 mL 0.20 mol·L^{-1} 的 $CaCl_2$ 溶液与 100 mL 0.20 mol·L^{-1} 的 $Na_2C_2O_4$ 溶液混合时，

$$[\text{Ca}^{2+}] = [\text{C}_2\text{O}_4^{2-}] = 0.010 \text{ mol·L}^{-1}$$

设反应后 Ca^{2+} 浓度为 x mol·L^{-1}，则

$$x = \sqrt{K_{sp}^{\ominus}} = \sqrt{2.57 \times 10^{-9}} = 5.1 \times 10^{-5} \text{ mol·L}^{-1}$$

故反应后溶液中 Ca^{2+} 浓度为 5.1×10^{-5} mol $\cdot$ L^{-1}。

（2）当 100 mL 0.20 mol $\cdot$ L^{-1} 的 $CaCl_2$ 溶液与 150 mL 0.20 mol $\cdot$ L^{-1} 的 $Na_2C_2O_4$ 溶液混合时，

$$[Ca^{2+}] = \frac{100 \times 0.20}{250} = 0.080 \text{ mol} \cdot \text{L}^{-1}$$

$$[C_2O_4^{2-}] = \frac{150 \times 0.20}{250} = 0.12 \text{ mol} \cdot \text{L}^{-1}$$

设反应后溶液中 Ca^{2+} 浓度为 x mol $\cdot$ L^{-1}，则

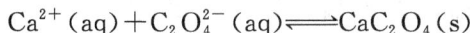
$$Ca^{2+}(aq) + C_2O_4^{2-}(aq) \Longrightarrow CaC_2O_4(s)$$

起始浓度（mol $\cdot$ L^{-1}）   0.080   0.12

平衡浓度（mol $\cdot$ L^{-1}） x $(0.12-0.080)+x$

$$K_{sp}^{\ominus} = x \times (0.040 + x)$$

$$x \ll 0.040, \quad 0.040 + x \approx 0.040$$

$$2.579 \times 10^{-9} = x \times 0.040$$

$$x = 6.4 \times 10^{-8} \text{ mol} \cdot \text{L}^{-1}$$

故第二种情况下沉淀后溶液中 Ca^{2+} 浓度为 6.4×10^{-8} mol $\cdot$ L^{-1}。

例 5-5 求使 0.1 mol $\cdot$ L^{-1} Fe^{3+} 开始沉淀及沉淀完全时的 pH 值。$[K_{sp}^{\ominus}(Fe(OH)_3) = 2.79 \times 10^{-39}]$

解： 溶液中存在下列解离平衡：

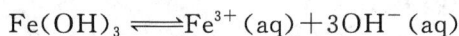
$$Fe(OH)_3 \Longrightarrow Fe^{3+}(aq) + 3OH^{-}(aq)$$

开始沉淀时，根据溶度积规则，$J = K_{sp}^{\ominus}$，则

$$[OH^{-}]^3 = \frac{K_{sp}^{\ominus}(Fe(OH)_3)}{c(Fe^{3+})} = 2.79 \times 10^{-38}$$

$$[OH^{-}] = \sqrt[3]{2.79 \times 10^{-38}} = 3.03 \times 10^{-13}$$

$$pH = 14 - pOH = 1.48$$

即当溶液的 pH $>$ 1.48 时，$Fe(OH)_3$ 开始沉淀。

欲使溶液中 Fe^{3+} 沉淀完全，即要求溶液中 $c(Fe^{3+}) \approx 10^{-5}$ mol $\cdot$ L^{-1}

$$[OH^{-}]^3 = \frac{K_{sp}^{\ominus}(Fe(OH)_3)}{10^{-5}} = 2.79 \times 10^{-34}$$

$$[OH^{-}] = 6.53 \times 10^{-12}, \quad pH = 14 - pOH = 2.82$$

即当溶液的 pH $>$ 2.80 时，Fe^{3+} 已经基本沉淀完全了。

5.2.3 沉淀的溶解

根据溶度积规则，设法降低溶液中的离子浓度，使 $J < K_{sp}^{\ominus}$，沉淀就会溶解。降低离子浓度，使沉淀溶解的常用方法有以下几种。

1）生成弱电解质

$Mg(OH)_2$ 固体能溶于酸溶液中，原因是溶液中加入酸时，体系中的 OH^{-} 离子与 H^{+} 离子生成弱电解质 H_2O，使 OH^{-} 离子浓度大大降低，满足了 $J = c(Mg^{2+})c^2(OH^{-}) < K_{sp}^{\ominus}$，则沉淀将不断溶解。许多难溶的弱酸盐，如碳酸盐、草酸盐、磷酸盐和硫化物等，可溶于较强的酸，

其原因是氢离子与弱酸根结合生成难解离的弱酸,降低了溶液中弱酸根浓度,促使沉淀溶解。如加入盐酸时,H^+离子和CO_3^{2-}离子形成H_2CO_3,当溶液中H_2CO_3达到饱和后,由于H_2CO_3的不稳定性,放出CO_2气体。因上述反应,CO_3^{2-}离子浓度大大降低,这时$J=c(Ca^{2+}) \cdot c(CO_3^{2-}) < K_{sp}^{\ominus}$,$CaCO_3$沉淀开始溶解。

2)发生氧化还原反应

某些$K_{sp}^{\ominus}$数值较小的金属硫化物,如CuS、PbS等,不溶于盐酸,但可溶于硝酸。硝酸的作用在于它能将溶液中的S^{2-}氧化为S单质,即通过氧化还原反应使溶液中S^{2-}的浓度大为降低,从而使硫化物溶解。CuS溶于硝酸的反应方程式为

$$3CuS(s)+8HNO_3(aq) = 3Cu(NO_3)_2+3S(s)+2NO(g)+4H_2O(l)$$

3)生成配合物

$AgCl$不溶于硝酸但能溶于氨水,原因是生成了稳定的$[Ag(NH_3)_2]^+$而降低了溶液中Ag^+离子浓度,导致$AgCl$沉淀溶解,反应方程式为

$$AgCl(s)+2NH_3(aq) \rightleftharpoons Ag(NH_3)_2^+(aq)+Cl^-(aq)$$

再如$K_{sp}^{\ominus}$极小的HgS沉淀($K_{sp}^{\ominus}=1.6 \times 10^{-52}$),要将其溶解需要同时降低正负离子浓度。可利用王水将其溶解,原理是硝酸可与HgS电离出的S^{2-}反应从而降低其浓度,同时盐酸可与HgS电离出的Hg^{2+}反应从而降低其浓度,反应方程式如下:

$$3HgS(s)+12HCl(aq)+2HNO_3(aq) \rightleftharpoons 3H_2HgCl_4(aq)+2NO(g)+3S(s)+4H_2O(l)$$

5.2.4　分步沉淀和沉淀的转化

上述讨论的情况中,溶液中都只有一种离子被沉淀。在实际中,溶液中往往同时含有多种离子,当加入某种试剂时,会使多种离子都发生反应而产生沉淀,沉淀将按照一定的次序进行。这种同一试剂使不同离子先后沉淀的现象称为分步沉淀(fractional precipitation)。下边我们运用溶度积规则加以讨论。

例 5-6　向浓度均为 0.010 mol·L^{-1} 的 K_2CrO_4 和 KCl 的混合溶液中,逐滴加入$AgNO_3$溶液。通过计算说明:(1)CrO_4^{2-} 和 Cl^- 哪个先沉淀?(2)CrO_4^{2-} 开始沉淀时,溶液中Cl^-浓度为多少?

解:(1)根据溶度积规则,AgCl 开始沉淀所需 Ag^+ 浓度为

$$[Ag^+]=\frac{K_{sp}^{\ominus}(AgCl)}{[Cl^-]}=\frac{1.77 \times 10^{-10}}{0.010}=1.77 \times 10^{-8}\ mol \cdot L^{-1}$$

同理,Ag_2CrO_4 开始沉淀所需 Ag^+ 浓度为

$$[Ag^+]=\sqrt{\frac{K_{sp}^{\ominus}(Ag_2CrO_4)}{[Cl^-]}}=\sqrt{\frac{1.12 \times 10^{-12}}{0.010}}=1.06 \times 10^{-5}\ mol \cdot L^{-1}$$

AgCl 开始沉淀所需 Ag^+ 浓度低,所以 AgCl 先沉淀。

(2)Ag_2CrO_4 开始沉淀时,溶液中剩余的 Cl^- 浓度为

$$[Cl^-]=\frac{K_{sp}^{\ominus}(AgCl)}{[Ag^+]}=\frac{1.77 \times 10^{-10}}{1.1 \times 10^{-5}}=1.61 \times 10^{-5}\ mol \cdot L^{-1}$$

此结果说明,CrO_4^{2-} 开始沉淀时 Cl^- 已基本沉淀完全。因此利用分步沉淀可实现二者的分离。

对于同一类型的难溶电解质而言，它们的 $K_{sp}^{\ominus}$ 相差越大，分离将越完全。利用分步沉淀原理，可使混合溶液中两种或多种离子分离。而分步沉淀的顺序并非固定不变，它不仅与两种沉淀的溶度积有关，也和两种离子浓度的相对大小有关。

一种沉淀转化为另一种沉淀的过程称为沉淀的转化(inversion of precipitate)。例如，在实际应用中，锅炉中的锅垢含有不易清除的 $CaSO_4$，这种锅垢阻碍传热且可能引起锅炉爆裂。若以足量的 Na_2CO_3 处理，就可使 $CaSO_4$ 全部转化为可溶于酸的较为疏松的 $CaCO_3$ 而除去。其转化反应方程式如下：

$$CaSO_4(s) + CO_3^{2-}(aq) \rightleftharpoons CaCO_3(s) + SO_4^{2-}(aq)$$

此转化反应的平衡常数

$$K^{\ominus} = \frac{[SO_4^{2-}]}{[CO_3^{2-}]} = \frac{K_{sp}^{\ominus}(CaSO_4)}{K_{sp}^{\ominus}(CaCO_3)} = \frac{4.93 \times 10^{-5}}{3.36 \times 10^{-9}} = 1.47 \times 10^4$$

转化反应的平衡常数很大，表示沉淀转化进行得相当完全。可见对同一类型沉淀来说，将溶度积较大的沉淀转化为溶度积较小的沉淀是比较容易进行的。那么能否将溶度积较小的沉淀转化为溶度积较大的沉淀呢？

$BaSO_4$ 沉淀不溶于强酸，为了使其溶解，可考虑先将其转化为 $BaCO_3$ 然后用酸溶解。假如 $BaSO_4$ 能转化为 $BaCO_3$，则存在下列平衡：

$$BaSO_4(s) + CO_3^{2-}(aq) \rightleftharpoons BaCO_3(s) + SO_4^{2-}(aq)$$

该转化反应的平衡常数

$$K^{\ominus} = \frac{[SO_4^{2-}]}{[CO_3^{2-}]} = \frac{K_{sp}^{\ominus}(BaSO_4)}{K_{sp}^{\ominus}(BaCO_3)} = \frac{1.1 \times 10^{-10}}{2.58 \times 10^{-9}} = 4.3 \times 10^{-2}$$

若要用 0.1 L Na_2CO_3 溶液将 0.01 mol $BaSO_4$ 转化为 $BaCO_3$，则 Na_2CO_3 溶液的最低浓度为 0.77 mol·L^{-1}。可见，虽然 $K_{sp}^{\ominus}(BaSO_4)$ 小于 $K_{sp}^{\ominus}(BaCO_3)$，但由于二者溶度积相差不是太大，在一定条件下实现这种转化还是可能的。要使 $BaSO_4$ 完全转化为 $BaCO_3$，在操作上往往采用多次转化的方法，即用浓的 Na_2CO_3 溶液处理 $BaSO_4$ 沉淀后，取出溶液，再用新鲜的浓 Na_2CO_3 溶液重复处理残渣 3~5 次，即可达到目的。如果转化反应平衡常数太小，实际条件就很难满足了，如要用 NaCl 溶液将 AgI 转化为 AgCl 沉淀，实际上无法做到。对于不同类型的难溶盐来说，其趋势是溶解度大的易转化为溶解度小的。例如在 Ag_2CrO_4 沉淀中加入 KCl 溶液，溶解度大的 Ag_2CrO_4 沉淀会向溶解度小的 AgCl 沉淀转化。

5.3 影响沉淀溶解度的因素

影响沉淀溶解度的因素很多，有同离子效应、盐效应、酸效应及配位效应等。此外，温度、溶剂、沉淀颗粒的大小和结构等因素也会造成一定的影响。下面我们对同离子效应和盐效应等主要影响因素进行介绍。

5.3.1 同离子效应

根据平衡移动原理，若向难溶电解质的饱和溶液中加入含有与构晶离子相同离子的强电解质，则难溶电解质的多相平衡会发生移动。如，在 $BaCO_3$ 饱和溶液中加入易溶强电解质 Na_2CO_3 时，溶液中 CO_3^{2-} 浓度增大，平衡会向生成 $BaCO_3$ 的方向移动，结果是 $BaCO_3$ 的溶解度降低。这种因加入含有相同离子的易溶强电解质,使难溶电解质溶解度降低的效应称为同离子效应。

同离子效应在沉淀的生成方面有十分重要的意义,若要使沉淀完全,溶解损失应尽可能小。如,用 $BaCl_2$ 沉淀 SO_4^{2-} 时,当加入沉淀剂 $BaCl_2$ 的量与 SO_4^{2-} 的量符合 $1:1$ 化学计量关系时,可根据 $K_{sp}^{\ominus}(BaSO_4)=1.1\times10^{-10}$ 算得,在 $200\ mL$ 溶液中溶解的 $BaSO_4$ 物质的量为

$$n=\sqrt{1.1\times10^{-10}}\times200\times10^{-3}=2.1\times10^{-6}\ mol$$

若加入过量的 $BaCl_2$,$BaSO_4$ 的溶解情况又会如何呢?假设沉淀达到平衡时,过量的 Ba^{2+} 的浓度为 $0.01\ mol$,可计算出此时 $200\ mL$ 溶液中溶解的 $BaSO_4$ 物质的量为

$$n=\frac{1.1\times10^{-10}}{0.01}\times200\times10^{-3}=2.2\times10^{-9}\ mol$$

计算结果表明,加入过量 $BaCl_2$ 沉淀剂时 $BaSO_4$ 溶解度明显降低。根据同离子效应,为了使某种离子尽可能沉淀完全,往往加入过量沉淀剂,以降低沉淀的溶解度。

必须指出,并不是沉淀剂过量越多沉淀越完全。加入沉淀剂太多可能会因其它影响(如配位效应、盐效应等),反而使得沉淀的溶解度增大。例如 $AgCl$ 沉淀中加入过量的 HCl,会因形成 $AgCl_2^-$ 配离子而使沉淀溶解度增大。

5.3.2　盐效应

在难溶电解质的饱和溶液中,加入其它强电解质,则会使难溶电解质的溶解度比同温度下纯水中溶解度大,该现象称为盐效应。例如,在一定温度下,$BsSO_4$、$AgCl$ 等难溶电解质的溶解度在 KNO_3 强电解质存在的情况下会比在纯水中溶解度大,而且溶解度随 KNO_3 的浓度增大而增大。当溶液中 KNO_3 浓度由 0 增加到 $0.010\ mol\cdot L^{-1}$ 时,$AgCl$ 的溶解度由 $1.34\times10^{-5}\ mol\cdot L^{-1}$ 增加到 $1.51\times10^{-5}\ mol\cdot L^{-1}$,$BaSO_4$ 的溶解度由 $1.05\times10^{-5}\ mol\cdot L^{-1}$ 增加到 $2.18\times10^{-5}\ mol\cdot L^{-1}$。

导致盐效应的原因分析如下。离子的活度系数与溶液中强电解质的种类和浓度有关,当强电解质的浓度增大到一定程度时,离子强度增大会使离子活度系数明显减小。具体来说,加入易溶强电解质后,溶液中阴、阳离子浓度增加,离子在静电作用力的影响下,趋向于离子晶体中那样规则地排列,而离子的热运动则力图使它们均匀地分散在溶液中。这两种力同时作用的结果,导致在任意一个离子(可称为中心离子)的周围形成了一层异号电荷包围着的球壳,可以形象地称之为“离子氛”。“离子氛”的形成使中心离子受到较强的牵制作用,降低了其有效浓度,使其在单位时间内与沉淀表面碰撞次数减少,沉淀过程变慢,溶解过程暂时超过了沉淀过程,使得难溶电解质的溶解度增大。

当加入的强电解质和难溶电解质含有相同离子时,上文提到的同离子效应和盐效应同时存在。在加入适当过量沉淀剂时,同离子效应起主要作用,而盐效应不显著。但是当加入过多的沉淀剂时,盐效应的影响就不能忽略了。因此在利用同离子效应降低沉淀溶解度时,沉淀剂不宜过量太多,否则反而会使沉淀的溶解度增大。

需要说明的是,当难溶电解质本身的溶解度很小时,盐效应的影响一般很小,可忽略不计;当难溶电解质的溶解度较大且溶液的离子强度很高时,则盐效应的影响不可忽略。

5.3.3　酸效应

酸效应是指溶液的酸度对沉淀溶解度的影响。酸效应产生的原因主要是溶液中氢离子浓

度对弱酸、多元酸或难溶酸解离平衡的影响。沉淀是强酸盐(如 AgCl、BaSO₄)时,其溶解度受酸度影响并不大;但当沉淀是弱酸或多元酸盐(如 CaC₂O₄)时,则酸效应就很显著。可以通过计算推得,沉淀溶解度随着酸度增加而增加。

5.3.4　配位效应

如果溶液中存在能与生成沉淀的离子形成配合物的配位剂,则会导致沉淀溶解度增大,甚至不产生沉淀,这种现象称为配位效应。如前述以 Cl^- 沉淀 Ag^+ 的反应,如果溶液中有氨水,则 NH_3 能与 Ag^+ 作用形成 $Ag(NH_3)_2^+$,此时 AgCl 的溶解度远大于其在纯水中的溶解度。在同离子效应中应当注意的是,配位效应使沉淀溶解度增大的程度与沉淀的溶度积和形成配合物的稳定常数的相对大小有关。形成的配合物越稳定,配位效应越显著,则沉淀的溶解度越大。

5.4　沉淀滴定法

沉淀滴定法(precipitation titration)是基于沉淀反应的一种滴定分析方法。虽然沉淀反应有很多,但能用于沉淀滴定的反应并不多。只有满足下列条件的沉淀反应才能用于沉淀滴定法:

(1)沉淀反应能够迅速、定量地完成;

(2)沉淀的组成固定,溶解度小;

(3)有合适的方法指示终点。

由于上述条件的限制,能用于沉淀滴定的反应不多,主要应用的是生成难溶性银盐的反应:

$$Ag^+ + Cl^- \Longrightarrow AgCl \downarrow$$
$$Ag^+ + SCN^- \Longrightarrow AgSCN \downarrow$$

这种利用生成难溶银盐反应的沉淀滴定法称为银量法。银量法可以测定 Cl^-、Br^-、I^-、SCN^- 和 Ag^+ 等。除此之外,还有其它的沉淀反应,也可用于沉淀滴定法,但不如银量法使用广泛,如:

$$3Zn^{2+} + 2K_4Fe(CN)_6 \Longrightarrow K_2Zn_3[Fe(CN)_6]_2 \downarrow + 6K^+$$
$$K^+ + NaB(C_6H_5)_4 \Longrightarrow KB(C_6H_5)_4 \downarrow + Na^+$$

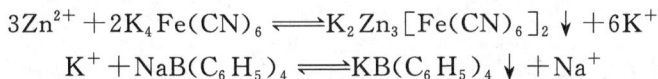

在下文中我们将着重讨论银量法。沉淀滴定法的关键问题是终点的确定。根据所用指示剂的不同,按照创立者的名字命名,银量法可分为莫尔法、福尔哈德法、法扬司法三种。在下面章节中我们将逐一介绍。

5.4.1　滴定曲线

我们以 $0.1000\ mol \cdot L^{-1}$ AgNO₃ 溶液滴定 20.00 mL $0.1000\ mol \cdot L^{-1}$ NaCl 溶液为例来讨论沉淀滴定分析的滴定曲线。

滴定反应　　　　　$Ag^+ + Cl \Longrightarrow AgCl \downarrow$　　　$K_{sp}(AgCl) = 1.8 \times 10^{-10}$

此反应的平衡常数 K 为 $K = 1/K_{sp}(AgCl) = 1/(1.8 \times 10^{-10}) = 5.6 \times 10^9$。该反应的平衡常数较大,说明进行得很完全。在沉淀滴定分析的滴定曲线中,横坐标依然为加入滴定剂的体

积或者滴定百分数,纵坐标为被滴定离子(该例中为 Cl^-)浓度的负对数值 pCl。下面我们仍然讨论滴定开始前、滴定开始至化学计量点前、化学计量点、化学计量点后四个阶段中 Cl^- 浓度的变化。

(1)滴定开始前:$[Cl^-]=0.1000$ mol·L^{-1},$pCl=-lg[Cl^-]=1.00$。

(2)滴定开始至化学计量点前:此时 Cl^- 是过量的,所以$[Cl^-]$由剩余的 NaCl 决定。

$$[剩余的 Cl^-]=\frac{20.00-V_{AgNO_3}}{20.00+V_{AgNO_3}}\times0.1000$$

当加入 19.98 mL $AgNO_3$(离化学计量点差半滴)时,代入上式得$[Cl^-]=5.0\times10^{-5}$ mol·L^{-1},$pCl=4.30$。

(3)化学计量点时:20.00 mL 0.1000 mol·L^{-1} $AgNO_3$ 与 20.00 mL 0.1000 mol·L^{-1} NaCl 恰好完全反应,溶液是 AgCl 的饱和溶液。此时$[Cl^-]=[Ag^+]$,所以 $pCl=pAg=pK_{sp}/2=4.87$。

(4)化学计量点后:Ag^+ 由过量 $AgNO_3$ 决定。当加入 20.02 mL $AgNO_3$(比化学计量点过半滴)时,

$$[Ag^+]=5.0\times10^{-5}\text{ mol}\cdot L^{-1},pAg=4.30,pCl=9.74-4.30=5.44$$

以此类推即可计算滴定过程中的 pCl,根据这些数据以加入滴定剂 $AgNO_3$ 体积(或滴定分数 $T\%$)为横坐标,以 pCl 为纵坐标绘图,即可得滴定曲线,如图 5-1 所示。

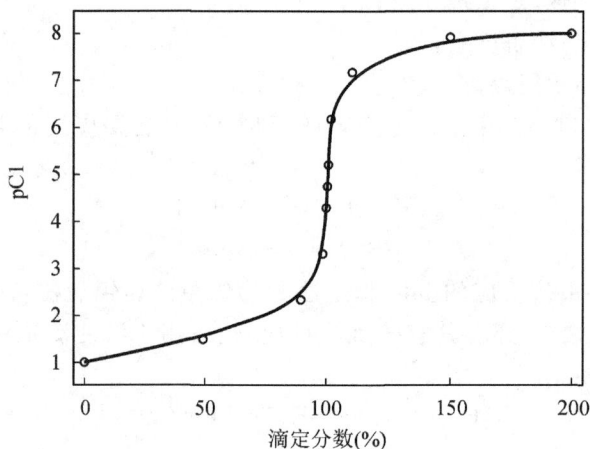

图 5-1 用 0.1000 mol·L^{-1} $AgNO_3$ 滴定 20.00 mL 0.1000 mol·L^{-1} NaCl 的滴定曲线

从图 5-1 可以看出:

(1)滴定开始时,溶液$[Cl^-]$较大,滴入$[Ag^+]$所引起的浓度变化不大,曲线较平坦;接近化学计量点时,$[Cl^-]$已经很小,滴入少量的 $AgNO_3$ 即可引起很大的$[Cl^-]$变化而形成突跃。

(2)突跃范围的大小,取决于沉淀的溶解度和溶液的浓度。沉淀的溶解度越小,则突跃范围越大。上例中若以 0.1000 mol·L^{-1} $AgNO_3$ 溶液分别滴定 20.00 mL 同浓度的 Cl^-、Br^-、I^- 溶液,由于 AgCl、AgBr、AgI 的 K_{sp} 数值依次减小,反映在滴定曲线图上滴定突跃大小顺序为 AgI>AgBr>AgCl。

5.4.2　莫尔法

莫尔法(Mohr method)是以铬酸钾为指示剂,以 $AgNO_3$ 标准溶液为滴定剂在中性或弱碱性溶液中,直接滴定 Cl^-(或 Br^-、CN^-)的分析方法。溶液中的 Cl^- 和 CrO_4^{2-} 能分别与 Ag^+ 生成白色的 $AgCl$ 沉淀和砖红色的 Ag_2CrO_4 沉淀。二者溶解度不同,$AgCl$ 的溶解度比 Ag_2CrO_4 的溶解度小。在测定 Cl^- 时,根据分步沉淀原理,在滴定过程中 $AgCl$ 沉淀先析出。随着 $AgNO_3$ 继续加入,当 Ag^+ 与 CrO_4^{2-} 的离子相对浓度的乘积大于 Ag_2CrO_4 的溶度积时,砖红色的 Ag_2CrO_4 沉淀开始析出,指示滴定终点到达。反应分别为

$$Ag^+ + Cl^- \Longrightarrow AgCl\downarrow \text{（白色）}$$

$$Ag^+ + CrO_4^{2-} \Longrightarrow Ag_2CrO_4\downarrow \text{（砖红色）}$$

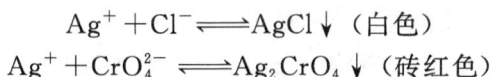

在莫尔法中,指示剂的用量是关键。要准确滴定 Cl^-,就要使 Ag_2CrO_4 沉淀恰好在化学计量点产生。如果指示剂浓度过高,终点将出现过早,且溶液颜色过深会影响终点观察;而指示剂浓度太低,则终点会出现过迟,也会影响滴定的准确度。

我们可以根据溶度积规则计算出化学计量点产生 Ag_2CrO_4 沉淀所需的指示剂浓度。

化学计量点时

$$[Ag^+] = [Cl^-] = \sqrt{K_{sp}^{\ominus}(AgCl)}$$

此时所需 CrO_4^{2-} 浓度为

$$[CrO_4^{2-}] = \frac{K_{sp}^{\ominus}(Ag_2CrO_4)}{[Ag^+]^2} = \frac{1.1 \times 10^{-12}}{1.8 \times 10^{-10}} = 6.1 \times 10^{-3} \text{ mol·L}^{-1}$$

由于 CrO_4^{2-} 溶液的颜色为黄色,浓度高时颜色较深,会妨碍终点的观察,指示剂浓度通常会比理论值略低。以 0.1000 mol·L^{-1} $AgNO_3$ 滴定 0.1000 mol·L^{-1} Cl^- 时,指示剂浓度往往控制在 5×10^{-3} mol·L^{-1} 左右,颜色变化容易判断且终点误差不超过 0.1%,符合滴定要求。

使用莫尔法时还应注意以下几点。

(1)CrO_4^{2-} 是弱碱,故滴定应在中性或弱碱性(pH=6.5~10.5)介质中进行。若溶液为酸性,Ag_2CrO_4 将会溶解:

$$2Ag_2CrO_4 + 2H^+ \longrightarrow 4Ag^+ + 2HCrO_4^- \longrightarrow 4Ag^+ + Cr_2O_7^{2-} + H_2O$$

如果溶液碱性太强,则析出 Ag_2O 沉淀:

$$2Ag^+ + 2OH^- \longrightarrow Ag_2O\downarrow + H_2O$$

(2)避免干扰离子的影响。莫尔法的选择性较差,凡能与 Ag^+(或者 CrO_4^{2-})生成沉淀或者络合物的离子,均会干扰测定,比如 PO_4^{3-}、AsO_4^{3-}、S^{2-}、$C_2O_4^{2-}$、CO_3^{2-} 等阴离子,及 Ba^{2+}、Pb^{2+}、Hg^{2+} 等阳离子。同时,滴定液中不应含有氨,因为会生成 $[Ag(NH_3)_2]^+$ 配离子,而使 $AgCl$ 和 Ag_2CrO_4 溶解度增大,影响测定的结果。另外,在中性或弱碱性溶液中,Fe^{3+}、Al^{3+}、Bi^{3+}、Sn^{4+} 等离子会发生水解,从而干扰测定,这些离子在测定之前都应预先分离。

(3)莫尔法可用于测定 Cl^- 或 Br^-,但不适合测定 I^- 和 SCN^-,因 AgI 或 $AgSCN$ 沉淀会强烈吸附 I^- 或 SCN^-,使终点提前且变化不明显,造成较大误差。

莫尔法为直接测定法,操作简单,常用于含氯量低而干扰又少的试样如天然水的滴定分析。

5.4.3 福尔哈德法

福尔哈德法（Volhard method）是以铁铵矾$[NH_4Fe(SO_4)_2 \cdot 12H_2O]$作为指示剂的银量法，终点时因形成血红色$[FeSCN]^{2+}$配离子而指示终点。福尔哈德法包括直接滴定和返滴定两种方式。

1. 直接滴定法（测定 Ag^+）

在硝酸介质中，以铁铵矾为指示剂，用NH_4SCN（或$KSCN$）标准溶液滴定Ag^+。随着标准溶液的加入，溶液中不断生成白色的$AgSCN$沉淀：

$$Ag^+ + SCN^- \Longleftrightarrow AgSCN \downarrow （白色）$$

在化学计量点附近时，稍过量的SCN^-与铁铵矾指示剂中的Fe^{3+}生成红色的$[Fe(SCN)]^{2+}$配离子，指示终点到达：

$$Fe^{3+} + SCN^- \Longleftrightarrow [Fe(SCN)]^{2+} （红色）$$

此处应注意的是，由于$AgSCN$沉淀容易吸附溶液中的Ag^+，使终点提前到达，所以在滴定时必须剧烈摇动，使吸附的Ag^+及时释放出来。同时，为了防止Fe^{3+}水解，此滴定分析需在强酸性HNO_3溶液中进行（$[H^+] = 0.2 \sim 0.5 \text{ mol} \cdot L^{-1}$）。

2. 返滴定法（测定 Cl^-、Br^-、I^-、SCN^-）

在含有Cl^-、Br^-、I^-、SCN^-离子的硝酸溶液中，先加入定量过量的$AgNO_3$标准溶液，然后加入铁铵矾指示剂，用NH_4SCN（或$KSCN$）标准溶液返滴定剩余的Ag^+。

福尔哈德法测定Cl^-的反应如下：

$$Cl^- + Ag^+（定量、过量）\Longleftrightarrow AgCl \downarrow （白色）\quad K_{sp}^{\ominus} = 1.75 \times 10^{-10}$$

$$Ag^+（剩余）+ SCN^- \Longleftrightarrow AgSCN \downarrow （白色）\quad K_{sp}^{\ominus} = 1.0 \times 10^{-12}$$

$$Fe^{3+} + SCN^- \Longleftrightarrow [Fe(SCN)]^{2+} （红色）$$

在滴定含Cl^-的体系时，由于$AgCl$沉淀的溶解度比$AgSCN$的大，当溶液中过量的Ag^+被滴定完全以后，加入的NH_4SCN和$AgCl$发生如下的沉淀转化反应：

$$AgCl \downarrow + SCN^- \Longleftrightarrow AgSCN \downarrow + Cl^-$$

此时生成$[Fe(SCN)]^{2+}$而形成的红色会随着溶液的摇动而消失。要得到持久的红色，就必须继续多加入NH_4SCN，会产生较大的负误差。为了避免上述情况，可采用以下措施。

（1）在加入过量$AgNO_3$后，将溶液煮沸使$AgCl$沉淀凝聚为大颗粒然后滤去，并以稀硝酸洗涤沉淀，把洗涤液并入滤液中，再用NH_4SCN返滴定滤液中的$AgNO_3$。

（2）在滴加NH_4SCN标准溶液前加入数毫升硝基苯，用力摇动使$AgCl$进入有机层，用硝基苯包住沉淀，避免沉淀的转化。此法较为方便，但硝基苯有毒，须做好防护措施。

（3）提高Fe^{3+}的浓度以减小终点时SCN^-的浓度。

用返滴定法测定溴化物或碘化物时，由于$AgBr$和AgI的溶解度都比$AgSCN$小，不会发生上述沉淀转化反应，故不必采取上述措施。但在测定碘化物时，铁铵矾指示剂应在加入过量$AgNO_3$后再加入，否则Fe^{3+}会将I^-氧化成I_2，从而影响测定结果的准确度。

此外,在应用福尔哈德法时还应注意几点:由于使用的是 Fe^{3+} 指示剂,为防止 Fe^{3+} 水解,测定应当在酸性介质中进行,一般控制酸度大于 $0.3\ mol\cdot L^{-1}$。强氧化剂、氮的低价氧化物、汞盐等能与 SCN^- 发生反应而干扰测定,必须预先除去。$[Fe(SCN)]^{2+}$ 呈现明显红色的最低浓度为 $6\times10^{-6}\ mol\cdot L^{-1}$,要维持 $[Fe(SCN)]^{2+}$ 的平衡浓度,Fe^{3+} 的浓度要远大于 $6\times10^{-6}\ mol\cdot L^{-1}$,但 Fe^{3+} 浓度也不宜过高,否则 Fe^{3+} 本身的黄色会影响终点颜色,一般将终点时 Fe^{3+} 浓度控制在 $0.015\ mol\cdot L^{-1}$。

福尔哈德法选择性较高,因为在硝酸介质中许多弱酸盐如 PO_4^{3-}、AsO_4^{3-}、S^{2-} 等不会干扰卤素离子的测定。

5.4.4　法扬斯法

法扬斯法(Fajans method)使用吸附指示剂(adsorption indicator)来确定终点。吸附指示剂是一些有色的有机化合物,其阴离子在溶液中被带正电荷的胶状沉淀微粒吸附后,发生分子结构的变化而变色,指示滴定终点的到达。

例如,用 $AgNO_3$ 标准溶液滴定 Cl^- 时,可用荧光黄(HFIn)作为指示剂。它是一种有机弱酸,在溶液中存在下列解离:

$$HFIn \rightleftharpoons FIn^- + H^+$$

荧光黄阴离子 FIn^- 呈黄绿色,被 $AgCl$ 沉淀吸附后形成的荧光黄银为粉红色。在化学计量点前,溶液中 Cl^- 过量,$AgCl$ 沉淀胶粒首先吸附 Cl^- 而带负电荷,荧光黄阴离子 FIn^- 不被吸附,溶液呈 FIn^- 的黄绿色。而在化学计量点后,稍微过量的 $AgNO_3$ 溶液使得 $AgCl$ 沉淀胶粒吸附过量 Ag^+ 而带正电荷,而 FIn^- 作为抗衡离子被吸附,溶液则由游离 FIn^- 黄绿色变为吸附化合物荧光黄银的粉红色,指示终点到达。

使用吸附指示剂,要注意以下几点。

(1)由于吸附指示剂的颜色变化发生在沉淀微粒表面,应尽可能使沉淀呈胶体状态。因此,在滴定前要加入一些糊精或淀粉溶液保护胶体,阻止胶体聚沉,增大沉淀的比表面,溶液中亦不能有大量电解质存在。

(2)常用吸附指示剂多为有机弱酸,能起指示作用的是其阴离子。为了使指示剂以阴离子形式存在,需控制适宜的酸度。例如荧光黄($pK_a^\ominus=7$)只能在 $pH=7\sim10$ 的溶液中使用;曙红($pK_a^\ominus=2$)可以在 $pH=2\sim10$ 的溶液中使用。

(3)溶液中被滴定离子的浓度不能太小,否则沉淀很少,终点观察困难。如用荧光黄作指示剂以 $AgNO_3$ 测定 Cl^- 时,$c(Cl^-)$ 不能低于 $5\times10^{-3}\ mol\cdot L^{-1}$。

(4)指示剂的吸附能力要适当,不能过大或过小。沉淀对指示剂离子的吸附能力,应略小于对待测离子的吸附能力,否则指示剂将在化学计量点前就变色。吸附能力也不能太差,否则终点变色不敏锐。如,卤化银对卤化物和几种吸附指示剂的吸附次序为 $I^->SCN^->Br^->$曙红$>Cl^-$荧光黄。因此,曙红用于滴定 Br^-、I^- 和 SCN^- 时变色明显,结果准确,但不适用于 Cl^- 的滴定,因为会提早变色。几种常用的吸附指示剂见表 5-2。

(5)卤化银沉淀微粒对光十分敏感,光照会发生分解,变为灰色或黑色,因此要避免在强光下滴定。

表 5 - 2　常用的吸附指示剂

指 示 剂	被测离子	滴 定 剂	滴定条件(pH)
荧光黄	Cl^-、Br^-、I^-、SCN^-	Ag^+	7～10
二氯荧光黄	Cl^-、Br^-、I^-、SCN^-	Ag^+	4～10
曙红	SCN^-、Br^-、I^-	Ag^+	2～10
溴甲酚绿	SCN^-	Ag^+	4～5
溴酚蓝	Cl^-、SCN^-	Ag^+	2～3
甲基紫	Ag^+、SO_4^{2-}	Cl^-、Ba^{2+}	酸性溶液

5.5　重量分析法

　　重量分析(gravimetric analysis)法是通过称量来确定被测组分含量的方法。根据被测组分与其它组分分离方法的不同,重量分析法分为沉淀法、气化法和电解法。最常用的是沉淀法。沉淀法一般先使被测组分从试样中沉淀出来,沉淀经过陈化、过滤、洗涤或灼烧之后,转化为一定的称量形式,然后称量,由所得的重量计算出待测组分的含量。

　　重量分析法直接用分析天平称量沉淀的质量,是常量分析法中准确度最好、精密度较高的方法,适用范围广,但操作繁琐,费时。

5.5.1　重量分析法对沉淀形式的要求

　　为了保证测定便于操作并具有足够的准确度,重量分析中对沉淀形式的要求是:

　　(1)沉淀的溶解度要小,这样才能使被测组分沉淀完全,不致因沉淀的溶解损失而影响测定的准确度;

　　(2)沉淀形式要易于过滤和洗涤;

　　(3)沉淀力求纯净,尽量避免混杂沉淀剂或其它杂质;

　　(4)沉淀应易于转化为称量形式。

5.5.2　重量分析法对称量形式的要求

　　重量分析中对称量形式(weighting form)的要求是:

　　(1)称量形式必须有确定的化学组成且与化学式相符,否则无法计算出结果;

　　(2)称量形式必须稳定,不受空气中水分、二氧化碳和氧气等组分的影响;

　　(3)称量形式要具有较大的摩尔质量,这样可以减小称量误差,提高测定的准确度。

　　在重量分析法中,沉淀剂最好是易挥发的物质,这样干燥灼烧时,便可将它从沉淀中除去;另外,沉淀剂应具有较高的选择性。总的来说,无机沉淀剂的选择性较差,产生的沉淀溶解度较大,吸附杂质较多;而选用有机沉淀剂时,沉淀的溶解度一般很小,称量形式的相对分子质量较大,且过量的沉淀剂较易除去,因此有机沉淀剂被广泛应用。

　　从溶度积原理可知,沉淀剂的用量影响着沉淀的完全程度。为了沉淀完全,根据同离子效应,必须加入过量的沉淀剂以降低沉淀的溶解度。加大沉淀剂的用量,会因同离子效应使被测组分沉淀得更完全,但是若沉淀剂过多,反而由于盐效应等导致相反的结果。因此,在重量分析法中,应避免沉淀剂使用过多。一般挥发性沉淀剂过量 50%~100% 为宜,对非挥发性的沉淀剂一般则以过量 20%~30% 为宜。

5.5.3　沉淀的纯度和沉淀条件的选择

根据沉淀的物理性质,沉淀一般粗略地分为两类。一类是晶形沉淀(crystalline precipitates),如 $BaSO_4$ 等;一类是无定形沉淀(amorphous precipitates),如 $Fe_2O_3 \cdot xH_2O$ 等;而介于两者之间的是凝乳状沉淀(gelating precipitates),如 AgCl。生成的沉淀属于哪种类型,首先决定于沉淀的性质,但与沉淀的形成条件及沉淀的后处理也有密切的关系。一般总希望能得到颗粒比较大的晶形沉淀,便于过滤和洗涤,沉淀的纯度也比较高。

1. 沉淀的纯度

在重量分析中要求得到的沉淀是纯净的,但是沉淀从被测溶液中析出时,不可避免地或多或少夹带溶液中的其它组分。

1)影响沉淀纯度的因素

在一定的操作条件下,某些可溶性物质本身并不能析出沉淀,当溶液中一种物质形成沉淀时,它会随生成的沉淀一起析出,这种现象叫作共沉淀(coprecipitation)。例如,将 H_2SO_4 加入 $FeCl_3$ 溶液,不会有 $Fe_2(SO_4)_3$ 沉淀出现,因为硫酸铁是易溶的。但是将 H_2SO_4 加入到 $BaCl_2$ 和 $FeCl_3$ 的混合液中时,却发现 $BaSO_4$ 沉淀中或多或少地混杂有 $Fe_2(SO_4)_3$,这就是说可溶盐 $Fe_2(SO_4)$ 被 $BaSO_4$ 沉淀带下来,Fe^{3+} 与 Ba^{2+} 发生了共沉淀。发生共沉淀现象的原因有以下四种。

(1)表面吸附引起的共沉淀:对于具有离子晶格的沉淀来说,表面吸附是由于离子的静电引力,使沉淀表面的杂质共沉淀。沉淀对杂质离子的吸附能力,主要取决于沉淀和杂质离子的性质。

(2)包藏引起的共沉淀:在沉淀过程中,如果沉淀生长太快,吸附在沉淀表面的杂质还来不及离开沉淀表面就被随后生成的沉淀所覆盖,使杂质或母液被包藏在沉淀内部,这种现象称作包藏共沉淀(occlusion coprecipitation)。包藏在晶体内部的杂质很难用洗涤方法除去,可通过沉淀的陈化或重结晶的方法来减少。

(3)生成混晶引起的共沉淀:如果溶液中的杂质离子与一种构晶离子的半径相近、电荷相同、晶体结构相似时,则沉淀过程中,杂质离子可能取代构晶离子于晶格上,形成混晶共沉淀(mixed crystal coprecipitation)。例如常见的有 $BaSO_4$ 和 $PbSO_4$ 混晶,CaC_2O_4 和 SrC_2O_4 混晶,$MgNH_4PO_4$ 和 $MgNH_4AsO_4$ 混晶等。减少或消除混晶共沉淀的最好方法是将杂质预先分离除去。

(4)后沉淀(post precipitation)是指一种本来难于析出沉淀的物质,或是形成过饱和溶液而不单独沉淀的物质,在另一种组分沉淀之后,也随后沉淀下来的现象。后沉淀引入的杂质量比共沉淀要多,而且沉淀放置时间越长,后沉淀越严重。避免或减少后沉淀的主要办法是缩短沉淀和母液的共置时间。

2)提高沉淀纯度的方法

为了得到纯净的沉淀,一般可采取如下措施。

（1）选择适当的分析步骤：如果在分析试液中被测组分含量较少，而杂质含量较多时，则应使被测组分先沉淀下来。若先分离杂质，则由于大量沉淀的析出，会使部分被测组分发生共沉淀，从而引起分析结果不准确。

（2）改变杂质离子的存在形式：如沉淀 $BaSO_4$ 时，将 Fe^{3+} 预先还原成不易被吸附的 Fe^{2+}，可以减少共沉淀。

（3）选用合适的沉淀剂：选用有机沉淀剂常能获得结构较好的沉淀，从而减少共沉淀。

（4）再沉淀：将沉淀过滤洗涤之后重新溶解，再进行第二次沉淀，这种操作叫作再沉淀（re-precipitation）。由于沉淀重新溶解后杂质浓度大大降低，再沉淀时带下的杂质就少得多。再沉淀对于除去表面吸附、包藏、后沉淀所带来的杂质特别有效。

（5）选择适当的沉淀条件：可适当地控制溶液的浓度、温度、试剂的加入顺序、加入速度等。

2. 沉淀条件的选择

为了获得易于过滤、洗涤而且纯净的沉淀，应根据沉淀类型选择不同的沉淀条件。

1）晶形沉淀的沉淀条件

（1）沉淀反应宜在适当的稀溶液中进行。这样在沉淀作用开始时，溶液的过饱和程度较小，得到的沉淀颗粒较大，吸附杂质较少。但是溶液也不能太稀，如果（（2）溶液太稀，沉淀的溶解损失较多，由溶解引起的损失可能会超过允许的分析误差范围。因此对于溶解度较大的沉淀，溶液不宜过分稀释。

（2）不断搅拌下，逐滴加入沉淀剂。这样可以防止溶液局部过浓而生成大量的晶核，同时可以减少包藏。

（3）沉淀作用应该在热溶液中进行。在热溶液中，沉淀的溶解度较大，溶液的相对过饱和度降低，有助于大颗粒沉淀的形成，同时加热可减少杂质的吸附。但在沉淀作用完毕后，应将溶液冷却后再过滤，以减少沉淀的溶解损失。

（4）陈化。沉淀作用完毕，将生成的沉淀与母液一起放置一段时间，这个过程称为陈化。陈化可使微小晶体溶解，粗大晶体长得更大。因为同样条件下，小颗粒的溶解度大于大颗粒，因此小颗粒不断溶解，大颗粒不断长大。陈化可以使不完整的晶粒转化为完整的晶粒，使亚稳态的晶粒转化为稳定态的晶粒。加热和搅拌可以加快陈化的进行，例如在室温下需要陈化数小时至数十小时，而加热搅拌时，陈化的时间可缩短为 $1\sim2$ h，甚至几十分钟。

长大的晶粒便于过滤和洗涤，晶形更加完整，包藏在沉淀内部的杂质可部分消除。但若有后沉淀现象，则不可陈化时间过长。

2）无定形沉淀的沉淀条件

（1）无定形沉淀大多溶解度很小，很难通过减小溶液过饱和度来改变沉淀的物理性质。无定形沉淀的结构疏松、比表面积大、吸附杂质多、容易形成胶体、不易过滤和洗涤。对于这种类型的沉淀，重要的是防止形成胶体溶液，加速颗粒的凝聚，同时尽量减少杂质的吸附。

（2）沉淀反应应在较浓的溶液中进行，加入沉淀剂的速度可适当快些。因为溶液浓度大，离子的水合程度小，得到的沉淀致密。

（3）但此时吸附的杂质较多，因此在沉淀完毕后，要加入大量热水稀释，并充分搅拌，使被吸附在沉淀表面的杂质转移到溶液中去。

（4）沉淀反应应在热溶液中进行。这样可以防止形成胶体，减少杂质的吸附，且得到的沉淀结构紧密。

（5）沉淀时加入大量电解质或某些能引起沉淀微粒凝聚的胶体，使带电荷的胶体粒子凝聚、沉降。为了防止洗涤时发生胶溶现象，洗涤液中也加入适量的电解质。通常采用易挥发的铵盐或稀的强酸作为洗涤液。

（6）不必陈化。沉淀作用完毕后，静置数分钟，趁热立即过滤。否则，沉淀会失去水分而使聚集得十分紧密，反而使吸附的杂质更难洗去。沉淀时要一直搅拌，必要时进行再沉淀。

3）均匀沉淀法

在进行沉淀反应时，尽管沉淀剂是在搅拌下缓慢加入的，但仍难避免出现沉淀剂在溶液中局部过浓的现象。为了消除这种现象，可改用均匀沉淀法。这个方法的特点是通过缓慢的化学反应过程，逐步地、均匀地在溶液中产生沉淀剂，使沉淀在整个溶液中均匀地缓慢地形成，从而使生成的沉淀颗粒较大，吸附的杂质较少，易于过滤和洗涤。该法已在生产实践中得到广泛应用。

例如，用均匀沉淀法测定 Ca^{2+} 时，在含有 Ca^{2+} 的微酸性溶液中加入过量沉淀剂 $(NH_4)_2C_2O_4$，此时草酸根以 $HC_2O_4^-$ 和 $H_2C_2O_4$ 两种形式存在，不会产生沉淀。然后加入尿素，加热近沸，尿素慢慢发生水解产生 NH_3，反应如下：

$$CO(NH_2)_2 + H_2O \Longrightarrow CO_2 \uparrow + 2NH_3$$

生成的 NH_3 与溶液中的 H^+ 结合，溶液酸度逐渐降低，$C_2O_4^{2-}$ 的浓度逐渐增大，最后，CaC_2O_4 沉淀均匀而又缓慢地析出。在沉淀过程中，溶液的相对过饱和度始终是比较小的，所以可以得到粗大的晶形沉淀。

均匀沉淀法是一种改进的重量分析法，但也有繁琐费时的缺点。得到的沉淀纯度并非都是很好的，对于能形成混晶共沉淀和后沉淀的情况并没有多大改善。另外，长时间煮沸溶液，容易在器壁上沉积出一层致密的沉淀，往往不易取下。

5.5.4　重量分析结果的计算

若最后称量形式与被测成分不相同时，就要进行一定的换算。

测定试样中钡的含量时，最后的称量形式是 $BaSO_4$。此时被测成分与最后称量形式不相同，因此必须通过称量形式与沉淀的质量换算出被测组分的质量。

$$被测组分含量（\%）=\frac{称量形式的质量 \times 换算因数}{试样的质量} \times 100\%$$

换算因数（conversion factor）也称化学因数，它是换算形式的相对分子质量与已知形式相对分子质量之比。在表示换算因数时，分子或分母必须乘上适当的系数，以使分子、分母中主要元素的原子数相等。

例如，将 Fe_2O_3 换算成 Fe_3O_4：

$$换算因数=\frac{2M(Fe_3O_4)}{3M(Fe_2O_3)}$$

在重量分析中，试样的称取量并不是任意的。为了操作方便而又确保准确度，对重量分析中要求得到沉淀的量有一定的范围要求。一般而言，晶形沉淀为 0.5 g 左右（称量形式）；无定形沉淀为 0.1～0.3 g。根据被测成分含量的估算，可以求出称取试样的大概质量。

例 5-7　在镁的测定中，先将镁离子沉淀为磷酸铵镁沉淀，过滤、洗涤、灼烧成 $Mg_2P_2O_7$，

若称量得 $Mg_2P_2O_7$ 的质量为 0.3515 g，则镁的质量为多少克？

解:镁的质量为

$$m(Mg)=0.3515 \text{ g} \times \frac{2M(Mg)}{M(Mg_2P_2O_7)}=0.3515 \text{ g} \times \frac{2\times24.305 \text{ g}\cdot\text{mol}^{-1}}{222.6 \text{ g}\cdot\text{mol}^{-1}}=0.0768 \text{ g}$$

思 考 题

1.溶解度和溶度积的定义分别是什么？二者有什么关系？

2.对下列实验现象进行解释。

(1)$CaSO_4$ 在水中比在 1 mol·L^{-1} 硫酸溶液中溶解度大；

(2)$CaSO_4$ 在 KNO_3 溶液中比在纯水中溶解度大；

(3)$CaSO_4$ 在纯水中比在 $CaCl_2$ 溶液中溶解度小。

3.影响沉淀溶解度的主要因素有哪些？

4.同离子效应和盐效应有何异同。

5.若要用莫尔法测定 $BaCl_2$ 样品中的 Cl 含量，如何消除 Ba^{2+} 的干扰？

6.在福尔哈德法中，消除 AgCl 沉淀转化影响的方法有哪些？

习 题

1. 写出下列难溶电解质的溶度积常数表达式。

(1)PbI_2；   (2)$BaCrO_4$；   (3)$Ni_3(PO_4)_2$。

2.分别计算下列难溶电解质的溶解度 s(mol·L^{-1})。

(1)$BaCO_3$，$K_{sp}^{\ominus}=2.58\times10^{-9}$；

(2)Cu_2S，$K_{sp}^{\ominus}=6.3\times10^{-36}$；

(3)$Mg_3(PO_4)_2$，$K_{sp}^{\ominus}=1.0\times10^{-24}$。

3.已知下列难溶电解质的溶解度，求它们的溶度积 $K_{sp}^{\ominus}$。

(1)Ag_2CrO_4，3.68×10^{-3} mol·L^{-1}；

(2)CaC_2O_4，5.07×10^{-5} mol·L^{-1}；

(3)$In(IO_3)_3$，1.0×10^{-3} mol·L^{-1}。

4.已知 $Mg(OH)_2$ 的 $K_{sp}^{\ominus}=1.2\times10^{-11}$，假定 $Mg(OH)_2$ 在饱和溶液中完全电离，试计算：

(1)$Mg(OH)_2$ 饱和溶液中的[Mg^{2+}]和[OH^-]；

(2)在饱和溶液中加入 NaOH 溶液，使其浓度恰好为 0.010 mol·L^{-1} 时的溶解度；

(3)在饱和溶液中加入 $MgCl_2$ 溶液，使其浓度恰好为 0.010 mol·L^{-1} 时的溶解度；

5.已知在 25 ℃时 PbI_2 在纯水中的溶解度为 7.64×10^{-2} g(100 mL H_2O)，求其溶度积 $K_{sp}^{\ominus}$。

6. 在 10 mL 0.015 mol·L^{-1} $MnSO_4$ 溶液中加入 5 mL 0.15 mol·L^{-1} $NH_3\cdot H_2O$ 溶液，通过计算说明有无 $Mn(OH)_2$ 沉淀生成。若在加入氨水之前加入 0.495 g $(NH_4)_2SO_4$ 晶体，问此时是否有 $Mn(OH)_2$ 生成？(设加入 NH_4Cl 固体后，溶液的体积不变，$K_{sp}^{\ominus}(Mn(OH)_2)=1.9\times10^{-13}$)

7. 在某溶液中,含有 Cl^- 离子和 Br^- 离子,浓度均为 $0.1 \ mol \cdot L^{-1}$。若向其中逐滴加入 $AgNO_3$ 溶液(忽略其体积变化),问:

(1)哪种离子先沉淀?

(2)当第二种离子开始沉淀时,先沉淀的离子是否沉淀完全?

($K_{sp}^{\ominus}(AgCl) = 1.8 \times 10^{-10}$, $K_{sp}^{\ominus}(AgBr) = 5.3 \times 10^{-13}$)

8. 一溶液中含有 Fe^{3+} 和 Mn^{2+},它们的浓度均为 $0.10 \ mol \cdot L^{-1}$。欲用控制酸度的方法使两者分离,求应控制的 pH 范围。($K_{sp}^{\ominus}(Fe(OH)_3) = 2.8 \times 10^{-39}$, $K_{sp}^{\ominus}(Mn(OH)_2) = 4.0 \times 10^{-4}$)

9. 某溶液中含有 Ba^{2+} 和 Sr^{2+} 离子的浓度均为 $0.010 \ mol \cdot L^{-1}$,如果向溶液中逐滴加入 $NaSO_4$ 溶液,则何种离子先沉淀出来? 第二种离子开始沉淀时,第一种离子的浓度为多少?

10. 将 50 mL 含 0.59 g $MgCl_2$ 的溶液与等体积 $1.8 \ mol \cdot L^{-1}$ 氨水混合。若想防止生成 $Mg(OH)_2$ 沉淀,在所得溶液中应加入多少克 NH_4Cl 固体?

11. 将 H_2S 气体通入 $0.10 \ mol \cdot L^{-1} ZnCl_2$ 溶液中,使其达到饱和($[H_2S] = 0.10 \ mol \cdot L^{-1}$),求 Zn^{2+} 开始沉淀和沉淀完全时的 pH 值。($K_{sp}^{\ominus}(ZnS) = 1.6 \times 10^{-23}$)

12. 要使 0.1 mol 的 FeS 刚好溶于 500 mL HCl 中,则所需 HCl 的最低浓度是多少? ($K_{sp}^{\ominus}(FeS) = 6.3 \times 10^{-18}$)

13. 有 $0.20 \ mol \cdot L^{-1}$ 的 $BaSO_4$ 沉淀,每次用 1 L 饱和 Na_2CO_3 溶液(浓度为 $1.6 \ mol \cdot L^{-1}$)处理。若要使 $BaSO_4$ 沉淀全部转化到溶液中,需要反复处理几次?

14. 称取可溶性氯化物 0.3567 g,加水溶解后,加入 $0.1013 \ mol \cdot L^{-1}$ 的 $AgNO_3$ 标准溶液 28.15 mL,过量的银用 $0.1020 \ mol \cdot L^{-1}$ 的 NH_4SCN 标准溶液返滴定,用去 7.20 mL,求试样中氯的百分含量。

15. 称取含 NaCl 和 NaBr 的试样 0.3648 g,溶于水后用浓度为 $0.1009 \ mol \cdot L^{-1}$ 的 $AgNO_3$ 标准溶液滴定,用去 22.01 mL。另取同质量试样溶解后加过量的 $AgNO_3$ 溶液产生沉淀,经过滤、洗涤、烘干等处理后,得到沉淀 0.4025g,计算试样中 NaCl 和 NaBr 的质量分数。

MOOC 资源

1. 沉淀溶解平衡与溶度积

2. 溶度积规则和应用

3. 银量法基本原理

4. 银量法指示剂方法

5. 思维导图式总结

课程案例

1. 案例主题

中华文明,我来保护

2. 案例意义

我国岩土文物的类型十分丰富,如以莫高窟、云冈石窟、龙门石窟、麦积山石窟等为代表的大批石窟寺,以花山岩画、阴山岩刻等为代表的岩画石刻,以汉长安城遗址、交河故城、元上都为代表的土遗址,以长城为代表的部分石质军事防御建筑,等等。由于这些珍贵文物大都暴露于室外,广受风吹雨打、酸性环境污染物侵蚀等外界破坏性作用,文物表面劣化、表皮脱落等现象严重,因此对其保护显得尤为重要。产生这些破坏性作用的主要原因是岩石成分中的无机物溶蚀风化,采取合理措施延缓或者阻止无机物溶蚀风化成为保护岩土文物的关键。通过案例分析同学们应该认识到文物保护的重要性,学以致用,以用促学。

3. 案例描述

岩土文物承载着我国悠久的历史文化,真实反映了我国古代历史文化的变迁,饱含着极高的历史价值、科学价值与艺术价值。工业发展过程中产生的大量酸性气体随着雨水降落,对文物表面造成不可扭转的损毁,导致文物外形逐渐模糊、字迹逐渐消退,造成历史信息的永久丢失。不过,国内外均有极少数露天的石质文物虽历数百年的风吹雨淋,其表面字迹图案仍然清晰可见。例如初建于五代吴越时期的杭州灵隐寺双石塔表面仍保留着较清晰的文字信息,国内学者张秉坚刮取了双塔字刻表面的透明生物膜对其进行分析,发现文物表面有一层天然生物矿化膜,其主要成分为一水草酸钙,生物膜有效保护了文物自身免受环境的侵害。学者们在其它岩土文物表面也发现了草酸钙膜层。这些由地衣、真菌和细菌等微生物的生命代谢活动产生的草酸与岩石中的碳酸钙缓慢地发生化学反应,就会在文物表面产生一层天然草酸钙膜层,其与下方的大理石或石灰岩基底结合紧密,浑然一体,有效地阻止了它们的溶蚀风化,起到了保护作用。研究表明,草酸钙在水中的溶解度为 0.67 mg/L,比碳酸钙的溶解度(13 mg/L) 低约 20 倍,更难溶;草酸钙可在 pH 为 2.0 的酸性溶液中稳定存在,其耐酸性是碳酸钙的近 100 倍;草酸钙与碳酸之间兼容性好,结合牢固。草酸钙的上述独特性质使其天然具有成为大理石和灰岩等文物保护材料的优势[西北大学学报(自然科学版),2021,51(3):390]。因此,利用草酸钙保护岩土文物成为重要的研究与实践方向,文物保护专家利用含有草酸根的草酸衍生物在不同的反应条件下优化草酸钙膜的生成速率、厚度、致密度、粘附力等参数,提升草酸钙对文物的保护能力。在相关研究与实践中,其核心化学反应为碳酸钙转化为草酸钙,核心手段是精细可控地改变草酸根与钙离子的溶解与沉淀平衡,达到对草酸钙薄膜所有参数优化的目标。

4. 案例反思

我国有超过五千年的灿烂悠久的历史文化,种类丰富、分布广泛的岩土类文物是中华文明的重要载体之一。在岩土类文物因人为因素及自然因素而受损越来越严重的现状下,人为保护已经刻不容缓。当我们认清引起岩土类文物受损背后主要是一些化学反应在起作用之后,能够利用自己所学的化学知识提出针对性的解决方案,阻止有害化学反应的发生,确保文物长久地保持其形态,保护我们的历史文明永不消逝。

应用实例

水中氯含量的测定及氯化钠含量的测定

实例一　水中氯含量的测定

地面水与地下水都含有氯化物，主要以 NaCl、$CaCl_2$ 和 $MgCl_2$ 等盐类形式存在。而天然水用漂白粉消毒或受污染都会增加水中氯的含量。要测定水中氯含量可用莫尔法。以 Ag_2CrO_4 为指示剂，以 $AgNO_3$ 标准溶液滴定，以观察到砖红色刚刚出现时作为滴定终点。

实例二　氯化钠含量的测定

氯化钠注射液中氯化钠的含量即可用银量法进行测定。具体步骤为，精密量取氯化钠注射液 10 mL，加入水 40 mL，再加入 2% 糊精溶液 5 mL 和荧光黄指示液 5～8 滴，最后用 0.1 mol/L 硝酸银标准溶液滴定。终点判定为沉淀表面呈淡红色。

再如，NaCl 是人体血液中重要的电解质，人体血清中 Cl^- 的正常值通常为 3.4～3.8 g/L。一般采用莫尔法测定血清中的 Cl^-，先将血清中的蛋白沉淀，然后取无蛋白滤液进行 Cl^- 的测定。

知识拓展

龋齿与沉淀溶解平衡

龋齿是较为常见的口腔疾病，其病理与沉淀溶解平衡相关。牙齿表面起到保护作用的釉质主要成分为羟基磷灰石，是一种很坚硬的难溶化合物，溶度积很小（$K_{sp}[Ca_5(PO_4)_3OH] = 6.8 \times 10^{-37}$）。其沉淀溶解平衡为：

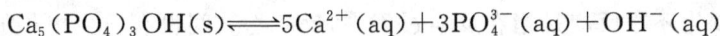

$$Ca_5(PO_4)_3OH(s) \rightleftharpoons 5Ca^{2+}(aq) + 3PO_4^{3-}(aq) + OH^-(aq)$$

由该平衡可见，产物中有氢氧根离子和磷酸根离子这样的碱性离子，因而酸性条件下该平衡可向右移动。而在我们进餐结束后，口腔内的细菌能够分解食物残渣、产生有机酸。在酸的长期累积作用下，羟基磷灰石即可缓慢溶解，倘若达到一定程度部分釉质遭到破坏，即出现龋齿。

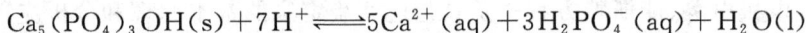

$$Ca_5(PO_4)_3OH(s) + 7H^+ \rightleftharpoons 5Ca^{2+}(aq) + 3H_2PO_4^-(aq) + H_2O(l)$$

因此，通常使用含氟牙膏刷牙，可以起到防龋齿的效果。其机理是，F^- 取代了羟基磷灰石中的 OH^-，生成氟磷灰石 $[Ca_5(PO_4)_3F]$。因后者溶度积小于羟基磷灰石，可发生沉淀转化反应，增强了牙齿的抗酸能力。

第6章 氧化还原平衡与氧化还原滴定法

Oxidation-Reduction Equilibrium and Redox-Titration

学习要求

1. 掌握氧化还原反应的基本概念,掌握氧化还原反应配平方法。
2. 理解电极电势的概念及应用,能够用能斯特方程进行电极电势计算。
3. 掌握原电池电动势与吉布斯自由能变化的关系。
4. 理解元素电势图及其应用。
5. 掌握氧化还原滴定法的基本原理。
6. 掌握高锰酸钾法、碘量法的实验条件及其应用。

　　根据化学反应过程中是否涉及电子的转移,化学反应可分为两大类:非氧化还原反应和氧化还原反应。非氧化还原反应是指在反应过程中,反应物之间没有发生电子的转移,如酸碱反应、沉淀反应和配位反应等;而氧化还原反应是指在反应过程中,反应物之间发生了电子的转移。氧化还原反应是一类普遍存在且非常重要的化学反应,与生产实际和人们的日常生活密切相关。在此类反应基础上建立的滴定分析法称为氧化还原滴定法,是滴定分析中应用最广泛的分析方法之一,能够直接或间接地测定许多无机物和有机物。本章主要介绍氧化还原反应的基本概念、电极电势、能斯特方程式及氧化还原滴定法的基本原理和分析应用。

6.1　氧化还原反应的基本概念和方程式的配平

6.1.1　氧化还原反应的基本概念

1. 氧化数

　　人们对氧化还原反应的认识经历了一个过程。最初把一种物质与氧化物的反应称为氧化(oxidation);把含氧的物质失去氧的反应称为还原(reduction)。随着对化学反应的进一步研究,人们认识到还原反应的实质是得到电子的过程,而氧化反应的实质是失去电子的过程。在氧化还原反应中,电子转移引起了某些原子价电子层结构的变化,改变了这些原子的带电状态。为了描述原子的带电状态,表明元素被氧化的程度,提出了氧化态的概念。元素的氧化态是用一定的数值来表示的。表示元素氧化态的代数值称为元素的氧化数(oxidation number),又称氧化值。1970 年,国际纯粹与应用化学联合会(International Union of Pure and Applied Chemistry,IUPAC)定义了氧化数的概念。氧化数是指某元素的一个原子所带的表观电荷数。该表观电荷数是假定把每一化学键的电子指定给电负性较大的原子而求得。确定氧化数的规则如下。

(1)在单质中,元素的氧化数为零。

(2)在分子中,所有元素氧化数的代数和等于零。

(3)在单原子离子中,元素的氧化数等于离子所带的电荷数;在多原子离子中,各元素氧化数的代数和等于离子所带的电荷数。

(4)氢在化合物中的氧化数一般为 $+1$。只有在 NaH、CaH_2 等活泼金属氢化物中,氢的氧化数为 -1。

(5)氧在化合物中的氧化数通常为 -2。但是在 H_2O_2、Na_2O_2 等过氧化物中,氧的氧化数为 -1。

根据以上规则,就可确定化合物或多原子离子中任一元素的化合价。例如,在 H_2SO_4 中,设 S 的氧化数为 x,有 $(+1)\times 2 + x + (-2)\times 4 = 0$,所以

$$x = 6$$

又如在 IO_4^- 中,I 的氧化数为 y,有

$$y + (-2)\times 4 = -1$$

所以　　　　　　　　　　　　　　　$$y = +7$$

元素的氧化数与元素的化合价是两个完全不同的概念。氧化数并不是一个元素所带的真实电荷数,它是对元素外层电子偏离原子状态的人为规定值,是一种表观电荷数(或形式电荷数)。氧化数可以是整数,也可以是小数。化合价反映的是原子间形成化学键的能力,只能为整数。

2. 氧化反应和还原反应

在反应过程中,元素的氧化数在反应前后发生变化的化学反应称为氧化还原反应(oxidation-reduction reaction)。氧化数升高的过程称为氧化,氧化数降低的过程称为还原。氧化与还原同时发生,相互依存。一种元素的氧化数升高,必然伴随着另一种元素氧化数的降低,且氧化数的升高值与氧化数的降低值必定相等。

在氧化还原反应中,把氧化数升高的物质称为还原剂(reducing agent),还原剂使另一种物质还原,其本身在反应中被氧化,它所对应的反应产物叫氧化产物;把氧化数降低的物质称为氧化剂(oxidizing agent),氧化剂使另一种物质氧化,其本身在反应中被还原,它所对应的反应产物叫还原产物。例如:

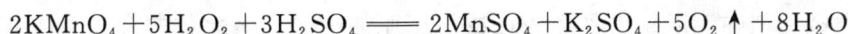

$$2KMnO_4 + 5H_2O_2 + 3H_2SO_4 =\!=\!= 2MnSO_4 + K_2SO_4 + 5O_2\uparrow + 8H_2O$$

上述反应中,Mn 的氧化数从 $+7$ 降低到 $+2$,所以 $KMnO_4$ 是氧化剂,它本身被还原,使得 H_2O_2 氧化;同理,O 的氧化数从 -1 升高到 0,所以 H_2O_2 是还原剂,它本身被氧化,使得 $KMnO_4$ 还原。虽然 H_2SO_4 也参加了反应,但其在反应前后氧化数没有发生变化,通常称这类物质为介质。

若氧化剂和还原剂是同一物质,则这类氧化还原反应被称为自氧化还原反应(self-redox reaction)。例如:

$$2KClO_3 = 2KCl + 3O_2$$

若某物质中同一元素同一氧化态的原子部分被氧化,部分被还原,这类氧化还原反应被称为歧化反应(disproportionation)。歧化反应是自身氧化还原反应的一种特殊类型。例如:

$$Cl_2 + H_2O = HClO + HCl$$

3. 氧化还原电对与半反应

任何一个氧化还原反应都可看作由氧化反应和还原反应两个半反应(half-raction)组成。其中物质失去电子,氧化数升高的反应称为氧化反应;物质得到电子,氧化数降低的反应称为还原反应。例如,反应 $Cu^{2+} + Zn = Zn^{2+} + Cu$ 可看作由下列两个半反应组成:

氧化反应 $\qquad\qquad Zn - 2e = Zn^{2+}$

还原反应 $\qquad\qquad Cu^{2+} + 2e = Cu$

半反应中氧化数较高的那种物质被称为氧化态(如 Zn^{2+}、Cu^{2+});氧化数较低的那种物质被称为还原态(如 Zn、Cu)。氧化态与还原态彼此依存,相互转化,这种共轭的氧化还原体系被称为氧化还原电对,用"氧化态/还原态"的形式表示,如 Cu^{2+}/Cu、Zn^{2+}/Zn。一个氧化还原电对代表了一个半反应,半反应可用下列通式表示:

$$氧化态 + ne = 还原态$$

6.1.2 氧化还原反应方程式的配平

配平氧化还原反应方程式的方法通常有两种:氧化数法和离子-电子法。氧化数法比较简便,而离子-电子法却能更清楚地反映氧化还原反应的本质。

1. 氧化数法

氧化数法是根据在氧化还原反应中,所有还原剂中元素氧化数升高的总数与所有氧化剂中元素的氧化数降低的总数相等的原则来配平方程式。下面以铜与稀硝酸的反应为例,说明用此法配平氧化还原反应的基本步骤。

(1) 写出基本反应式,即写出反应物和它们的主要反应产物。反应物写在箭头符号的左边,反应产物写在箭头符号的右边。

$$Cu + HNO_3 \longrightarrow Cu(NO_3)_2 + NO + H_2O$$

(2) 找出反应式中氧化数发生变化的元素(氧化剂、还原剂),标出元素的氧化数和它的变化值。

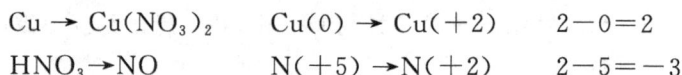

$$Cu \rightarrow Cu(NO_3)_2 \qquad Cu(0) \rightarrow Cu(+2) \qquad 2-0=2$$
$$HNO_3 \rightarrow NO \qquad N(+5) \rightarrow N(+2) \qquad 2-5=-3$$

(3) 根据氧化剂中元素氧化数降低总数与还原剂中元素氧化数的升高总数相等的原则,找出氧化剂和还原剂前面的系数(最小公倍数)。

$$3Cu + 2HNO_3 \longrightarrow 3Cu(NO_3)_2 + 2NO + H_2O$$

(4) 配平除氢、氧元素外其它元素的原子数(先配平氧化数有变化元素的原子数,后配平氧化数没有变化元素的原子数)。

$$3Cu + 8HNO_3 \longrightarrow 3Cu(NO_3)_2 + 2NO + H_2O$$

（5）配平氢，并找出参加反应（或生成）水的分子数。

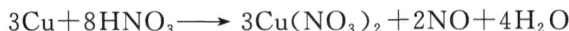

$$3Cu + 8HNO_3 \longrightarrow 3Cu(NO_3)_2 + 2NO + 4H_2O$$

（6）最后核对氧原子的个数，检查方程式两边各元素的数目是否相等。将箭头改写为等号。确定该方程式是否配平。

$$3Cu + 8HNO_3 == 3Cu(NO_3)_2 + 2NO + 4H_2O$$

2. 离子-电子法（半反应法）

离子-电子法是根据在氧化还原反应中，氧化剂和还原剂得失电子数总数相等，反应前后各元素的原子总数相等的原则来配平方程式的。下面以硫酸介质中高锰酸钾与草酸的反应为例，说明用离子-电子法配平氧化还原反应方程式的基本步骤。

（1）写出氧化还原反应的离子反应式。

$$MnO_4^- + H_2C_2O_4 \longrightarrow Mn^{2+} + CO_2$$

（2）将总反应式分解为两个半反应。

氧化反应　　　　　　　　　　　　$$H_2C_2O_4 \longrightarrow CO_2$$

还原反应　　　　　　　　　　　　$$MnO_4^- \longrightarrow Mn^{2+}$$

（3）分别配平两个半反应的原子数。

$$H_2C_2O_4 \longrightarrow 2CO_2 + 2H^+$$
$$MnO_4^- + 8H^+ \longrightarrow Mn^{2+} + 4H_2O$$

（4）用电子配平电荷数。

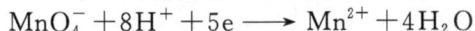

$$H_2C_2O_4 \longrightarrow 2CO_2 + 2H^+ + 2e$$
$$MnO_4^- + 8H^+ + 5e \longrightarrow Mn^{2+} + 4H_2O$$

（5）根据氧化剂与还原剂得失电子总数相等的原则，合并两个半反应，消去式中的电子。

$$2MnO_4^- + 5H_2C_2O_4 + 16H^+ \longrightarrow 2Mn^{2+} + 10CO_2 + 8H_2O$$

（6）检查质量与电荷是否平衡，将离子反应式改写为分子反应式，将箭头改为等号。

$$2KMnO_4 + 5H_2C_2O_4 + 3H_2SO_4 == 2MnSO_4 + K_2SO_4 + 10CO_2 + 8H_2O$$

离子-电子法的关键是半反应方程式的书写。在配平半反应式时，如果氧化剂或还原剂与其产物中所含的氧原子数目不等，可以根据介质的酸碱性，分别在半反应式中加 H^+、OH^- 或 H_2O，使得半反应式两边的氢和氧的原子数相等。

6.2　化学电池

化学电池是化学能与电能相互转变的装置。每个电池由两支电极和适当的电解质溶液组成。化学电池分为原电池和电解池。

6.2.1　原电池

原电池（primary cell）是将化学能自发转变为电能的装置。

如将 Zn 片插入 $CuSO_4$ 溶液中，即发生以下氧化还原反应

$$Cu^{2+} + Zn \longrightarrow Cu + Zn^{2+}$$

CuSO$_4$ 溶液的蓝色逐渐变淡,红色的金属铜不断地沉积在 Zn 片上;同时,Zn 片不断地向溶液中溶解。由于反应中 Zn 片和 CuSO$_4$ 溶液直接接触,电子直接由 Zn 片转移给 Cu^{2+},化学能以热的形式与环境发生交换。

如果把 Zn 片插入 ZnSO$_4$ 溶液中,Cu 片插入 CuSO$_4$ 溶液中,两个容器通过盐桥(由饱和 KCl 溶液和琼脂装入 U 形管中制成,其作用是沟通两个半电池,保持溶液的电荷平衡,使反应能持续进行)沟通,金属片之间用导线连接,并串联一个检流计,如图 6-1 所示。当线路接通后,会看到检流计上的指针立刻发生偏转,说明导线上有电流通过;从指针偏转的方向可以看出,电流是由 Cu 极流向 Zn 极,或者电子由 Zn 极流向 Cu 极。同时,还可以观察到 Zn 片慢慢溶解,Cu 片上有金属 Cu 析出,说明发生了上述相同的氧化还原反应。像这种能把化学能转化为电能的装置,我们称为原电池。

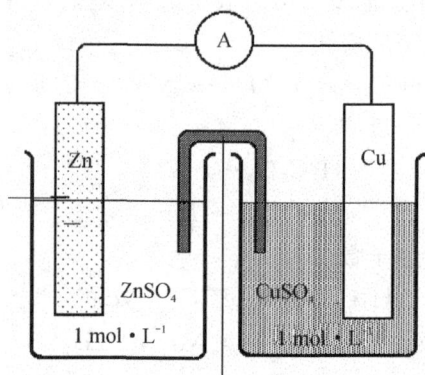

图 6-1 Cu-Zn 原电池结构示意图

原则上,任一自发的氧化还原反应都可以被设计成原电池。每一个原电池由两个半电池组成,半电池又叫电极。原电池中,电子流入的电极为正极,电子流出的电极为负极。氧化半反应和还原半反应分别在两个电极上进行。如在 Cu-Zn 原电池中:

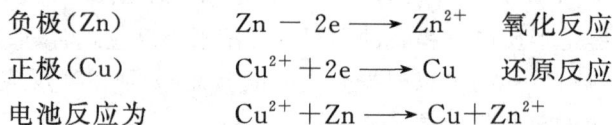

负极(Zn)   Zn $-$ 2e $\longrightarrow$ Zn^{2+} 氧化反应

正极(Cu)   Cu^{2+} +2e $\longrightarrow$ Cu   还原反应

电池反应为   Cu^{2+} + Zn $\longrightarrow$ Cu + Zn^{2+}

通常用电池符号来表示一个原电池的组成。电池符号的书写规定如下。

(1)将发生氧化反应的负极写在左边,发生还原反应的正极写在右边,并在两边加上(-)、(+)号标明电极;

(2)按顺序用化学式从左到右排列各个相的物质组成、相态及浓度或活度溶液、或压力(气体)等;

(3)用单竖线"|"表示电极的两相界面和不相混的两种溶液之间的界面,用双竖线"‖"表示盐桥。

如 Cu-Zn 原电池的电池符号为

$$(-)Zn(s) | ZnSO_4(c_1) \| CuSO_4(c_2) | Cu(s)(+)$$

在此原电池中,两个电极的组成中本身存在固相组分。而在某些情况下,组成电对的物质中没有固相,如电对 Fe^{3+}/Fe^{2+}、H^+/H_2 组成的电极;或固相物质本身不导电,不能用作电极,如电对 $AgCl/Ag$、MnO_2/Mn^{2+} 组成的电极等,组成电池时,需要外加一个辅助电极——惰性电极,作导电之用。常用石墨、金属铂等材料作惰性电极。如:

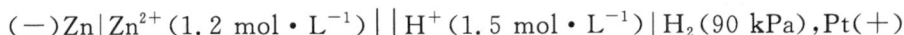

$$(-)Zn|Zn^{2+}(1.2\ mol \cdot L^{-1})||H^+(1.5\ mol \cdot L^{-1})|H_2(90\ kPa),Pt(+)$$

6.2.2　电解池

在原电池中,氧化还原反应是自发进行的。如 Cu - Zn 原电池中,金属 Zn 置换 Cu^{2+} 的反应是自发的,而金属 Cu 则不能自发地置换出 Zn^{2+}。但如果将直流电源与 Cu - Zn 原电池相连接,电源的负极与 Zn 电极相连,正极与 Cu 电极相连,则在阴极(负极)上发生了还原反应,有金属 Zn 沉积出来:

$$Zn^{2+}+2e \longrightarrow Zn$$

阳极(正极)上同时发生了氧化反应,有金属 Cu 溶解:

$$Cu-2e \longrightarrow Cu^{2+}$$

这种利用电能发生氧化还原反应的装置被称为电解池(electrolytic cell)。在电解池中,电能转变为化学能。

电解池由外加电源、电解质溶液、阴阳电极构成。使电流通过电解质溶液而在阴、阳两极上引起氧化还原反应的过程称作电解,它的原理是当离子到达电极时,失去或获得电子,发生氧化还原反应的过程,阴极与电源负极相连,发生还原反应;阳极与电源正极相连,发生氧化反应。电解的结果是在两极上有新物质生成。通常在阳极活泼金属较阴离子更容易失去电子;在阴极活泼性排在后面的金属较容易得到电子。电解的目的是使在通常情况下不发生变化的物质发生氧化还原反应,得到所需的化工产品、进行电镀及冶炼活泼的金属,在金属的保护方面也有一定的用处。

比如工业制氯碱,就是电解饱和的食盐水从而制取氯气、氢气和烧碱。

饱和食盐水溶液中存在 Na^+ 和 Cl^- 及水电离产生的 H^+ 和 OH^-。

其中氧化性 $H^+>Na^+$,还原性 $Cl^->OH^-$,所以 H^+ 和 Cl^- 先放电(即发生还原或氧化反应)。

阴极:$2H^++2e == H_2 \uparrow$　(还原反应)。

阳极:$2Cl^--2e == Cl_2 \uparrow$　(氧化反应)。

总反应的化学方程式:$2NaCl+2H_2O = 2NaOH+H_2 \uparrow +Cl_2 \uparrow$(通电)。

用离子方程式表示:$2Cl^-+2H_2O = 2OH^-+H_2 \uparrow +Cl_2 \uparrow$(通电)。

6.2.3　化学电池电极及分类

组成一个化学电池的重要部件是电极,根据组成电极物质的状态不同分为四类。

1. 金属电极

金属电极本身与金属离子溶液组成的体系构成金属电极,金属与溶液中相应的金属离子之间传递电子。其电极电位决定于该金属离子的活度。例如,对于金属电极 M 和金属离子 M^{n+} 溶液组成的体系,存在如下氧化还原反应:

$$M^{n+}+ne^- == M$$

构成 Cu – Zn 原电池的两个电极都是金属电极,锌电极 $Zn^{2+}(c_1)\mid Zn$,铜电极 $Cu^{2+}(c_2)\mid Cu$。这类金属电极主要有 Ag、Cu、Zn、Cd、Pb 等电极。

2. 金属–金属难溶盐电极

金属表面覆盖一层该金属的难溶盐,并把它浸入含有该难溶盐对应的阴离子的溶液中构成的电极,如银-氯化银电极 $Cl^-(c_2)\mid AgCl(s)\mid Ag$、甘汞电极 $Cl^-(c_1)\mid Hg_2Cl_2(s)\mid Hg$。其电极可能发生的还原反应分别为

$$AgCl(s)+e^- \longrightarrow Ag(s)+Cl^-(c_2)$$
$$Hg_2Cl_2(s)+2e^- \longrightarrow 2Hg(l)+2Cl^-(c_1)$$

因为这类电极(如银-氯化银电极和甘汞电极 Hg/Hg_2Cl_2)制作简单、使用方便,并符合参比电极的性能要求,已代替了标准氢电极被广泛用作参比电极。

3. 离子电极

离子电极涉及的物质为离子,存在于溶液中,需要惰性导电材料(Pt、石墨)作为氧化-还原电对在其上交换电子的媒介,又同时起传导电流的作用。如电极 $Fe^{3+}(c_1),Fe^{2+}(c_2)\mid Pt$ 等,其电极可能发生的还原反应为

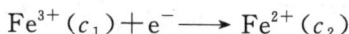

$$Fe^{3+}(c_1)+e^- \longrightarrow Fe^{2+}(c_2)$$

4. 气体电极

有气体参与电极反应的电极称为气体电极。气体分子与溶液中相应的离子在气-液相之间传递电子,因此也需要惰性电极辅助传递电子。氢电极是典型的气体电极,其电极符号为 $H^+(c_1)\mid H_2(p)\mid Pt$。其它气体电极还有氯电极 $Cl^-(c_2)\mid Cl_2(p)\mid Pt$ 等。

6.3 电极电势

6.3.1 电极电势的产生

用导线连接铜锌原电池的两个电极有电流产生,说明两电极之间存在着一定的电势差。那么这个电势差是如何产生的呢?

德国化学家能斯特(W. Nernst)在 1889 年提出了双电层理论,可以用来解释金属和其盐溶液间的电势差及原电池产生电流的机理。金属是由金属原子、金属离子和一定数量的自由电子组成。当把金属插入其盐溶液中时,在金属与其盐溶液的界面上就会发生如下两个相反的过程。一方面金属表面的金属离子受到溶剂的吸引,有脱离金属表面进入溶液中形成水合离子的趋势,金属越活泼,溶液浓度越稀,这种趋势越大;另一方面溶液中的金属水合离子受到金属表面自由电子的吸引,有重新获得电子沉积到金属表面上的趋势,金属越不活泼,溶液浓度越大,这种倾向越大。因此,在金属与其盐溶液之间存在如下动态平衡:

$$M \Longleftrightarrow M^{n+}(aq)+ne$$

如果金属溶解的趋势大于离子沉积的趋势,则达到平衡时,金属和其盐溶液的界面上形成了金属表面带负电荷、金属附近的溶液带正电荷的双电层结构,如图 6 – 2(a)所示;反之,形成了金属表面带正电,金属附近的溶液带负电的双电层结构,如图 6 – 2(b)所示。无论形成上述

的哪一种双电层,双电层的厚度虽然很小(约为 10^{-7} cm 数量级),但金属和溶液之间都可产生电势差。这种在金属和它的盐溶液之间因形成双电层而产生的电势差叫作金属的平衡电极电势,简称电极电势(electrode potential),以符号 E 表示,单位为 V(伏)。如锌的电极电势表示为 $E(Zn^{2+}/Zn)$,铜的电极电势用 $E(Cu^{2+}/Cu)$ 表示。电极电势大小主要取决于电极的本性,并受温度、介质和离子浓度等因素影响。

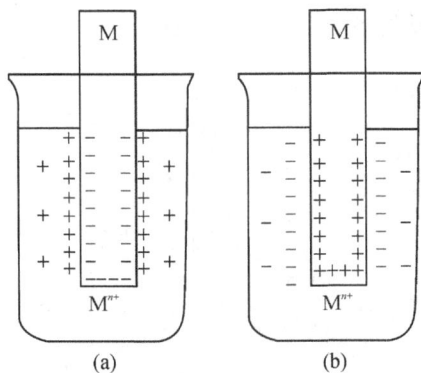

图 6 - 2　双电层示意图

6.3.2　标准电极电势及其测定

标准电极电势(standard electrode potential)是指电极处于标准状态时的电极电势。电极的标准态是指组成电极的物质的浓度为 1 mol · L^{-1},气体的分压为 100 kPa,液体或固体为纯净状态,温度通常为 298.15 K。标准电极电势仅取决于电极的本性。电极电势的绝对值至今无法测量,只能选定某种电极作为标准,求得电极电势的相对值,通常先确定标准电极,一般选用标准氢电极(standard hydrogen electrode)和甘汞电极(calomel electrode)作为标准。

1. 标准氢电极

标准氢电极装置如图 6 - 3 所示,将涂有铂黑的铂片插入氢离子浓度为 1 mol · L^{-1} 硫酸溶液中,在指定温度下,不断通入压强为 100 kPa 的纯氢气流,使铂黑吸附的氢气达到饱和。这时,吸附在铂黑上的氢气与溶液中的氢离子间建立了如下的动态平衡:

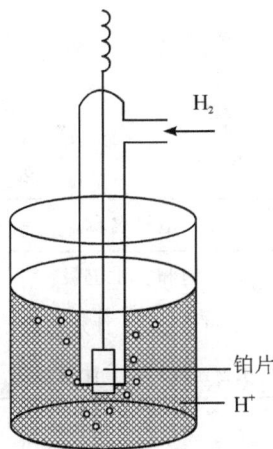

图 6 - 3　标准氢电极

$$2H^+(aq) + 2e \Longleftrightarrow H_2$$

这时产生在标准氢电极与硫酸溶液间的电势差就是标准氢电极的电极电势。电化学上规定,标准氢电极的电极电势为 0.0000 V。标准氢电极记作:$H^+(1 \, mol \cdot L^{-1}) \mid H_2(100 \, kPa)$,Pt。

2. 甘汞电极

由于标准氢电极使用不方便,需要随时准备好一个纯净的氢气源,准确控制通入的压力为 100 kPa,并且对溶液纯度要求较高,否则会使铂电极失效,影响电极电势的准确测量,所以在实际测定电极电势时,一般实验室中并不直接使用标准氢电极作为参比电极,而是采用饱和甘汞电极作参比电极,饱和甘汞电极的电极电势最初也是借助标准氢电极来确定的。

甘汞电极是由金属汞(Hg)、固体甘汞(Hg_2Cl_2)和氯化钾(KCl)溶液等组成,常用的甘汞电极如图 6-4 所示。由于汞和甘汞存在着沉淀-溶解平衡,如果溶液中的 Cl^- 浓度始终保持固定,那么在一定温度下该电极具有确定的电极电势,不同 KCl 浓度对应的甘汞电极的电极电势如表 6-1 所示。甘汞电极制备容易,使用方便。

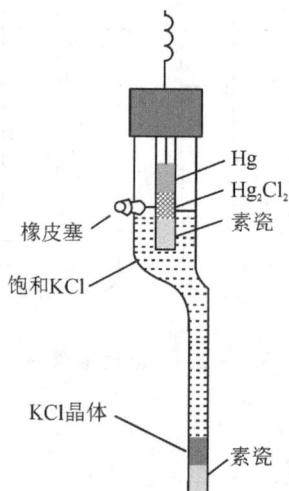

图 6-4 甘汞电极示意图

表 6-1 常用甘汞电极的电极电势 (298.15 K,水溶液)

电极名称	电极组成	电极电势 E/V
饱和甘汞电极	$Hg,Hg_2Cl_2(s) \vert KCl$ (饱和)	0.2412
1 mol·L^{-1} 甘汞电极	$Hg,Hg_2Cl_2(s) \vert KCl$ (1 mol·L^{-1})	0.2801
0.1 mol·L^{-1} 甘汞电极	$Hg,Hg_2Cl_2(s) \vert KCl$ (0.1 mol·L^{-1})	0.3337

用标准氢电极或饱和甘汞电极与各种标准状态下的电极组成原电池,测得这些电池的电动势,从而可计算出各种电极的标准电极电势,用符号 $E^\ominus$ 表示。标准电极电势的测定按以下步骤进行:

(1)将待测的标准电极与标准氢电极或饱和甘汞电极组成原电池;

(2)用检流计来确定原电池的正、负极;

(3)用电势差计测得原电池的电动势。

例如,测定标准锌电极的电极电势是将纯净的锌片插入 1 mol·L^{-1} ZnSO$_4$ 溶液中,将它与标准氢电极用盐桥连接起来,组成一个原电池,测得其电动势为 0.762 V。由电流的方向可知,锌为负极,标准氢电极为正极,由 $E^\ominus_{MF}=E^\ominus(H^+/H_2)-E^\ominus(Zn^{2+}/Zn)$ 得

$$E^\ominus(Zn^{2+}/Zn)=E^\ominus(H^+/H_2)-E^\ominus_{MF}=(0-0.762)\ V=-0.762\ V$$

需要注意的是,标准电极电势是一个相对值,实际上是该电极与氢电极组成电池的电动势,而不是电极与相应溶液间的电位差的绝对值。理论上可测得各种电极的标准电极电势,但

有些电极与水剧烈反应,不能直接测得,只能通过热力学数据间接求得。

6.3.3　电极电势与吉布斯自由能的关系

　　根据热力学原理,恒温、恒压条件下,反应体系吉布斯自由能的降低值等于体系所做的最大有用功。在电池反应中,若有用功只有电功一种,那么反应的吉布斯自由能的降低值就等于电池做的电功。

$$-\Delta_r G_m = W = nFE_{MF} = nF(E_+ - E_-)$$

式中:F 为法拉第(M. Faraday)常数,约为 96485 C·mol^{-1};n 为电池反应中转移电子的物质的量。

　　若电池中所有物质都处于标准状态下,电池的电动势就是标准电动势。这时吉布斯自由能变化就是标准吉布斯自由能变化。

$$-\Delta_r G_m^{\ominus} = W = nFE_{MF}^{\ominus} = nF(E_+^{\ominus} - E_0^{\ominus}) \tag{6-1}$$

　　这个关系式把热力学和电化学联系起来。根据原电池的电动势,可以求出该电池的最大电功,以及反应的吉布斯自由能变化;反之,已知某个反应的吉布斯自由能变化,就可求得该反应所构成原电池的电动势。

　　例 6-1　利用热力学数据计算 $E^{\ominus}(Zn^{2+}/Zn)$。

　　解: 将 Zn^{2+}/Zn 电对与 H^+/H_2 电对组成原电池,电池反应式为

$$Zn + 2H^+ \Longrightarrow Zn^{2+} + H_2$$

根据化学热力学所学内容计算该反应的 $\Delta_r E_m^{\ominus} = -147$ kJ·mol^{-1}。

根据 $\Delta_r G_m^{\ominus} = -nF[E^{\ominus}(H^+/H_2) - E^{\ominus}(Zn^{2+}/Zn)]$ 得

$$E^{\ominus}(Zn^{2+}/Zn) = E^{\ominus}(H^+/H_2) + \frac{\Delta_r G_m^{\ominus}}{nF} = 0.0000 \text{ V} + \frac{-147 \times 10^3 \text{ J}}{2 \times 96485 \text{ C·mol}^{-1}} = -0.762 \text{ V}$$

6.4　影响电极电势的因素

6.4.1　能斯特方程式

　　标准电极电势是在标准状态下及温度为 298.15 K 时测定的。如果温度、浓度、压力等任一条件发生改变,则电对的电极电势也将随之改变。那么,在非标准状态下,电极电势的大小如何确定呢?

　　在化学平衡的学习中可知,非标准态下的 $\Delta_r G(T)$ 与标准态下的 $\Delta_r G^{\ominus}(T)$ 有如下的关系:

$$\Delta_r G(T) = \Delta_r G^{\ominus}(T) + RT\ln J \tag{6-2}$$

据此可推出非标准态下的 E 与标准态下的 $E^{\ominus}$ 之间的关系。

　　对于任意一个氧化还原反应可以设计成原电池,那么对应的电极反应、电池反应分别为

　　正极　　　　　　　　　　$eOx_1 + ne^- \Longrightarrow fRed_1$

　　负极　　　　　　　　　　$cRed_2 - ne^- \Longrightarrow dOx_2$

　　总反应　　　　　　　　　$eOx_1 + cRed_2 \Longrightarrow dOx_2 + fRed_1$

在一定温度和压力下,当原电池可逆放电时,

$$\Delta_r G_m = -nFE_{MF}, \quad \Delta_r G_m^\ominus = -nFE_{MF}^\ominus \qquad (6-3)$$

将式(6-3)代入(6-2)有

$$-nFE_{MF} = -nFE_{MF}^\ominus + RT\ln J$$

式中 J 为反应商。整理上式得

$$E_{MF} = E_{MF}^\ominus - \frac{2.303RT}{nF}\lg\frac{\{a(Ox_2)\}^d\{a(Red_1)\}^f}{\{a(Ox_1)\}^e\{a(Red_2)\}^c} \qquad (6-4)$$

从式(6-4)不难得出

$$E_+ = E_+^\ominus + \frac{2.303RT}{nF}\lg\frac{\{a(Ox_1)\}^e}{\{a(Red_1)\}^f}$$

$$E_- = E_-^\ominus + \frac{2.303RT}{nF}\lg\frac{\{a(Ox_2)\}^d}{\{a(Red_2)\}^c} \qquad (6-5)$$

因此,对于任意一个电极反应

$$pOx_1 + ne^- = qRed_1$$

非标准状态下的电极电势 E 为

$$E = E^\ominus + \frac{2.303RT}{nF}\lg\frac{\{a(Ox_1)\}^p}{\{a(Red_1)\}^q} \qquad (6-6)$$

式(6-6)称为能斯特方程式,它综合说明了温度、浓度、压力等条件对电极电势的影响。

当 $T=298.15$ K 时

$$E = E^\ominus + \frac{0.059}{n}\lg\frac{\{a(Ox_1)\}^p}{\{a(Red_1)\}^q} \qquad (6-7)$$

式中 a 为溶液的活度。如果不考虑副反应和离子强度的影响,活度可用浓度 c 替代。

6.4.2 影响电极电势的因素

根据能斯特方程式,影响电极电势的因素主要包括氧化态和还原态的浓度、温度以及能够影响氧化态和还原态的浓度的其它因素,比如酸度。通常我们用到的电极电势主要指温度为 298.15 K 时的电极电势,因此此处我们主要讨论氧化态和还原态的浓度、酸度对电极电势的影响。

1. 浓度对电极电势的影响

对一个指定的电极反应,由能斯特方程式可以看出,氧化态物质的浓度越大,则电极电势 E 值越大,即电对中氧化态物质的氧化性越强,而相应的还原态物质是弱还原剂;相反,还原态物质的浓度越大,则电极电势 E 值越小,即电对中还原态物质的还原性越强,而相应的氧化态物质是弱氧化剂。电对中的氧化态或还原态物质的浓度或分压常因难溶化合物或配合物等的生成而发生改变,使电极电势受到影响。

例 6-2 已知 $Fe^{3+} + e \rightleftharpoons Fe^{2+}$,$E^\ominus(Fe^{3+}/Fe^{2+}) = 0.769$ V。

(1) 求 $[Fe^{3+}] = 1$ mol·L^{-1},$[Fe^{2+}] = 0.01$ mol·L^{-1} 时的 $E(Fe^{3+}/Fe^{2+})$;

(2) 若向溶液中加入 NaOH 固体,当沉淀反应完全后,保持 OH$^-$ 浓度为 1.0 mol·L^{-1},计算此时 $E(Fe^{3+}/Fe^{2+})$ 为多少。

(3) 若向溶液中加入 KCN 溶液并保持其浓度为 1.0 mol·L^{-1},计算配位反应完全后的 $E(Fe^{3+}/Fe^{2+})$ 为多少。

解:(1) $E(Fe^{3+}/Fe^{2+})=E^{\ominus}(Fe^{3+}/Fe^{2+})+0.059\lg\dfrac{[Fe^{3+}]}{[Fe^{2+}]}=0.769+0.059\lg\dfrac{1}{0.01}=0.887\ V$。

(2) 当加入 NaOH 溶液后,发生如下反应:
$$Fe^{3+}+3OH^-\rightleftharpoons Fe(OH)_3(s) \qquad Fe^{2+}+2OH^-\rightleftharpoons Fe(OH)_2(s)$$

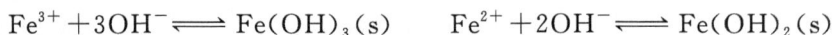

当 NaOH 为 $1.0\ mol\ L^{-1}$ 时,则有

$$[Fe^{3+}]=\frac{K_{sp}^{\ominus}[Fe(OH)_3]}{[OH^-]^3}=\frac{2.8\times10^{-39}}{1.0^3}=2.8\times10^{-42}$$

$$[Fe^{2+}]=\frac{K_{sp}^{\ominus}[Fe(OH)_2]}{[OH^-]^2}=\frac{4.9\times10^{-17}}{1.0^2}=4.9\times10^{-19}$$

$$E(Fe^{3+}/Fe^{2+})=E^{\ominus}(Fe^{3+}/Fe^{2+})+0.059\lg\frac{[Fe^{3+}]}{[Fe^{2+}]}=0.769+0.059\lg\frac{2.8\times10^{-42}}{4.9\times10^{-19}}=-0.602\ V$$

(3) 当加入 KCN 溶液后,发生如下反应:
$$Fe^{3+}+6CN^-\rightleftharpoons [Fe(CN)_6]^{3-} \qquad Fe^{2+}+6CN^-\rightleftharpoons [Fe(CN)_6]^{4-}$$

当配位反应完全后,$[[Fe(CN)_6]^{3-}]=1.0\ mol\cdot L^{-1}$,$[[Fe(CN)_6]^{4-}]=0.01\ mol\cdot L^{-1}$,$[CN^-]=1.0\ mol\cdot L^{-1}$ 则有

$$[Fe^{3+}]=\frac{[[Fe(CN)_6]^{3-}]}{K_f\{[Fe(CN)_6]^{3-}\}[CN^-]^6}=\frac{1.0}{4.1\times10^{52}\times1.0^6}=\frac{1}{4.1\times10^{52}}$$

$$[Fe^{2+}]=\frac{[[Fe(CN)_6]^{4-}]}{K_f\{[Fe(CN)_6]^{4-}\}[CN^-]^6}=\frac{0.01}{4.2\times10^{45}\times1.0^6}=\frac{1}{4.2\times10^{47}}$$

$$E(Fe^{3+}/Fe^{2+})=E^{\ominus}(Fe^{3+}/Fe^{2+})+0.059\lg\frac{[Fe^{3+}]}{[Fe^{2+}]}=0.769+0.059\lg\frac{1/(4.1\times10^{52})}{1/(4.2\times10^{47})}=0.475\ V$$

由以上的计算可以得出如下结论。

(1)如果电对中氧化态生成难溶化合物,使得氧化态的浓度降低,则电极电势变小;反之,如果电对中还原态生成难溶化合物,使得还原态的浓度降低,则电极电势变大。当电对中的氧化态、还原态同时生成难溶化合物,并且沉淀完全后,沉淀剂的浓度为 $1.0\ mol\cdot L^{-1}$,如果 $K_{sp}^{\ominus}$(氧化态)大于 $K_{sp}^{\ominus}$(还原态),则电极电势变大;反之,则变小。

(2)如果电对中氧化态生成配合物,使得氧化态的浓度降低,则电极电势变小;反之,如果电对中还原态生成配合物,使得还原态的浓度降低,则电极电势变大。当电对的氧化态和还原态同时生成配合物,并且配位完全后,配位剂的浓度为 $1.0\ mol\cdot L^{-1}$,如果 $K_f^{\ominus}$(氧化态)大于 $K_f^{\ominus}$(还原态),则电极电势变小;反之,则变大。

2. 酸度对电极电势的影响

如果电极反应中有 H^+ 或 OH^- 参与,也就是说如果改变反应介质的酸度,电极电势也会随之发生改变,从而影响电对中各物质的氧化或者还原能力。

例 6-3 已知 $Cr_2O_7^{2-}+14H^+\rightleftharpoons 6e+2Cr^{3+}+7H_2O$,$E^{\ominus}=1.33\ V$。其它条件同标准态,求 pH=2,pH=4 时的电极电势。

解:$[Cr_2O_7^{2-}]=[Cr^{3+}]=1.0\ mol\cdot L^{-1}$。

当 pH=2 时,$[H^+]=1.0\times10^{-2}\ mol\cdot L^{-1}$,有

$$E=E^{\ominus}+\frac{0.059}{6}\lg\frac{[Cr_2O_7^{2-}][H^+]^{14}}{[Cr^{3+}]^2}=1.33+\frac{0.059}{6}\lg(1.0\times10^{-2})^{14}=1.06\ V$$

当 pH＝4 时，$[H^+]=1.0\times10^{-4}$ mol · L^{-1}

$$E=E^{\ominus}+\frac{0.059}{6}\lg\frac{[Cr_2O_7^{2-}][H^+]^{14}}{[Cr^{3+}]^2}=1.33+\frac{0.059}{6}\lg(1.0\times10^{-4})^{14}=0.78 \text{ V}$$

以上计算表明，$K_2Cr_2O_7$ 的氧化能力与介质的酸度有关。介质的酸度增加，$K_2Cr_2O_7$ 的氧化能力增强；反之减弱。

6.4.3 条件电极电势

标准电极电势只能在标准状况下使用，可以判断反应在标准状况下的可能性及其反应进行的程度；但在大多数情况下，反应是在非标准状况下进行的，此时的电极电势如何表示？我们引入条件电极电势。根据有关电对的电极电势，可以判断反应进行的方向。非标准状况下的电极电势可通过能斯特方程式(6-6)求得。

能斯特方程中涉及到的物质需要以活度表示，而在实际工作中，我们知道的是各种物质的浓度，因此我们需要把活度转换一下。若以浓度代替活度，就必须引入相应的活度系数 $\gamma(Ox)$、$\gamma(Red)$。若考虑到副反应的发生，还必须引入相应的副反应系数 $\alpha(Ox)$、$\alpha(Red)$。

$$a(Ox)=[Ox]\gamma(Ox)/\alpha(Ox) \tag{6-8}$$
$$a(Red)=[Red]\gamma(Red)/\alpha(Red) \tag{6-9}$$

式中 $c(Ox)$、$c(Red)$ 分别表示氧化态和还原态的分析浓度，将以上关系代入能斯特方程，得

$$E=E^{\ominus}+\frac{0.059}{n}\lg\frac{\gamma(Ox)\alpha(Red)[Ox]}{\gamma(Red)\alpha(Ox)[Red]}=E^{\ominus}+\frac{0.059}{n}\lg\frac{\gamma(Ox)\alpha(Red)}{\gamma(Red)\alpha(Ox)}+\frac{0.059}{n}\lg\frac{[Ox]}{[Red]} \tag{6-10}$$

当溶液中离子强度很大时，γ 值不易求得，当副反应很多时，a 值求算很麻烦，因此引入条件电极电势。

当 $[Ox]=[Red]=1$ mol · L^{-1} 时

$$E=E^{\ominus}+\frac{0.059}{n}\lg\frac{\gamma(OX)\alpha(Red)}{\gamma(Red)\alpha(Ox)}=E^{\ominus'} \tag{6-11}$$

式中 $E^{\ominus'}$ 称为条件电极电势(conditional electrode potential)，是指在特定条件下，氧化态与还原态的分析浓度都为 1 mol · L^{-1} 时的实际电极电势。条件不同，$E^{\ominus'}$ 也就不同。$E^{\ominus'}$ 反映了离子强度及各种副反应影响的总结果，只有在实验条件不变的情况下，$E^{\ominus'}$ 才是一个常数，故称为条件电极电势。

在处理氧化还原反应的电势计算时，应尽量采用条件电极电势。若没有所需条件下的条件电极电势，可采用相近条件下的条件电极电势，甚至用标准电极电势代替条件电极电势。

例 6-4 计算 1 mol · L^{-1} HCl 溶液中，$[Ce(\text{IV})]=0.1$ mol · L^{-1}，$[Ce(\text{III})]=1.0\times10^{-3}$ mol · L^{-1} 时 $Ce(\text{IV})/Ce(\text{III})$ 电对的电极电势。

解：在 1 mol · L^{-1} HCl 溶液中，$Ce(\text{IV})/Ce(\text{III})$ 电对的电极电势为 1.28 V，则

$$E=E^{\ominus'}[Ce(\text{IV})/Ce(\text{III})]+0.0591\lg\frac{[Ce(\text{IV})]}{[Ce(\text{III})]}=1.28+0.0591\lg\frac{0.1}{1.0\times10^{-3}}=1.40 \text{ V}$$

6.5 电极电势和电池电动势的应用

根据电极电势的定义，它的大小和氧化态、还原态得失电子的能力有关，因此，氧化剂和还

原剂的强弱可以用相关电对的电极电势大小衡量。电对的电极电势越高,其氧化态的氧化能力越强;电对的电极电势越低,其还原态的还原能力越强。作为氧化剂,它可以氧化电极电势比它低的电对中的还原态;作为还原剂,它可以还原电极电势比它高的电对中的氧化态。根据有关电对的电极电势,可以判断反应进行的方向、程度等,这些都属于电极电势和电池电动势的应用。

6.5.1　判断氧化剂和还原剂的相对强弱

$E^\ominus$ 值的大小代表了电对中各物质得失电子的能力。因此,$E^\ominus$ 值可用于判断标准态下氧化剂、还原剂氧化还原能力的相对强弱。若 $E^\ominus$ 值大,则电对中氧化态物质的氧化能力较强,是强氧化剂;对应的还原态物质的还原能力较弱,是弱还原剂。反之,则电对中还原态物质的还原能力强,是强还原剂;对应的氧化态物质的氧化能力弱,是弱氧化剂。例如:在标准态下,由于 $E^\ominus(Cl_2/Cl^-)=1.36\ V>E^\ominus(Br_2/Br^-)=1.07\ V>E^\ominus(I_2/I^-)=0.535\ V$,则氧化态物质的氧化能力的相对强弱为 $Cl_2>Br_2>I_2$,对应的还原态物质的还原能力相对强弱为 $Cl^-<Br^-<I^-$。

值得注意的是,$E^\ominus$ 值大小只可用于判断标准态下氧化剂、还原剂氧化还原能力的相对强弱。若电对处于非标准状态时,应根据能斯特方程式计算出 E 值,然后用 E 值大小来判断物质的氧化能力和还原能力的强弱。

6.5.2　判断氧化还原反应进行的方向

一般氧化还原反应均是在恒温恒压下进行的,而电极电势数值通常是在 298.15 K 和 100 kPa 下测得的。因此,可利用化学电池的电动势判断氧化还原反应进行的方向。

根据 $-\Delta_rG_m=nFE_{MF}=nF(E_+-E_-)$ 有:

(1)当 $E_{MF}>0$,即 $E_+>E_-$ 时,则 $\Delta_rG_m<0$,反应正向自发进行;

(2)当 $E_{MF}=0$,即 $E_+=E_-$ 时,则 $\Delta_rG_m=0$,反应处于平衡状态;

(3)当 $E_{MF}<0$,即 $E_+<E_-$ 时,则 $\Delta_rG_m>0$,反应逆向自发进行。

将某一氧化还原反应分解为两个半反应并组成一个原电池,反应物中的氧化剂电对作正极,还原剂电对作负极,比较两电极的电极电势值的大小即可判断氧化还原反应的方向。根据能斯特方程式,电极电势 E 的大小不仅与 $E^\ominus$ 有关,还与参加反应的物质的浓度、酸度有关。因此,如果相关物质的浓度不是 $1\ mol\cdot L^{-1}$,则必须按能斯特方程式分别计算出氧化剂电对和还原剂电对的电极电势,再根据 E_{MF} 值判断反应进行的方向。

例 6-5　试判断在标准态时,反应 $MnO_2+4HCl \rightleftharpoons MnCl_2+Cl_2+2H_2O$ 能否向右进行。

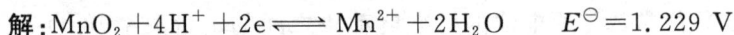

解：$MnO_2+4H^++2e \rightleftharpoons Mn^{2+}+2H_2O$　　　　$E^\ominus=1.229\ V$

$Cl_2+2e \rightleftharpoons 2Cl^-$　　　　　　　　　　　　　$E^\ominus=1.360\ V$

$E_{MF}^\ominus=E^\ominus(MnO_2/Mn^{2+})-E^\ominus(Cl_2/Cl^-)=1.229-1.360=-0.131\ V<0$

所以在标准态时,上述反应不能向右进行。

6.5.3　判断氧化还原反应进行的程度

氧化还原反应属可逆反应,同其它可逆反应一样,在一定条件下也能达到平衡。随着反应不断进行,参与反应的各物质浓度不断改变,其相应的电极电位也在不断变化。电极电位高的电对的电极电位逐渐降低,电极电位低的电对的电极电位逐渐升高。最后必定达到两电极电位相等,则原电池的电动势为零,此时反应达到了平衡,即达到了反应进行的限度。利用能斯特方程式和标准电极电位表可以算出平衡常数,判断氧化还原反应进行的程度。若平衡常数值很小,表示正向反应趋势很小,正向反应进行得不完全;若平衡常数值很大,表示正向反应可以充分地进行,甚至可以进行到接近完全。因此平衡常数是判断反应进行程度的标志。

前面我们已经知道,原电池的标准电动势、反应的标准吉布斯自由能变化和标准平衡常数之间有如下的关系:

$$\Delta_r G_m^{\ominus} = -nFE_{MF}^{\ominus} = -nF(E_+^{\ominus} - E_-^{\ominus}) \tag{6-12}$$

$$\Delta_r G_m^{\ominus} = -RT\ln K^{\ominus} \tag{6-3}$$

由此可得

$$\ln K^{\ominus} = \frac{nFE_{MF}^{\ominus}}{RT} = \frac{nF(E_+^{\ominus} - E_-^{\ominus})}{RT} \tag{6-14}$$

298.15 K 时

$$\lg K^{\ominus} = \frac{nE_{MF}^{\ominus}}{0.059} \tag{6-15}$$

例 6-6 计算标准状态下,反应 $Zn + Cu^{2+} \rightleftharpoons Zn^{2+} + Cu$ 的标准平衡常数。

解: $E^{\ominus}(Zn^{2+}/Zn) = -0.76$ V $E^{\ominus}(Cu^{2+}/Cu) = 0.337$ V

$$\lg K^{\ominus} = \frac{n[E^{\ominus}(Cu^{2+}/Cu) - E^{\ominus}(Zn^{2+}/Zn)]}{0.059} = \frac{2 \times (0.337 + 0.762)}{0.059} = 37.25$$

$$K^{\ominus} = 1.78 \times 10^{37}$$

例 6-7 计算下列反应在 298 K 时的平衡常数,并判断此时反应进行的程度。

$$Ag^+ + Fe^{2+} \rightleftharpoons Ag + Fe^{3+}$$

解: 将上述反应写成两个半反应,并查出它们的标准电极电位:

$$Ag^+ + e \rightleftharpoons Ag \qquad\qquad E_+ = +0.7996 \text{ V}$$

$$Fe^{3+} + e \rightleftharpoons Fe^{2+} \qquad\qquad E_- = +0.771 \text{ V}$$

$$\lg K^{\ominus} = \frac{n[E_+ - E_-]}{0.059} = \frac{1 \times (0.7996 - 0.771)}{0.059} = 0.4847$$

$$K^{\ominus} = 3.053$$

此反应平衡常数很小,表明此反应正方向进行得很不完全。

6.5.4 计算反应的平衡常数

根据氧化还原反应的标准平衡常数与原电池的标准电动势之间的定量关系,可以通过测定原电池电动势的方法来推算弱酸的解离常数、水的离子积、难溶电解质的溶度积和配离子的稳定常数等。

例 6-8 已知 $E^{\ominus}(Ag^+/Ag) = 0.799$ V, $E^{\ominus}(AgCl/Ag) = 0.222$ V,试求 AgCl 的溶度积常数。

解: 根据标准电极电势的大小,银电极为正极、氯化银电极为负极,对应的电极反应为

正极:$Ag^+ + e \rightleftharpoons Ag$

负极：$Ag + Cl^- - e \Longrightarrow AgCl$

电池反应：$Ag^+ + Cl^- \Longrightarrow AgCl$（标准平衡常数为 $K^\ominus$）

$$\lg K^\ominus_{sp} = -\lg K^\ominus = -\frac{n[E^\ominus(Ag^+/Ag) - E^\ominus(AgCl/Ag)]}{0.059} = \frac{0.799 - 0.222}{0.059} = -\frac{0.577}{0.059} = -9.75$$

求得 AgCl 的 $K^\ominus_{sp} = 1.8 \times 10^{-10}$。

6.6　元素电势图及其应用

6.6.1　元素电势图

当某一元素具有三种或三种以上氧化态物质时,各氧化态物质之间都有相应的标准电极电势,拉蒂莫尔(W. M. Latimer)建议将它们的标准电极电势以图解的形式表示,称为元素电势图。画元素电势图时,把同一元素的不同氧化态物质,按照氧化数从左到右依次降低的顺序排列,并用直线将各不同氧化数物质之间连接起来,在直线上标明两种氧化数物质所组成电对的标准电极电势,直线的下方标明转移电子数。如

$$Cr_2O_7^{2-} \xrightarrow{1.38} Cr^{3+} \xrightarrow{-0.424} Cr^{2+} \xrightarrow{-0.90} Cr$$
$$\underset{-0.74}{\quad}$$

$$MnO_4^- \xrightarrow{0.56} MnO_4^{2-} \xrightarrow{0.27} MnO_4^{3+} \xrightarrow{0.47} MnO_2 \xrightarrow{0.95} Mn^{3+} \xrightarrow{15} Mn^{2+} \xrightarrow{-1.18} Mn$$

(1.51, 1.70, 2.27, 1.23 为跨越电对电势)

6.6.2　元素电势图的应用

1. 计算未知电对的标准电极电势

若已知两个或两个以上的相邻电对的标准电极电势,则可根据元素电势图,计算出另一电对的未知标准电极电势。假设有一元素电势图：

$$A \xrightarrow[n_1]{E_1^\ominus} B \xrightarrow[n_2]{E_2^\ominus} C \xrightarrow[n_3]{E_3^\ominus} D$$
$$\underset{n_x}{\overset{E_x^\ominus}{\quad\quad}}$$

相应的电极反应可表示为

$$A + n_1 e \Longrightarrow B, \quad E_1^\ominus, \quad \Delta_r G^\ominus_{m1} = -n_1 F E_1^\ominus$$
$$B + n_2 e \Longrightarrow C, \quad E_2^\ominus, \quad \Delta_r G^\ominus_{m2} = -n_2 F E_2^\ominus$$
$$C + n_3 e \Longrightarrow D, \quad E_3^\ominus, \quad \Delta_r G^\ominus_{m3} = -n_3 F E_3^\ominus$$
$$A + n_x e \Longrightarrow D, \quad E_x^\ominus, \quad \Delta_r G^\ominus_{mx} = -n_x F E_x^\ominus$$
$$\Delta_r G^\ominus_{mx} = \Delta_r G^\ominus_{m1} + \Delta_r G^\ominus_{m2} + \Delta_r G^\ominus_{m3}$$
$$-n_x F E_x^\ominus = (-n_1 F E_1^\ominus) + (-n_2 F E_2^\ominus) + (-n_3 F E_3^\ominus)$$

$$E_x^{\ominus} = \frac{n_1 E_1^{\ominus} + n_2 E_2^{\ominus} + n_3 E_3^{\ominus}}{n_x}$$

因此，根据元素电势图，可以很简便地计算出未知电对的标准电极电势 $E_x^{\ominus}$ 值。

例 6 - 9　从下例元素电势图中已知的标准电极电势，求 $E^{\ominus}(BrO_3^-/Br^-)$ 值。

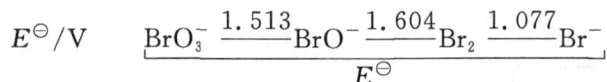

$$E^{\ominus}/V \qquad \underline{BrO_3^- \xrightarrow{1.513} BrO^- \xrightarrow{1.604} Br_2 \xrightarrow{1.077} Br^-}_{E^{\ominus}}$$

解： n_1、n_2、n_3 分别为 4、1、1，则

$$E^{\ominus}(BrO_3^-/Br^-) = \frac{n_1 E_1^{\ominus} + n_2 E_2^{\ominus} + n_3 E_3^{\ominus}}{n_1 + n_2 + n_3} = \frac{4 \times 1.513 + 1 \times 1.604 + 1.077}{4 + 1 + 1} = 1.456 \text{ V}$$

2. 判断歧化反应能否进行

同一元素不同氧化态的三种物质可以组成两个电对，按其氧化态由高到低排列如下：

$$A \xrightarrow{E^{\ominus}(左)} B \xrightarrow{E^{\ominus}(右)} C$$

如果 $E^{\ominus}(右) > E^{\ominus}(左)$，B 既是氧化剂又是还原剂，即 B 可发生歧化反应生成 A 和 C。

如果 $E^{\ominus}(左) > E^{\ominus}(右)$，则 B 物质不能发生歧化反应生成 A 和 C，而是 A 和 C 反应生成 B。

例 6 - 10　在酸性溶液中，铜元素的电势图为 $Cu^{2+} \xrightarrow{0.161} Cu^+ \xrightarrow{0.518} Cu$，试判断在酸性溶液中 Cu^+ 能否发生歧化反应，若能，写出反应方程式。

解： 由元素电势图可知 $E^{\ominus}(右) > E^{\ominus}(左)$，则 Cu^+ 可以发生歧化反应。反应方程式为

$$2Cu^+ \Longrightarrow Cu^{2+} + Cu$$

6.7　氧化还原反应平衡常数和反应速率

6.7.1　氧化还原反应的条件平衡常数

对于定量分析，通常要求反应进行得越完全越好。氧化还原反应的完全程度用平衡常数衡量，而平衡常数 K 可以通过有关电对的标准电势 $E^{\ominus}$ 求得。若引用条件电势 $E^{\ominus\prime}$，便可求得条件平衡常数 K'。

对于氧化还原反应

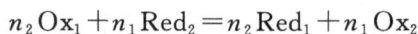

$$n_2 Ox_1 + n_1 Red_2 = n_2 Red_1 + n_1 Ox_2$$

两电对的半反应及相应的能斯特方程式分别为

$$Ox_1 + n_1 e = Red_1 \qquad E_1 = E_1^{\ominus\prime} + \frac{0.059}{n_1} lg \frac{[Ox_1]}{[Red_1]}$$

$$Ox_2 + n_2 e = Red_2 \qquad E_2 = E_2^{\ominus\prime} + \frac{0.059}{n_2} lg \frac{[Ox_2]}{[Red_2]}$$

由反应达到平衡时 $E_1 = E_2$，得

$$E_1^{\ominus\prime} + \frac{0.059}{n_1} lg \frac{[Ox_1]}{[Red_1]} = E_2^{\ominus\prime} + \frac{0.059}{n_2} lg \frac{[Ox_2]}{[Red_2]}$$

整理上式得

$$\lg \frac{[Ox_2]^{n_1}[Red_1]^{n_2}}{[Ox_1]^{n_2}[Red_2]^{n_1}} = \lg K' = E_1 = \frac{(E^{\ominus '}_1 - E^{\ominus '}_2) n_1 n_2}{0.059}$$

若无副反应发生,可用标准电势计算平衡常数。

$$\lg K = \frac{(E^{\ominus}_1 - E^{\ominus}_2) n_1 n_2}{0.059} \qquad (6-16)$$

从式(6-16)可看出,氧化还原反应平衡常数 K 值的大小是直接由氧化剂和还原剂两电对的标准电位之差决定的。一般来讲,两电对的电位差越大,平衡常数 K 值也越大,反应进行越完全。那么平衡常数 K 值达到多大时,反应才能进行完全呢? 对于滴定反应,反应的完全程度应在 99.9% 以上,化学计量点时

$$\frac{[Red_1]}{[Ox_1]} \geq 10^3, \frac{[Ox_2]}{[Red_2]} \geq 10^3$$

当 $n_1 = n_2 = 1$ 时,$K' = \frac{[Ox_2][Red_1]}{[Ox_1][Red_2]} \geq 10^6$,即 $\frac{(E^{\ominus '}_1 - E^{\ominus '}_2)}{0.059} \geq 6$,所以 $E^{\ominus '}_1 - E^{\ominus '}_2 \geq$ 0.36 V。一般认为,两电对的条件电位相差在 0.4 V 以上氧化还原反应就能进行完全。

6.7.2 氧化还原反应的速度及其影响因素

氧化还原平衡常数 K 值的大小,只能表示氧化还原反应的完全程度,不能说明氧化还原反应的速度。如 H_2 和 O_2 反应生成 H_2O,$K = 10^{41}$。但是,在通常情况下几乎察觉不到反应的进行,只有在点火或者有催化剂存在的条件下,反应才能很快进行,甚至发生爆炸。因此,在讨论氧化还原反应时,除考虑反应进行的方向和程度以外,还要考虑反应的速度。

1. 反应物浓度

一般来讲,增加反应物浓度都能加快反应速度。对于 H^+ 参加的反应,提高酸度也能加快反应速度,例如在酸性溶液中 $K_2Cr_2O_7$ 与 KI 的反应:

$$Cr_2O_7^{2-} + 6I^- + 14H^+ \Longrightarrow 2Cr^{3+} + 3I_2 + 7H_2O$$

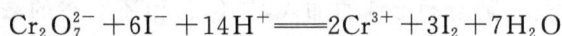

此反应的速度较慢,通常采用增加 H^+ 和 I^- 浓度的方法加快反应速度。实验证明:$[H^+]$ 保持在 $0.2 \sim 0.4 \ mol \cdot L^{-1}$,KI 过量 5 倍,放置 5 min,反应可进行完全。

2. 温度

实验证明,一般温度升高 10 ℃,反应速度可增加 $2 \sim 4$ 倍。

如在酸性溶液中,MnO_4^- 与 $C_2O_4^{2-}$ 的反应:

$$2MnO_4^- + 5C_2O_4^{2-} + 16H^+ \Longrightarrow 2Mn^{2+} + 5CO_2 \uparrow + 8H_2O$$

在室温下,反应进行很慢,不利于滴定。因此,在用 MnO_4^- 溶液滴定 $C_2O_4^{2-}$ 溶液时,可将溶液加热到 $75 \sim 85$ ℃以加快反应速度。

3. 催化反应和诱导反应

使用催化剂可以改变化学反应的速度。催化剂分正催化剂和负催化剂两类。正催化剂加快反应速度,而负催化剂减慢反应速度。通常采用的是正催化剂。

在酸性条件,MnO_4^- 与 $C_2O_4^{2-}$ 的反应即使在加热的条件下,反应仍较慢。但如果有 Mn^{2+} 的存在,则反应速度大大提高。在这里,Mn^{2+} 就是催化剂。Mn^{2+} 的参与改变了原来反

应的历程。其反应过程可能是：

$$Mn(Ⅶ)+Mn(Ⅱ)\longrightarrow Mn(Ⅵ)+Mn(Ⅲ)$$
$$Mn(Ⅵ)+Mn(Ⅱ)\longrightarrow 2Mn(Ⅳ)$$
$$Mn(Ⅳ)+Mn(Ⅱ)\longrightarrow 2Mn(Ⅲ)$$

生成的 $Mn(Ⅲ)$ 能与 $C_2O_4^{2-}$ 反应生成 $Mn(C_2O_4)^+$、$Mn(C_2O_4)_2^-$、$Mn(C_2O_4)_3^{3-}$ 等一系列络合物，它们又分解为 Mn^{2+} 和 CO_2，作为催化剂的 Mn^{2+} 又恢复到原来的状态。

在酸性介质中，MnO_4^- 被还原为 Mn^{2+}，所以在用 $KMnO_4$ 滴定 $H_2C_2O_4$ 时，催化剂 Mn^{2+} 也可以由反应本身产生。这种生成物本身就起催化作用的反应称为自催化反应。自催化反应的特点就是反应开始时，反应速度比较慢，随着反应的进行，生成物逐渐增多，反应速度逐渐加快；随后，由于反应物的浓度越来越低，反应速度又逐渐降低。

MnO_4^- 氧化 Cl^- 的速度极慢，但是，当溶液中同时存在有 Fe^{2+} 时，MnO_4^- 与 Fe^{2+} 的反应可以加速 MnO_4^- 与 Cl^- 的反应。在氧化还原反应中，像这种由于一种反应（诱导反应）的进行，能够诱发反应速度极慢或不能进行的另一种反应（主反应）的现象，叫作诱导作用。例如：

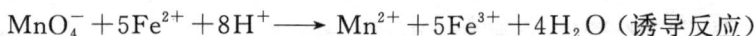

$$2MnO_4^-+10Cl^-+16H^+\longrightarrow 2Mn^{2+}+5Cl_2+8H_2O（主反应）$$
$$MnO_4^-+5Fe^{2+}+8H^+\longrightarrow Mn^{2+}+5Fe^{3+}+4H_2O（诱导反应）$$

其中 MnO_4^- 称为作用体，Fe^{2+} 称为诱导体，Cl^- 称为受诱体。

诱导反应和催化反应是不相同的。在催化反应中，催化剂参加反应后又变回到原来的组成；而在诱导反应中，诱导体参加反应后，变为其它物质。

6.8　氧化还原滴定法的基本原理

6.8.1　氧化还原滴定曲线

在氧化还原滴定过程中，随着滴定剂的加入，氧化态和还原态的浓度发生改变，有关电对的电极电势也将随之改变。这种电极电势改变的情况可以用滴定曲线来表示，即以滴定过程中的电极电势为纵坐标，以加入滴定剂的体积或滴定分数为横坐标绘制的曲线。滴定曲线一般通过实验测得。若反应中两电对是可逆的，也可以通过能斯特方程式从理论上计算。

现以 $0.1000\ mol \cdot L^{-1}$ $Ce(SO_4)_2$ 标准溶液在 $1\ mol \cdot L^{-1}$ H_2SO_4 中滴定 $20.00\ mL$ $0.1000\ mol \cdot L^{-1}$ Fe^{2+} 溶液为例，说明滴定过程中电极电势的计算方法。滴定反应为

$$Ce^{4+}+Fe^{2+}\Longrightarrow Ce^{3+}+Fe^{3+}$$

滴定前，溶液为 $0.1000\ mol \cdot L^{-1}$ 的 Fe^{2+} 溶液，但由于空气中氧的氧化作用，溶液中会不可避免地有痕量 Fe^{3+} 的存在，组成 Fe^{3+}/Fe^{2+} 电对。但由于此时 Fe^{3+} 的浓度无法知道，因此此时的电极电势也就无法计算。

在化学计量点前，溶液中存在有 Fe^{3+}/Fe^{2+} 和 Ce^{4+}/Ce^{3+} 两个电对，两个电对的电极电势分别为

$$E=E^{\ominus'}(Fe^{3+}/Fe^{2+})+0.0591\lg\frac{[Fe^{3+}]}{[Fe^{2+}]}$$

$$E=E^{\ominus'}(Ce^{4+}/Ce^{3+})+0.0591\lg\frac{[Ce^{4+}]}{[Ce^{3+}]}$$

其中 $E^{\ominus'}(Fe^{3+}/Fe^{2+})=0.68$ V，$E^{\ominus'}(Ce^{4+}/Ce^{3+})=1.44$ V。

化学计量点前，加入的 Ce^{4+} 几乎全部被还原为 Ce^{3+}，溶液中 Ce^{4+} 浓度极小且不易直接求得。此时，若知道了滴定百分数，$[Fe^{3+}]/[Fe^{2+}]$ 的值就确定了，这样可方便地利用 Fe^{3+}/Fe^{2+} 电对计算电极电势值。例如，当滴定了 50% 时，$[Fe^{3+}]/[Fe^{2+}]=1$

$$E=E^{\ominus'}(Fe^{3+}/Fe^{2+})+0.059\lg\frac{[Fe^{3+}]}{[Fe^{2+}]}=0.68 \text{ V}$$

当滴定到 99.9% 时，$[Fe^{3+}]/[Fe^{2+}]=999\approx10^3$

$$E=E^{\ominus'}(Fe^{3+}/Fe^{2+})+0.059\lg\frac{[Fe^{3+}]}{[Fe^{2+}]}=0.86 \text{ V}$$

化学计量点时，Ce^{4+} 和 Fe^{2+} 都定量地变成 Ce^{3+} 和 Fe^{3+}，此时，Ce^{4+} 和 Fe^{2+} 浓度很小无法直接求得，不能单独按某一电对计算电极电势值，而需要通过两电对的能斯特方程式联立求得。设化学计量点时的电极电势为 E_{sp}，则

$$E_{sp}=E^{\ominus'}(Fe^{3+}/Fe^{2+})+0.059\lg\frac{[Fe^{3+}]}{[Fe^{2+}]}$$

$$E_{sp}=E^{\ominus'}(Ce^{4+}/Ce^{3+})+0.059\lg\frac{[Ce^{4+}]}{[Ce^{3+}]}$$

将以上两式相加，整理后得

$$E_{sp}=\frac{E^{\ominus'}(Fe^{3+}/Fe^{2+})+E^{\ominus'}(Ce^{4+}/Ce^{3+})}{2}+\frac{0.059}{2}\lg\frac{[Fe^{3+}][Ce^{4+}]}{[Fe^{2+}][Ce^{3+}]}$$

由滴定反应方程式可知，计量点时

$$[Ce^{4+}]=[Fe^{2+}], [Ce^{3+}]=[Fe^{3+}]$$

则 $E_{sp}=\dfrac{0.68+1.44}{2}=1.06$ V。

对于一般的氧化还原反应：

$$n_2Ox_1+n_1Red_2 \Longrightarrow n_2Red_1+n_1Ox_2$$

化学计量点时的电极电势按下式计算

$$E_{sp}=\frac{n_1E^{\ominus'}(OX_1/Red_1)+n_2E^{\ominus'}(Ox_2/Red_2)}{n_1+n_2} \tag{6-17}$$

化学计量点后，Fe^{2+} 几乎全部被氧化为 Fe^{3+}，Fe^{2+} 不易直接求得，但由加入过量 Ce^{4+} 的百分数，就可知道 $c(Ce^{4+})/c(Ce^{3+})$ 的值，此时，按 Ce^{4+}/Ce^{3+} 电对计算电极电势。

例如，当加入过量 0.1% Ce^{4+} 时

$$E=E^{\ominus'}(Ce^{4+}/Ce^{3+})+0.059\lg\frac{[Ce^{4+}]}{[Ce^{3+}]}=1.26 \text{ V}$$

由上面的计算可知，从化学计量点前剩余 0.1% 到化学计量点后过量 0.1%，溶液的电势由 0.86V 增加到 1.26V，改变了 0.4V，这个变化称为滴定电势突跃(见图 6-5)。电势突跃的大小和氧化剂和还原剂两电对的条件电极电势的差值有关。条件电极电势相差越大，电势突跃越大；反之亦然。电势突跃的范围是选择氧化还原指示剂的依据。

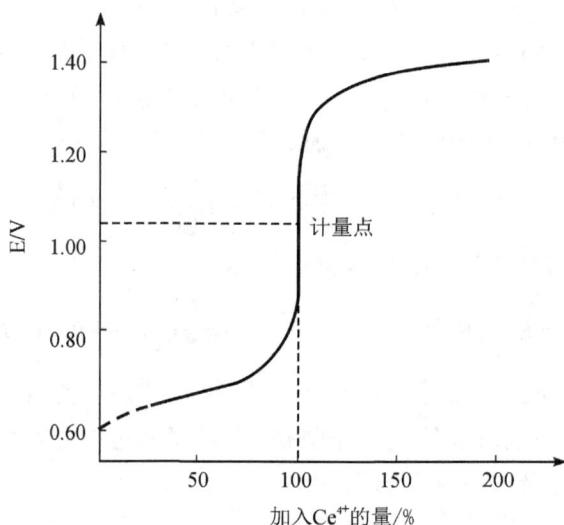

图 6-5 Ce^{4+} 溶液滴定 Fe^{2+} 溶液的滴定曲线

6.8.2 氧化还原滴定法中的指示剂

在氧化还原滴定中,除可以用电位法确定滴定终点外,也可以用指示剂来确定滴定终点。氧化还原滴定中常用的指示剂有以下几种类型。

1. 氧化还原指示剂

这类指示剂本身具有氧化还原性质,其氧化态和还原态具有不同的颜色。在滴定过程中,指示剂因被氧化或被还原而使氧化态和还原态的浓度发生改变,引起颜色的变化从而指示终点的到达。

以 In(O) 和 In(R) 分别表示指示剂的氧化态和还原态,则其半反应和能斯特方程式分别为

$$\text{In(O)} + n\text{e} \Longrightarrow \text{In(R)}$$

$$E = E_{\text{In}}^{\ominus'} + \frac{0.059}{n}\lg\frac{[\text{In(O)}]}{[\text{In(R)}]}$$

当 $[\text{In(O)}]/[\text{In(R)}] \geqslant 10$ 时,溶液呈现氧化态的颜色,此时 $E \geqslant E_{\text{In}}^{\ominus'} + \dfrac{0.059}{n}$;

当 $[\text{In(O)}]/[\text{In(R)}] \leqslant \dfrac{1}{10}$ 时,溶液呈现还原态的颜色,此时 $E \leqslant E_{\text{In}}^{\ominus'} - \dfrac{0.059}{n}$;

则指示剂变色的电势范围为 $E \leqslant E_{\text{In}}^{\ominus'} \pm \dfrac{0.059}{n}$。

表 6-2 列出了一些重要的氧化还原指示剂。在选择指示剂时,应使指示剂的条件电极电势尽量与化学计量点电极电势一致,以减少终点误差。在实际滴定中,指示剂的变色范围应包括在滴定进行 99.9%~100.1% 之间(即指示剂的变色范围应落在滴定突跃范围之内),对于对称电对组成的氧化还原反应,应满足

$$E_2^{\ominus'} + \frac{0.059 \times 3}{n_2} < E_{In} < E_1^{\ominus'} - \frac{0.059 \times 3}{n_1}$$

此式为选择氧化还原指示剂的依据。

表 6 - 2　一些氧化还原示剂的条件电势及颜色变化

指示剂	$E_{In}^{\ominus'}/V$ ([H$^+$]=1 mol · L^{-1})	颜色变化	
		氧化态	还原态
亚甲基蓝	0.36	蓝	无色
二苯胺	0.76	紫	无色
二苯胺磺酸钠	0.84	紫红	无色
邻苯氨基苯甲酸	0.89	紫红	无色
邻二氮菲-亚铁	1.06	浅蓝	红
硝基邻二氮菲-亚铁	1.25	浅蓝	紫红

2. 自身指示剂

在氧化还原滴定中,有些标准溶液或被滴定物质本身具有颜色,而其反应产物无色或颜色很浅,则滴定中无需另外加入指示剂,滴定剂或被滴定物质本身颜色变化就起着指示剂的作用,这种指示剂叫作自身指示剂。例如,在用 $KMnO_4$ 滴定无色或浅色的还原性溶液时,由于 $KMnO_4$ 本身呈紫红色,而其还原产物 Mn^{2+} 则几乎无色。在滴定到化学计量点时,稍微过量的 $KMnO_4$ 就可使溶液呈粉红色,从而指示终点。此时,$KMnO_4$ 的浓度约为 2×10^{-6} mol · L^{-1}。

3. 特殊指示剂

这类指示剂本身不具有氧化还原性,但它能与氧化剂或还原剂作用而产生特殊的颜色,因而可以指示滴定终点的到达。例如,可溶性淀粉与碘溶液反应,生成深蓝色化合物,当 I_2 被还原为 I^- 时,深蓝色消失。因此,在碘量法中,利用淀粉溶液作指示剂。此反应灵敏度较高,在室温下,用淀粉可检出约 10^{-5} mol · L^{-1} 的碘。温度升高,灵敏度降低。

6.8.3　氧化还原滴定前的预处理

在氧化还原滴定之前,试样通常需要预先处理,使待测组分处于一种适合滴定的价态。将试样处理为适合滴定价态的操作步骤称为试样预处理。比如,当 Fe^{3+} 和 Fe^{2+} 共存测定总铁含量时,可将 Fe^{3+} 预先还原为 Fe^{2+},然后用高锰酸钾标准溶液滴定。测定 Cr^{3+} 时,找不到合适的氧化剂直接滴定 Cr^{3+},但是可以用 $(NH_4)_2S_2O_8$ 进行预先处理,将 Cr^{3+} 氧化为 $K_2Cr_2O_7$,然后用 Fe^{2+} 标准溶液滴定。

不是所有的氧化剂、还原剂都能用作预处理时所用试剂,通常它们需要满足下列条件:

(1)能将被测组分定量、完全地氧化或者还原为待滴定价态;

(2)反应速率快;

(3)反应必须具有一定选择性;

(4)过量氧化剂和还原剂易于除去。

除去过量氧化剂和还原剂的办法通常有：利用化学反应、加热分解、过滤等。比如利用 $HgCl_2$ 除去过量的 $SnCl_2$；氧化剂 $(NH_4)_2S_2O_8$ 可采用加热煮沸分解而除去。

预处理常用的氧化剂有 $KMnO_4$、$(NH_4)_2S_2O_8$、H_2O_2、Cl_2、$HClO_4$、KIO_4 等；还原剂有 $SnCl_2$、SO_2、$TiCl_3$ 等。

6.9 氧化还原滴定法分类

根据所用滴定剂不同，氧化还原滴定法分为：高锰酸钾法、重铬酸钾法、碘量法、溴酸钾法等。其中氧化剂用得较多，这是因为还原剂作为滴定剂时容易被空气中的氧氧化从而影响方法的准确度。总之，每种方法都有其各自的特点和应用范围，应根据实际情况选用。

6.9.1 高锰酸钾法

1. 概述

高锰酸钾是一种强氧化剂，其氧化能力和还原产物均与溶液的酸度有关。在强酸性溶液中，MnO_4^- 被还原为 Mn^{2+}：

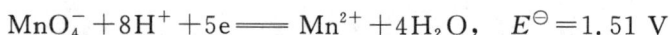

$$MnO_4^- + 8H^+ + 5e \Longrightarrow Mn^{2+} + 4H_2O, \quad E^\ominus = 1.51 \text{ V}$$

在弱酸性、中性和弱碱性溶液中，MnO_4^- 被还原为 MnO_2：

$$MnO_4^- + 2H_2O + 3e \Longrightarrow MnO_2 + 4OH^-, \quad E^\ominus = 0.59 \text{ V}$$

在 NaOH 浓度大于 2 mol/L 的强碱性溶液中，MnO_4^- 被还原为 MnO_4^{2-}：

$$MnO_4^- + e \Longrightarrow MnO_4^{2-}, \quad E^\ominus = 0.56 \text{ V}$$

因此，在高锰酸钾法中，应根据被测物质的性质来选择和控制酸度，以保证滴定反应按照确定的反应式进行。在实际应用中，本方法主要在强酸性条件下进行，采用 H_2SO_4 作为反应介质，而不用 HCl 和 HNO_3。

高锰酸钾法的优点是 $KMnO_4$ 氧化能力强，应用广泛，可用于许多无机物和有机物的直接、间接测定；本身呈紫红色，在滴定无色或浅色溶液时，一般无需外加指示剂。其缺点是 $KMnO_4$ 试剂常含有少量杂质，$KMnO_4$ 易与水和空气中存在的某些微量还原性物质反应，因此，$KMnO_4$ 标准溶液不太稳定；又由于 $KMnO_4$ 氧化能力强，可以和许多还原性物质反应，所以方法的选择性较差。

2. $KMnO_4$ 溶液的配制与标定

市售 $KMnO_4$ 试剂中常含有少量 MnO_2 和其它杂质，蒸馏水中也常含有微量还原性物质，它们可与 $KMnO_4$ 反应而析出 $MnO(OH)_2$ 沉淀，这些生成物以及热、光、酸、碱等外界条件均会促进 $KMnO_4$ 的分解，因而，$KMnO_4$ 标准溶液不能通过直接法配制。

为了配制较稳定的 $KMnO_4$ 溶液，常采取下列措施：称取稍多于计算量的 $KMnO_4$，将其溶解在规定量的蒸馏水中；将配制好的溶液加热至沸，并保持微沸状态约 1 h，然后放置 2～3 d，使溶液中可能存在的还原性物质完全被氧化；然后用微孔玻璃漏斗过滤，滤去析出的沉淀；将过滤后的溶液储存于棕色试剂瓶中，以待标定。如需要使用浓度较稀的高锰酸钾溶液，将浓的 $KMnO_4$ 溶液用蒸馏水临时稀释和标定后使用。

标定 $KMnO_4$ 溶液的基准物质较多,有 $Na_2C_2O_4$、As_2O_3、$H_2C_2O_4 \cdot H_2O$ 和纯铁丝等。其中 $Na_2C_2O_4$ 以容易提纯,性质稳定,不含结晶水,而较为常用。使用前,$Na_2C_2O_4$ 应在 $105\sim110\ ℃$ 烘干约 2 h 后冷却。MnO_4^- 与 $C_2O_4^{2-}$ 的反应如下:

$$2MnO_4^- + 5C_2O_4^{2-} + 16H^+ = 2Mn^{2+} + 10CO_2\uparrow + 8H_2O$$

在滴定中,应注意以下几点。

(1)温度:室温下,反应进行较慢。因此常将溶液加热至 $70\sim85\ ℃$ 时进行滴定;但温度不宜过高,若高于 $90\ ℃$,会使部分 $H_2C_2O_4$ 发生分解:

$$H_2C_2O_4 \longrightarrow CO_2 + CO + H_2O$$

(2)酸度:酸度过低,$KMnO_4$ 易分解为 MnO_2;酸度过高,会促使 $H_2C_2O_4$ 分解,一般滴定开始时的酸度应控制在 $0.5\sim1\ mol \cdot L^{-1}$。

(3)滴定速度:开始滴定时的速度不宜太快,否则加入的 $KMnO_4$ 溶液来不及与 $C_2O_4^{2-}$ 反应,即在热的酸性溶液中分解:

$$4MnO_4^- + 12H^+ \longrightarrow 4Mn^{2+} + 5O_2 + 6H_2O$$

(4)催化剂:开始加入的几滴 $KMnO_4$ 溶液褪色较慢,随着滴定产物 Mn^{2+} 的生成,反应速度逐渐加快。因此,可于滴定前加入几滴 $MnSO_4$ 作为催化剂。

(5)指示剂:$KMnO_4$ 自身可作为滴定时的指示剂。但使用浓度低于 $0.002\ mol \cdot L^{-1}$ 的 $KMnO_4$ 溶液作为滴定剂时,应加入二苯胺磺酸钠或邻二氮菲-亚铁等指示剂来确定终点。

(6)滴定终点:用 $KMnO_4$ 溶液滴定至终点后,溶液中出现的粉红色不能持久,这是由于空气中的还原性物质和灰尘能使 $KMnO_4$ 还原,使溶液的粉红色逐渐消失。所以,滴定时,溶液出现的粉红色如在 $0.5\sim1\ min$ 内不褪色,即可认为已经到达滴定终点。

3. 应用示例

用 $KMnO_4$ 溶液作滴定剂时,根据被测物质的性质,可采用不同的滴定方式。

1)直接滴定法——H_2O_2 含量的测定

在酸性溶液中,高锰酸钾能定量氧化过氧化氢,反应式为

$$2MnO_4^- + 5H_2O_2 + 6H^+ = 2Mn^{2+} + 5O_2\uparrow + 8H_2O$$

滴定开始时,反应比较慢,待有少量 Mn^{2+} 生成后,由于 Mn^{2+} 的催化作用,反应速度加快。因此,可用 $KMnO_4$ 标准溶液直接滴定 H_2O_2。许多还原性物质如 $FeSO_4$、$H_2C_2O_4$、Sn^{2+} 和 As(Ⅲ)等,均可用 $KMnO_4$ 标准溶液直接滴定。

2)返滴定法——软锰矿中 MnO_2 含量的测定

氧化性物质,不能用 $KMnO_4$ 标准溶液直接滴定,可采用返滴定法进行滴定。例如:测软锰矿中 MnO_2 含量时,可在 H_2SO_4 存在下,加入准确而过量的 $Na_2C_2O_4$ 于试样溶液中,加热,待 MnO_2 反应完全后,用 $KMnO_4$ 标准溶液滴定剩余的 $Na_2C_2O_4$。通过 $Na_2C_2O_4$ 的加入量和 $KMnO_4$ 标准溶液消耗量之差可求得软锰矿中 MnO_2 的含量。

3)间接滴定法——Ca^{2+} 的测定

本身不具有氧化或还原性的物质,不能用 $KMnO_4$ 标准溶液直接滴定或返滴定,可采用间接滴定法进行测定。如测定 Ca^{2+} 时,首先用 $Na_2C_2O_4$ 将 Ca^{2+} 沉淀为 CaC_2O_4,沉淀经过滤洗涤后溶于热的稀 H_2SO_4 中,再用 $KMnO_4$ 标准溶液滴定溶液中的 $C_2O_4^{2-}$,根据消耗 $KMnO_4$ 标准溶液的量可间接求得 Ca^{2+} 的含量。

凡是能与 $C_2O_4^{2-}$ 定量地生成沉淀的金属离子,均可通过间接滴定法进行测定,如 Th^{4+} 和稀土元素。

6.9.2　重铬酸钾法

1. 概述

$K_2Cr_2O_7$ 是一种强的氧化剂,在酸性溶液中,$K_2Cr_2O_7$ 被还原为 Cr^{3+}:

$$Cr_2O_7^{2-} + 14H^+ + 6e \Longrightarrow 2Cr^{3+} + 7H_2O, \quad E^{\ominus} = 1.33 \text{ V}$$

与高锰酸钾法相比,重铬酸钾法具有如下特点:$K_2Cr_2O_7$ 容易提纯;在 140~150 ℃干燥后,可直接称量配制标准溶液;$K_2Cr_2O_7$ 标准溶液非常稳定,可以长期保存和使用。0.017 mol·L^{-1} $K_2Cr_2O_7$ 溶液保存 24 a 后其浓度无显著改变。

$K_2Cr_2O_7$ 氧化能力弱于 $KMnO_4$。在 1 mol·L^{-1} HCl 溶液中 $E^{\ominus'} = 1.00$ V,室温下不与 Cl^- 作用 ($E^{\ominus'}(Cl_2/Cl^-) = 1.36$ V)。因此,可在 HCl 溶液中滴定 Fe^{2+}。

$K_2Cr_2O_7$ 本身呈橙色,其还原产物 Cr^{3+} 显绿色,对橙色有掩盖作用,终点时无法辨别出 $K_2Cr_2O_7$ 的橙色。因此,重铬酸钾法常采用二苯胺磺酸钠作为指示剂。

2. 应用示例

1)铁矿石中全铁含量的测定

重铬酸钾法最重要的应用是测定 Fe 的含量,是铁矿石中全铁含量测定的标准方法。

试样用热的浓 HCl 分解后,趁热用 $SnCl_2$ 将 Fe^{3+} 还原为 Fe^{2+},过量的 $SnCl_2$ 用 $HgCl_2$ 氧化,此时溶液中析出 Hg_2Cl_2 丝状白色沉淀,然后在 1~2 mol·L^{-1} H_2SO_4 - H_3PO_4 混合酸介质中,以二苯胺磺酸钠作指示剂,用 $K_2Cr_2O_7$ 标准溶液滴定 Fe^{2+}。

$$Cr_2O_7^{2-} + 6Fe^{2+} + 14H^+ \Longrightarrow 2Cr^{3+} + 6Fe^{3+} + 7H_2O$$

$$SnCl_2 + 2HgCl_2 \Longrightarrow SnCl_4 + Hg_2Cl_2 \downarrow$$

为减少终点误差,常于试液中加入 H_3PO_4,使 Fe^{3+} 生成无色而稳定的 $Fe(HPO_4)_2^-$,降低了电对的电位,因而增大了滴定突跃范围;此外,由于生成无色而稳定的 $Fe(HPO_4)_2^-$,消除了 Fe^{3+} 的黄色,有利于终点观察。

该方法简便准确,曾在生产中广泛应用,但由于该方法中使用了含汞试剂,造成了环境污染,因此,现在提倡采用无汞测铁法,如 $SnCl_2$ - $TiCl_3$ 联合还原法。试样经盐酸分解后,先用 $SnCl_2$ 还原大部分的 Fe^{3+},然后在 Na_2WO_4 存在下,用 $TiCl_3$ 还原剩余的 Fe^{3+},稍过量的 $TiCl_3$ 将 Na_2WO_4 还原为钨蓝,使溶液呈现蓝色,以指示 Fe^{3+} 被还原完全。滴加稀的 $K_2Cr_2O_7$ 溶液或以 Cu^{2+} 为催化剂利用空气氧化使钨蓝氧化而恰好褪色,以除去过量的 $TiCl_3$。再于 H_2SO_4 - H_3PO_4 混合酸介质中,以二苯胺磺酸钠作指示剂,用 $K_2Cr_2O_7$ 标准溶液滴定 Fe^{2+}。

2)化学需氧量的测定

化学需氧量(Chemical Oxygen Demand,COD)是还原性物质污染的重要指标,在一定程度上可以说明水体受有机物污染的状况,是水质检测的重要项目之一。测定废水的 COD,一般使用 $K_2Cr_2O_7$ 标准回流法。测定步骤如下:于水样中加入 $HgSO_4$ 以消除 Cl^- 的干扰,加入过量的 $K_2Cr_2O_7$ 标准溶液,在强酸性介质中,以 Ag_2SO_4 为催化剂,加热回流 2 h,然后以邻二氮菲-亚铁为指示剂,用 Fe^{2+} 标准溶液测定过量的 $K_2Cr_2O_7$。根据所消耗的 $K_2Cr_2O_7$ 和 Fe^{2+} 的量可计算出 COD。该法适用范围广泛,可用于污水中化学需氧量的测定,缺点是测定中引入了 $Cr(Ⅵ)$、Hg^{2+} 等有害物质。

6.9.3　碘量法

1. 概述

碘量法是利用 I_2 的氧化性或 I^- 的还原性来进行滴定的分析方法。由于固体 I_2 在水中的溶解度较小($0.00133\ mol \cdot L^{-1}$),通常是将 I_2 溶解在 KI 溶液中,此时 I_2 在溶液中以 I_3^- 形式存在。滴定的基本反应为

$$I_2 + 2e \Longleftrightarrow 2I^-, \quad E^{\ominus} = 0.535\ V$$

可见,I_2 是一种较弱的氧化剂,而 I^- 是一种中等强度的还原剂。据此,碘量法分为直接碘量法和间接碘量法,可分别用于还原性物质和氧化性物质的测定。

I_2/I^- 电对的可逆性好,副反应少,其电位在很大的 pH 范围内($pH<9$)不受酸度的影响。碘量法采用淀粉作指示剂,灵敏度高。由于这些优点,该方法应用十分广泛。

碘量法的误差来源主要有两个:一是 I_2 易挥发;二是 I^- 易被空气中的氧氧化。

(1)为防止 I_2 的挥发,可采取的措施如:加入过量的 I^- 使 I_2 与之形成 I_3^-,以降低 I_2 的挥发性,提高淀粉指示剂的灵敏度;反应时溶液的温度不能高,一般在室温下进行,因为升高温度会增大 I_2 的挥发性,降低淀粉指示剂的灵敏度;析出碘的反应最好在带塞的碘量瓶中进行,滴定时勿剧烈摇动。

(2)为防止 I^- 被空气中的氧氧化,可采取的措施如:避光,光照对 I^- 的氧化有催化作用,因此应将反应物置于暗处进行反应,滴定时应避免阳光直射,I_3^- 溶液应保存在棕色瓶中;酸度增高亦能加速 I^- 的氧化,若反应在较高的酸度下进行,则在滴定前应稀释溶液以降低酸度;在间接碘量法中,当析出 I_2 的反应完成后,应立即用 $Na_2S_2O_3$ 滴定,滴定速度也应适当加快。

2. 标准溶液的配制与标定

在碘量法中,会经常使用到 $Na_2S_2O_3$ 和 I_2 两种标准溶液,下面分别介绍这两种溶液的配制和标定方法。

1)$Na_2S_2O_3$ 溶液的配制与标定

固体 $Na_2S_2O_3 \cdot 5H_2O$ 容易风化潮解,常含有少量 S、Na_2S、Na_2SO_3 等杂质,因此不能用直接法配制标准溶液。配制好的 $Na_2S_2O_3$ 溶液不稳定、易分解,这是由于在水中的微生物、CO_2、空气中 O_2 的作用下,发生了下列反应

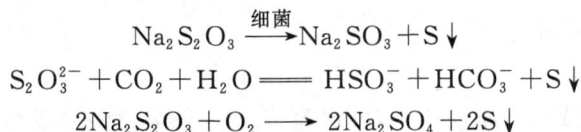

$$Na_2S_2O_3 \xrightarrow{\text{细菌}} Na_2SO_3 + S \downarrow$$

$$S_2O_3^{2-} + CO_2 + H_2O \Longrightarrow HSO_3^- + HCO_3^- + S \downarrow$$

$$2Na_2S_2O_3 + O_2 \longrightarrow 2Na_2SO_4 + 2S \downarrow$$

因此,在配制 $Na_2S_2O_3$ 溶液时,需要用新煮沸(除去 CO_2 和杀死细菌)并冷却的蒸馏水,加入少量 $0.02\% Na_2CO_3$ 使溶液呈碱性以抑制细菌生长。另外,日光也能促使 $Na_2S_2O_3$ 分解,所以 $Na_2S_2O_3$ 溶液应保存于棕色瓶中,放置于暗处,经一两周后再标定。

标定 $Na_2S_2O_3$ 溶液的基准物质有 K_2CrO_7、KIO_3、纯铜等。这些物质都能与 KI 反应而析

出 I_2：

$$Cr_2O_7^{2-}+6I^-+14H^+ \Longrightarrow 2Cr^{3+}+3I_2+7H_2O$$
$$IO_3^-+5I^-+6H^+ \Longrightarrow 3I_2+3H_2O$$
$$2Cu^{2+}+4I^- \Longrightarrow 2CuI\downarrow+I_2$$

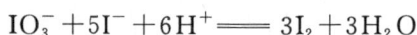

生成的 I_2 用 $Na_2S_2O_3$ 标准溶液滴定

$$I_2+2S_2O_3^{2-} \Longrightarrow S_4O_6^{2-}+2I^-$$

标定时应注意以下几点：

(1) 溶液的酸度越大，反应速度越大。但酸度太大时，I^- 易被空气中的 O_2 氧化。酸度一般以 $0.2\sim0.4\ mol\cdot L^{-1}$ 为宜。

(2) $K_2Cr_2O_7$ 与 KI 反应速度较慢，应将反应液置于碘瓶或盖有表面皿的锥形瓶中，暗处放置 5 min，待反应完全，再进行滴定。

(3) 在以淀粉为指示剂时，应先以 $Na_2S_2O_3$ 溶液滴定至溶液呈浅黄色（大部分 I_2 已作用），然后加入淀粉溶液，用 $Na_2S_2O_3$ 溶液滴定至蓝色恰好消失，即为终点。淀粉指示剂若加入过早，则大量的 I_2 与淀粉结合为蓝色物质，这一部分 I_2 就不容易与 $Na_2S_2O_3$ 反应，因而造成滴定误差。

2)I_2 溶液的配制与标定

用升华法制得的纯碘，可以直接配制 I_2 标准溶液。但由于碘的挥发性及对天平的腐蚀，不宜在分析天平上直接称量。因此，通常是用市售的纯碘先配一近似浓度的溶液，然后再进行标定。

配制时，先在托盘天平上称取一定量的 I_2，加入过量 KI，置研钵中加少量水研磨，使 I_2 全部溶解，然后加水稀释，贮存于棕色瓶中于暗处保存。

I_2 溶液应避免与橡胶等有机物接触，也要防止见光遇热，否则浓度将发生变化。I_2 溶液的浓度，可用已标定好的 $Na_2S_2O_3$ 标准溶液标定获得，也可用基准物 As_2O_3 来标定。As_2O_3 难溶于水，易溶于碱生成亚砷酸。

$$As_2O_3+6OH^- \Longrightarrow 2AsO_3^{3-}+3H_2O$$

亚砷酸与 I_2 的反应如下：

$$AsO_3^{3-}+I_2+H_2O \rightleftharpoons AsO_4^{3-}+2I^-+2H^+$$

这个反应是可逆的。在中性或弱碱性溶液中（$pH\approx8$），反应能定量地向右进行；在酸性溶液中，则 AsO_4^{3-} 氧化 I^- 而析出 I_2。

3. 应用实例

1)直接碘量法

直接碘量法的基本反应是

$$I_2+2e \Longrightarrow 2I^-$$

电位比 $E^{\ominus}(I_2/I^-)$ 低的还原性物质，可以直接用 I_2 的标准溶液进行滴定。由于 I_2 的氧化能力不强，能被氧化的物质有限，所以直接碘量法的应用受到一定的限制，主要用于 S^{2-}、SO_3^{2-}、Sn^{2+}、$S_2O_3^{2-}$、AsO_3^{3-} 等强还原性物质的测定。

在酸性溶液中，I_2 能氧化 S^{2-}：

$$H_2S+I_2 \Longrightarrow S+2I^-+2H^+$$

因此可用淀粉为指示剂,用 I_2 标准溶液滴定 H_2S。滴定不能在碱性溶液中进行,否则部分 S^{2-} 将被氧化为 SO_4^{2-}。

$$S^{2-}+4I_2+8OH^- \Longrightarrow SO_4^{2-}+8I^-+4H_2O$$

而且 I_2 也会发生歧化反应。

测定气体中的 H_2S 时,用 Cu^{2+} 或 Cd^{2+} 的氨性溶液吸收 H_2S,然后加入一定量过量的 I_2 标准溶液,用 HCl 将溶液酸化,最后以淀粉为指示剂,用 $Na_2S_2O_3$ 标准溶液滴定过量的 I_2。

2)间接碘量法

间接碘量法的基本反应是

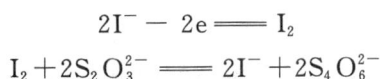

$$2I^- - 2e \Longrightarrow I_2$$
$$I_2+2S_2O_3^{2-} \Longrightarrow 2I^-+2S_4O_6^{2-}$$

电位比 $E^{\ominus}(I_2/I^-)$ 高的氧化性物质,可在一定条件下,用碘离子来还原,定量析出 I_2,然后用 $Na_2S_2O_3$ 标准溶液滴定释放的 I_2。间接碘量法可用于 Cu^{2+}、CrO_4^{2-}、$Cr_2O_7^{2-}$、IO_3^-、BrO_3^-、ClO^-、NO_2^-、H_2O_2 等氧化性物质的测定。

例如铜矿石中铜的测定。在待测 Cu^{2+} 溶液中加入过量 I^-,发生反应

$$2Cu^{2+}+4I^- \Longrightarrow 2CuI+I_2$$

这时,I^- 既是还原剂(将 Cu^{2+} 还原为 Cu^+),又是沉淀剂(将 Cu^+ 沉淀为 CuI),还是络合剂(将 I_2 络合为 I_3^-)。生成的 I_2(或 I_3^-)用 $Na_2S_2O_3$ 标准溶液滴定,以淀粉为指示剂,蓝色褪去即为终点。

由于 CuI 沉淀表面吸附 I_2,往往使这部分 I_2 还未被滴定而溶液已经褪色,造成分析结果偏低。为此,可在临近终点时加入 SCN^-,使 CuI 转化为溶解度更小的 CuSCN。

$$CuI+SCN^- \Longrightarrow CuSCN\downarrow+I^-$$

CuSCN 吸附 I_2 倾向小,可以减少误差。

若待测溶液中有 Fe^{3+} 共存,由于 Fe^{3+} 也能氧化 I^- 而干扰铜的测定,可加入 NH_4HF_2,使 Fe^{3+} 生成 $(FeF_6)^{3-}$,降低了 Fe^{3+}/Fe^{2+} 电对电位,使 Fe^{3+} 不能氧化 I^-。

6.10　氧化还原滴定法的应用

氧化还原滴定结果计算的关键是求得待测组分与滴定剂之间的计量关系,而此计量关系又是以一系列有关的反应式为基础的。当这些计量关系被确定后,就可根据滴定剂消耗的量求得待测组分的含量。例如待测组分 A 经过一系列化学反应后得到的产物 P,再用滴定剂 T 来滴定。各步反应式所确定的计量关系为

$$a\,A \Leftrightarrow p\,P \Leftrightarrow t\,T$$

故待测组分 A 与滴定剂 T 之间的计量关系为

$$a\,A \Leftrightarrow t\,T$$

例 6-11　称取软锰矿试样 0.2500 g,加入 0.3500 g $H_2C_2O_4 \cdot 2H_2O$ 及适量 H_2SO_4,加热至完全反应。过量的草酸用 0.02000 mol·L^{-1} KMnO$_4$ 标准溶液 25.80 mL 滴定至终点,求试样中 MnO_2 的质量分数。

解:有关反应为

$$MnO_2 + H_2C_2O_4 + 2H^+ \Longrightarrow Mn^{2+} + 2CO_2 \uparrow + 2H_2O$$

$$2MnO_4^- + 5H_2C_2O_4 + 6H^+ \Longrightarrow 2Mn^{2+} + 10CO_2 \uparrow + 8H_2O$$

各物质间计量关系为 $5MnO_2 \Leftrightarrow 5H_2C_2O_4 \Leftrightarrow 2MnO_4^-$。

$$w_{MnO_2} = \frac{\dfrac{m(H_2C_2O_4 \cdot 2H_2O)}{M(H_2C_2O_4 \cdot 2H_2O)} - \dfrac{5}{2} \times [KMnO_4] \times V(KMnO_4) \times M(MnO_2)}{m_s} \times 100\%$$

$$= \frac{\left(\dfrac{0.3500}{126.07} - \dfrac{5}{2} \times 0.02000 \times 25.80 \times 10^{-3}\right) \times 86.94}{0.2500} \times 100\%$$

$$= 51.82\%$$

例 6－12　称取苯酚试样 0.5000 g，溶解后配制成 250.0 mL 溶液。从中移取 25.00 mL 试液于碘量瓶，加入 $KBrO_3 - KBr$ 标准溶液 25.00 mL 和 HCl 溶液，使苯酚转化为三溴苯酚。加入 KI 溶液，使未起反应的 Br_2 还原，并定量析出 I_2，然后用 0.1005 mol·L^{-1} $Na_2S_2O_3$ 标准溶液滴定，用去 15.80 mL。另取 25.00 mL $KBrO_3 - KBr$ 标准溶液，加入 KI 及 HCl 溶液，析出的 I_2 用 0.1005 mol·L^{-1} $Na_2S_2O_3$ 标准溶液滴定，耗去 35.70 mL。试计算试样中苯酚的含量。

解：有关反应如下：

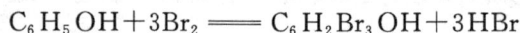

$$KBrO_3 + 5KBr + 6HCl \Longrightarrow 6KCl + 3Br_2 + 3H_2O$$

$$C_6H_5OH + 3Br_2 \Longrightarrow C_6H_2Br_3OH + 3HBr$$

$$Br_2 + 2KI \longrightarrow I_2 + 2KBr$$

$$I_2 + 2Na_2S_2O_3 \Longrightarrow 2NaI + Na_2S_4O_6$$

各物质之间的计量关系为 $1C_6H_5OH \Leftrightarrow 3Br_2 \Leftrightarrow 3I_2 \Leftrightarrow 6Na_2S_2O_3$。

$$w_{苯酚} = \frac{\dfrac{1}{6} \times [Na_2S_2O_3] \times [V_1(Na_2S_2O_3) - V_2(Na_2S_2O_3)]M(C_6H_5OH)}{m_s \times \dfrac{25.00}{250.0}} \times 100\%$$

$$= \frac{\dfrac{1}{6} \times 0.1005 \times (35.70 - 15.80) \times 10^{-3} \times 94.11}{0.5000 \times \dfrac{25.00}{250.0}} \times 100\%$$

$$= 62.74\%$$

例 6－13　称取红丹试样（主要成份为 Pb_3O_4）0.1000 g，加入 HCl 后释放出 Cl_2。此 Cl_2 与 KI 溶液反应，析出的 I_2 用 0.005033 mol·L^{-1} $Na_2S_2O_3$ 溶液滴定，用去 24.80 mL。计算试样中 Pb_3O_4 的质量分数。

解：有关反应如下：

$$Pb_3O_4 + 8HCl \Longrightarrow Cl_2 \uparrow + 3PbCl_2 + 4H_2O$$

$$Cl_2 + 2KI \Longrightarrow I_2 + 2KCl$$

$$I_2 + 2S_2O_3^{2-} \Longrightarrow 2I^- + S_4O_6^{2-}$$

各物质之间的计量关系为 $1Pb_3O_4 \Leftrightarrow 1Cl_2 \Leftrightarrow 1I_2 \Leftrightarrow 2Na_2S_2O_3$，故 $1Pb_3O_4 \Leftrightarrow 2Na_2S_2O_3$。

$$w_{Pb_3O_4} = \frac{[Na_2S_2O_3] \times V(Na_2S_2O_3) \times M(Pb_3O_4)}{2m_s} \times 100\%$$

$$=\frac{0.005033\times24.80\times10^{-3}\times685.6}{2\times0.1000}\times100\%$$
$$=42.79\%$$

思 考 题

1. 什么是氧化数、氧化还原反应?

2. 什么是标准电极电势? 标准电极电势有什么用途?

3. 金属铁能还原 Cu^{2+},而 $FeCl_3$ 溶液又能使金属铜溶解,为什么? 在酸性溶液中含有 Fe^{3+}、$Cr_2O_7^{2-}$、MnO_4^-,当通入 H_2S 时,还原的顺序如何? 写出有关反应的化学方程式。

4. 选择一种合适的氧化剂,使 Sn^{2+}、Fe^{2+} 分别氧化至 Sn^{4+} 和 Fe^{3+},而不能使 Cl^- 氧化成 Cl_2。

5. 什么是元素电势图,如何表示? 元素电势图有何用途?

6. 影响氧化还原反应速度的因素有哪些? 举例说明。

7. 什么是条件电极电势? 在氧化还原滴定中有何意义?

8. 氧化还原滴定常用的指示剂有哪些? 各用于哪类氧化还原滴定中? 举例说明。

9. 在氧化还原滴定中,为什么要进行预处理?

10. 列表总结各种氧化还原滴定的滴定反应、滴定条件、标准溶液、基准物质、指示剂、终点判断、应用等。

习 题

1. 指出下列物质中画线元素的氧化数。

$\underline{Cl}_2O$　　　$\underline{S}_4O_6^{2-}$　　　$\underline{Fe}_3O_4$　　　$\underline{Cr}_2O_7^{2-}$　　　$K_2\underline{Pt}Cl_6$　　　$H_3\underline{As}O_4$

2. 分别用氧化数法和离子-电子法配平下列方程式。

(1) $P_4+HNO_3\longrightarrow H_3PO_4+NO$;

(2) $KMn_4+KI+H_2SO_4\longrightarrow I_2+MnSO_4+K_2SO_4+H_2O$;

(3) $H_2O_2+Cr(OH)_4^-\longrightarrow CrO_4^{2-}+H_2O$;

(4) $CuS+NO_3^-\longrightarrow Cu^{2+}+SO_4^{2-}+NO$;

(5) $PbO_2+Cl^-\longrightarrow Pb^{2+}+Cl_2$。

3. 用电子-离子配平法配平下列方程。

(1) $MnO_4^-+Mn^{2+}+OH^-\longrightarrow MnO_2(s)$;

(2) $IO_3^-+I^-\longrightarrow I_2$;

(3) $H_2O_2+Ce^{4+}\longrightarrow O_2(g)+Ce^{3+}$。

4. 用电池符号表示下列电池反应,并计算 298 K 时的 E 和 Δ_rG_m 值,判断反应是否能自左向右自发进行。

$Cu(s)+2H^+(0.01\ mol\cdot L^{-1})\rightleftharpoons Cu^{2+}(0.1\ mol\cdot L^{-1})+H_2(0.9\times1.013\times10^5Pa)$

5. 有一电池(298 K):

$(-)Pt|H_2(50.0 \text{ kPa})|H^+(0.50 \text{ mol} \cdot L^{-1}) \| Sn^{4+}(0.70 \text{ mol} \cdot L^{-1}),Sn^{2+}(0.50 \text{ mol} \cdot L^{-1})|Pt(+)$

(1)写出电极反应；

(2)写出电池反应；

(3)计算电池电动势；

(4)在 $E=0$ 时,保持 $p(H_2)$、$[H^+]$ 不变的情况下,$[Sn^{2+}]/[Sn^{4+}]$ 是多少?

6. 分别计算 298 K 时 Ag^+/Ag,$AgCl/Ag$ 电极在 0.0500 mol·L^{-1} NaCl 溶液中的电极电势。已知 $E^\ominus(Ag^+/Ag)=0.799$ V, $E^\ominus(AgCl/Ag)=0.222$ V。

7. 根据标准电极电势:

(1)判断下列氧化剂的氧化性由强到弱的次序

Cl_2 CrO_7^{2-} MnO_4^- Cu^{2+} Fe^{3+} Br_2

(2)判断下列还原剂的还原性由强到弱的次序

Cl^- Fe^{2+} Cu^+ Br^- I^- Mn^{2+}

8. 根据有关标准电极电势,判断下列反应在 298 K 时能否发生,若能发生,完成并配平反应方程式:

(1)Fe^{3+} 与 I^- 之间的反应；

(2)$Cr_2O_7^{2-}$ 与 Fe^{2+} 在酸性条件下的反应；

(3)$[Fe(CN)_6]^{4-}$ 与 Br_2 之间的反应。

9. 通过计算判断下列电池的正负极(298 K)。

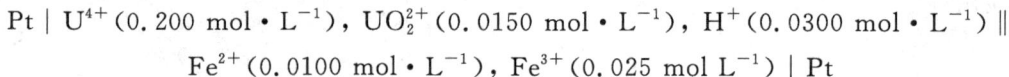

$Pt | U^{4+}(0.200 \text{ mol} \cdot L^{-1}), UO_2^{2+}(0.0150 \text{ mol} \cdot L^{-1}), H^+(0.0300 \text{ mol} \cdot L^{-1}) \|$
$Fe^{2+}(0.0100 \text{ mol} \cdot L^{-1}), Fe^{3+}(0.025 \text{ mol } L^{-1}) | Pt$

已知相应的半反应为

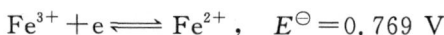

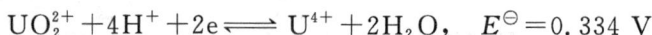

$$Fe^{3+}+e \Longleftrightarrow Fe^{2+}, \quad E^\ominus=0.769 \text{ V}$$
$$UO_2^{2+}+4H^++2e \Longleftrightarrow U^{4+}+2H_2O, \quad E^\ominus=0.334 \text{ V}$$

10. 计算下列反应的平衡常数(298 K)。

(1)$5Fe^{2+}+MnO_4^-+8H^+ \Longleftrightarrow 5Fe^{3+}+Mn^{2+}+4H_2O$；

(2)$3Cu(s)+2NO_3^-+8H^+ \Longleftrightarrow 2NO(g)+3Cu^{2+}+4H_2O$。

11. 设计原电池测定 $[Hg(CN)_4]^{2-}$ 的稳定常数(298 K)。

12. 测得下列电池在 298 K 时 $E=0.17$ V,求 HAc 的平衡常数。

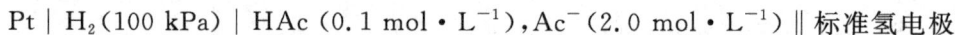

$Pt | H_2(100 \text{ kPa}) | HAc (0.1 \text{ mol} \cdot L^{-1}),Ac^-(2.0 \text{ mol} \cdot L^{-1}) \|$ 标准氢电极

13. 计算下列反应的平衡常数(298 K):

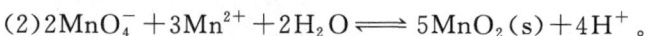

(1)$2Fe^{3+}+3I^- \Longleftrightarrow 2Fe^{2+}+I_3^-$；

(2)$2MnO_4^-+3Mn^{2+}+2H_2O \Longleftrightarrow 5MnO_2(s)+4H^+$。

14. 已知 Br 的元素电势图如下。

(1)计算 $E_1^\ominus$、$E_2^\ominus$ 和 $E_3^\ominus$。

(2)判断 BrO^- 能否发生歧化反应? 若能,写出反应方程式。

15. 已知 298 K 时,$E^\ominus(HgBr_4^{2-}/Hg)=0.232$ V, $\Delta_r G_m^\ominus(Br^-,aq)=-103.96$ kJ·mol^{-1},计算 $\Delta_r G_m^\ominus(HgBr_4^{2-},aq)$。

16. 已知下列电极反应的标准电极电势(298 K)。

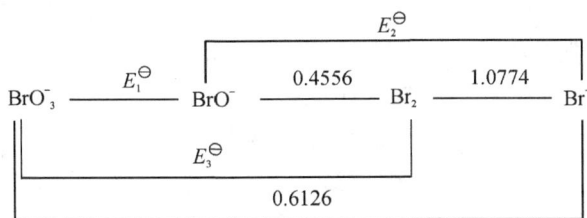

$$Cu^{2+} + e \Longrightarrow Cu^{+}, \quad E^{\ominus} = 0.161 \text{ V}$$
$$Cu^{2+} + e \Longrightarrow Cu, \quad E^{\ominus} = 0.518 \text{ V}$$

(1) 计算反应：$2Cu^{+} \Longrightarrow Cu^{2+} + Cu$ 的 $K^{\ominus}$；

(2) 已知 $K_{sp}^{\ominus}(CuCl) = 1.7 \times 10^{-7}$，计算反应 $Cu^{2+} + Cu(s) + 2Cl^{-} \Longrightarrow 2CuCl$ 的 $K^{\ominus}$。

17. 由附录 6 查出酸性溶液中 298 K 时 $E^{\ominus}(MnO_4^{-}/MnO_4^{2-})$、$E^{\ominus}(MnO_4^{-}/MnO^{2})$、$E^{\ominus}(MnO_2/Mn^{2+})$ 和 $E^{\ominus}(Mn^{3+}/Mn^{2+})$。

(1) 画出锰元素在酸性溶液中的元素电势图；

(2) 计算 $E^{\ominus}(MnO_4^{2-}/MnO_2)$ 和 $E^{\ominus}(MnO_2/Mn^{3+})$。

(3) MnO_4^{2-} 能否歧化？写出相应的反应方程式，计算该反应的 $\Delta_r G_m^{\ominus}$ 和 $K^{\ominus}$。哪些物种还可以发生歧化反应？

18. 不纯的碘化钾试样 0.5180 g，用 0.1940 g $K_2Cr_2O_7$ 处理后，将溶液蒸发除去析出的碘，然后用过量的 KI 处理，析出的碘用 0.1000 mol·L^{-1} $Na_2S_2O_3$ 溶液滴定，耗去 10.00 mL，计算试样中 KI 的质量分数。

19. 称取含有 PbO 和 PbO_2 混合物的样品 1.234 g。用酸分解后，加入 0.25 mol·L^{-1} $H_2C_2O_4$ 溶液 20.00 mL 使 PbO_2 还原为 Pb^{2+}，所得溶液用氨水中和，使所有 Pb^{2+} 沉淀为 PbC_2O_4，过滤。滤液酸化后用 0.0400 mol·L^{-1} $KMnO_4$ 溶液滴定，用去 10.00 mL。然后将 PbC_2O_4 沉淀用酸溶解后，用同浓度的 $KMnO_4$ 溶液滴定，用去 30.00 mL。计算样品中 PbO 和 PbO_2 的百分含量。

20. 称取铬铁矿试样 0.4897 g，Na_2O_2 溶融后，使其中的 Cr^{3+} 氧化为 $Cr_2O_7^{2-}$，然后加入 10 mL 3 mol·L^{-1} H_2SO_4 及 50.00 mL 0.1202 mol·L^{-1} 硫酸亚铁铵溶液处理。过量的 Fe^{2+} 需用 15.05 mL $K_2Cr_2O_7$ 标准溶液滴定（1.00 mL $K_2Cr_2O_7$ 标准溶液相当于 0.006023 g Fe）。求试样中铬的质量分数。

21. 如何近似配制 1.0 L 浓度为 0.020 mol·L^{-1} 的 $KMnO_4$（$M = 158.03$ g·mol^{-1}）溶液，如果用 $Na_2C_2O_4$（$M = 134.00$ g·mol^{-1}）标定它，则 $Na_2C_2O_4$ 的称量范围是多少？

22. 标定硫代硫酸钠。通过在水中溶解 0.1210 g 碘酸钾（$M = 214$ g·mol^{-1}），然后用盐酸酸化。生成的碘用硫代硫酸钠溶液滴定至终点，消耗硫代硫酸钠溶液 20.82 mL。计算硫代硫酸钠的摩尔浓度。

23. 将 1.657 g 乙硫醇样品和 50.00 mL 0.01194 mol·L^{-1} I_2 相混合，过量的碘用浓度为 0.01325 mol·L^{-1} 的硫代硫酸钠滴定至终点，消耗硫代硫酸钠 16.77 mL。计算乙硫醇的质量分数（$M(C_2H_5SH) = 62.13$ g·mol^{-1}）。乙硫醇和碘的反应为

$$2C_2H_5SH + I_2 \longrightarrow C_2H_5SSC_2H_5 + 2I^{-} + 2H^{+}$$

MOOC 资源

1. 氧化数与还原氧化反应　　7. 氧化还原滴定曲线
2. 原电池　　　　　　　　　　8. 氧化还原指示剂
3. 电极电势　　　　　　　　　9. 高锰酸钾与重铬酸钾法
4. 能斯特方程　　　　　　　　10. 碘量法
5. 原电池热力学(2)　　　　　11. 典型例题和思维导图式总结
6. 氧化还原滴定法概述

课程案例

1. 案例主题

科学家的学术立场抉择与道德良知抉择——能斯特与哈伯在合成氨领域的学术之争。

2. 案例意义

本案例将能斯特与哈伯在合成氨领域的学术之争故事融入到能斯特方程的章节学习过程中,通过该故事,同学们可以了解科学家在面对科学难题时也会面临是屈服于权威还是坚持自己的学术立场的抉择。科学上很多重大的发现,都来自于对真理坚持不懈的探索,很多创新都来自于不墨守成规、不盲从于权威的挑战精神,同学们在今后的学习与工作中也应坚持求实严谨的学术态度和求真创新的学术精神。

3. 案例描述

能斯特方程描述了电极电势与溶液浓度的关系。其提出者能斯特是德国卓越的物理学家、物理化学家和化学史家,也是热力学第三定律提出者。与此同时,能斯特也在合成氨领域有重要的见解,但最终合成氨工业生产的实现归功于另外一位德国科学家哈伯。当时,农业发展对氮肥需求巨大,而绝大多数情况下氮元素在自然界中是以大气中非常稳定的单质态(N_2)存在,急需将空气中丰富的氮元素固定下来转化为可以利用的形式。因此,在 20 世纪初合成氨的工艺条件和理论研究成为科学家们关注的重大课题。以氮气和氢气合成氨的工业化生产的研究过程艰难而漫长,从第一次实验室研制到工业投产,前后经历了一百五十年。19 世纪下半叶物理学的进展为此提供了理论指导,科学家们意识到该反应是可逆的。当时已成为学术权威的能斯特明确指出,以氮和氢在高压条件下是可以合成氨的,并提供了一些实验数据。同一时期的德国科学家哈伯也在进行合成氨最佳反应条件的探索,但他和能斯特一度发生了分歧。1904 年,哈伯受奥地利化学公司资助开展合成氨技术研究。1906 年,能斯特研究化学平衡理论时使用铱催化剂试图重复哈伯的实验,发现这一反应的氨产率接近能斯特给出的理论预测值,却只有哈伯当时收率的四分之一。能斯特写信给哈伯询问,哈伯再次重复了自己 1904 年的实验,发现收率仍旧比能斯特的高,且和能斯特理论预测值极为接近,于是修正了 1904 年实验发表的数据。能斯特愤怒地在 1907 年德国化学会的年会上声称哈伯之前发表的"数据严重失准",并认为"哈伯四处吹嘘合成氨可行性很高,实际上很难完成"。

哈伯受到了很大的打击,但他没有被彻底击垮,而是带着助手进一步筛选起了实验条件,经过大量实验与计算,他们决定在 20 MPa 的压力下进行反应,并将温度控制在 600 ℃左右,发现理论上可以将合成氨的转化率提升到 8%。这些研究成果以及哈伯同时开展的氮氧化物转化研究引起了德国最大的化工企业巴斯夫的兴趣,哈伯由此获得了巴斯夫公司的资助。最终,哈伯实验室合成氨的方法取得了成功,哈伯也因此获得了 1918 年的诺贝尔化学奖。合成氨工业生产出的氮肥彻底改变了人类农业的格局,它们提供了农作物所需的六成到八成的营养。但同时,哈伯也用合成的液氨制造烈性炸药 TNT,为德国侵略者生产了数百万吨炸药并且指导了化学武器的制备与使用,客观上蔓延了殃祸全球的第一次世界大战,遭到了多方指责。哈伯也因此被称为"最邪恶的诺贝尔奖得主"。

4. 案例反思

能斯特方程的计算是氧化还原平衡章节中的重要内容。希望上述的人物故事,能够吸引同学们的注意力,加深对该知识点的印象,在未来的学习工作中坚持科学精神。同时,能斯特也是在之前章节涉及的化学热力学领域有突出贡献的科学家,在此做一呼应,希望同学们能对整个化学平衡的知识架构有更高层次的认识,建立热力学和电化学的联系。另外,虽然哈伯在合成氨工业技术上获得了成功,但研发化学武器的经历成了他终身抹不去的污点。这也说明了科学无善恶,学者却需要守住道德和良知的底线,用科学去造福人类。

Z　应用实例

地表水中化学需氧量测定

化学需氧量 (COD)是在一定的条件下,采用一定的强氧化剂处理水样时,所消耗的氧化剂量,反映了水体受物质污染的程度。在一定条件下,以氧化 1 L 水样中还原性物质所消耗的氧化剂的量为指标,换算为氧化每升水样所需的氧的毫克数,以 mg/L 为单位。化学需氧量越大,说明水体受有机物的污染越严重。基于 COD 数值,水质可分为五大类,其中一类和二类 COD≤15 mg/L,基本上能达到饮用水标准,数值大于二类的水不能作为饮用水,其中三类 COD≤20 mg/L、四类 COD≤30 mg/L、五类 COD≤40 mg/L,属于污染水质。目前,地表水中 COD 测定的标准方法以我国标准《水质化学需氧量的测定重铬酸盐法(HJ828—2017)》和国际标准《水质化学需氧量的测定(ISO 6060)》为代表,该方法氧化率高,再现性好,准确可靠,适用于地表水、生活污水和工业废水中化学需氧量的测定。

测定原理

在硫酸酸性介质中,以重铬酸钾为氧化剂,硫酸银为催化剂,硫酸汞为氯离子的掩蔽剂,消解反应液硫酸酸度为 9 mol/L,加热使消解反应液沸腾,148±2℃的沸点温度为消解温度。以水冷却回流加热反应 2 h,消解液自然冷却后,以试亚铁灵为指示剂,以硫酸亚铁铵溶液滴定剩余的重铬酸钾,根据硫酸亚铁铵溶液的消耗量计算水样的 COD 值。所用氧化剂为重铬酸钾,而具有氧化性能的是六价铬,故称为重铬酸盐法。

分析步骤

(1)COD_{Cr} 浓度≤50 mg/L 的样品。

取 10.0 mL 水样于锥形瓶中,依次加入硫酸汞溶液、重铬酸钾标准溶液各 5.00 mL 和几颗防爆沸玻璃珠,摇匀。硫酸汞溶液按质量比 $m[HgSO_4]:m[Cl^-]\geqslant20:1$ 的比例加入,最大加入量为 2 mL。

将锥形瓶连接到回流装置冷凝管下端,从冷凝管上端缓慢加入 15 mL 硫酸银-硫酸溶液,以防止低沸点有机物的逸出,不断旋动锥形瓶使之混合均匀。自溶液开始沸腾起保持微沸回流 2 h。若为水冷装置,应在加入硫酸银-硫酸溶液之前通入冷凝水。回流冷却后,自冷凝管上端加入 45 mL 水冲洗冷凝管,使溶液体积在 70 mL 左右,取下锥形瓶。

溶液冷却至室温后,加入 3 滴试亚铁灵指示剂溶液,用硫酸亚铁铵标准溶液滴定,溶液的颜色由黄色经蓝绿色变为红褐色即为终点。记下硫酸亚铁铵标准溶液的消耗体积 V_1(注:样品浓度低时,取样体积可适当增加)。

(2)COD_{Cr} 浓度>50 mg/L 的样品。

取 10.0 mL 水样于锥形瓶中,依次加入硫酸汞溶液、重铬酸钾标准溶液各 5.00 mL 和几颗防爆沸玻璃珠,摇匀。其它操作与上述相同。

待溶液冷却至室温后,加入 3 滴试亚铁灵指示剂溶液,用硫酸亚铁铵标准滴定溶液滴定,溶液的颜色由黄色经蓝绿色变为红褐色即为终点。记录硫酸亚铁铵标准滴定溶液的消耗体积 V_1(注:对于浓度较高的水样,可选取所需体积 1/10 的水样放入硬质玻璃管中,加入试剂,摇匀后加热至沸腾数分钟,观察溶液是否变成蓝绿色。如呈蓝绿色,应再适当少取水样,直至溶液不变蓝绿色为止,从而可以确定待测水样的稀释倍数)。

空白试验

按上述相同步骤以 10.0 mL 试剂水代替水样进行空白试验,记录下空白滴定时消耗硫酸亚铁铵标准溶液的体积 V_0(注:空白试验中硫酸银-硫酸溶液和硫酸汞溶液的用量应与样品中的用量保持一致)。

结果计算

按以下公式计算样品中化学需氧量的质量浓度 ρ(mg/L)。

$$\rho = \frac{c \times (V_0 - V_1) \times 8000}{V_2} \times f$$

式中:c——硫酸亚铁铵标准溶液的浓度,mol/L;

V_0——空白试验所消耗的硫酸亚铁铵标准溶液的体积,mL;

V_1——水样试验所消耗的硫酸亚铁铵标准溶液的体积,mL;

V_2——水样的体积,mL;

f——样品稀释倍数;

8000——1/4 O_2 的摩尔质量以 mg/L 为单位的换算值。

结果表示

O_2 的摩尔质量以 mg/L 为单位的换算值。

当 COD_{Cr} 测定结果小于 100 mg/L 时保留至整数位;当测定结果大于或等于 100 mg/L 时,保留三位有效数字。

知识拓展

有机半导体的化学掺杂

2000 年诺贝尔化学奖授予了科学家艾伦·黑格(Alan Heeger)、艾伦·马克迪尔米德(Alan MacDiarmid)和白川英树(Hideki Shirakawa)以表彰他们在导电聚合物工作上的卓越贡献。在传统理念中,聚合物的主要代表塑料都是绝缘体,但在 20 世纪 70 年代的研究中,这几位科学家通过将远超常规掺杂量的催化剂用于聚乙炔反应中,获得了电导率超过 1000 S/cm 的聚乙炔材料,即其导电能力达到了金属的导电水平,彻底颠覆了聚合物属于绝缘体的观念,从此开创了导电聚合物这一全新领域。

随着导电聚合物领域的发展,有机半导体(OSC)的研究及成果也越来越繁荣。有机半导体材料目前广泛应用于有机发光二极管(OLED),有机场效应晶体管(OFET),有机太阳能电池(OPV),有机热电器件(OTEG),有机光电探测器(OPD)等器件,成为当前有机柔性电子学的关键材料基础。有机半导体既包含了传统的 π 共轭聚合物,也包含寡聚物及小分子体系,其本征电导率都很低,根本原因在于有机材料具有较低的载流子迁移率和较低的本征电导率。所以,往往需要通过"掺杂"增加载流子浓度来改善其导电性能。所谓"掺杂",笼统来说就是向某材料体系(主体)中添加少量其它成分(掺杂客体)用于改变原材料的某些性质,可分为"物理掺杂"与"化学掺杂"。导电聚合物掺杂属于化学掺杂,即掺杂剂与聚合物 π 共轭体系发生了有电子转移过程的氧化还原反应。具有氧化能力的掺杂剂称为 p 型(空穴)掺杂剂,是电子接收体,通过从有机半导体分子的 HOMO 获得电子而使空穴成为体系的主要导电载流子;相反,具有还原能力的掺杂剂称为 n 型(电子)掺杂剂,是电子给予体,通过向有机半导体分子LUMO 提供额外的电子而使电子成为体系的主要导电载流子。

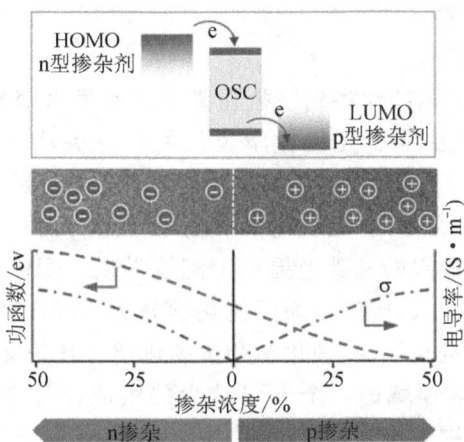

化学掺杂过程中的电荷转移额外增加了载流子的数量,因此能够有效提高材料的导电性能。但是,目前在实际掺杂过程中存在掺杂剂的升华或聚集,以及掺杂剂与主体能级不匹配等情况,常常导致诸如掺杂效率低和掺杂不稳定等问题。因此,在有机半导体的化学掺杂领域研究中,不仅需要继续开发不同种类的掺杂剂,而且需要更加深入地研究掺杂剂对有机半导体材料微观形貌的影响规律。

第7章 配位平衡与配位滴定法

Complex Equilibrium and Complexometric Titration

学习要求

1. 掌握配合物的组成、定义、类型和结构特点;了解螯合物的特点及其应用。
2. 理解配位化合物价键理论的主要论点。
3. 理解配位离解平衡的意义及有关计算。
4. 掌握配位滴定法的基本原理;了解配位滴定方式及应用。

1798 年,法国化学家塔索尔特观察到钴盐在氯化铵和氨水溶液中生成分子式为 $CoCl_3 \cdot 6NH_3$ 的物质,这一实验现象引起了无机化学家们的广泛关注。但大家一直未能解释为何 $CoCl_3$ 和 NH_3 这样原子价饱和的无机物还能进一步结合形成新的化合物。1893 年,瑞士的青年化学家维尔纳(A. Werner)在德国《无机化学学报》上发表了题为《对于无机化合物结构的贡献》的文章,在总结前人研究成果的基础上提出了配位学说。配位化学创立后,随着对原子结构和化学键理论研究的不断深入,曾经作为无机化学分支的配位化学实际已远远超出无机化学的范畴,成为无机化学、有机化学、物理化学和生物化学等各分支化学的交叉点,促进了多学科的交融和发展,是整个化学领域内一个不可缺少的组成部分。其研究对象是配位化合物(coordination compound)简称配合物,是一类由中心离子(或原子)和配位体组成的化合物,它的存在非常广泛。生物体内的金属元素多以配合物的形式存在,如镁的配合物叶绿素、铁的配合物血红蛋白及生物催化剂酶等。配合物具有多样的成键模式和空间构型,在生产科研中有很多应用。早在古代,铬(Ⅲ)的配合物即被用于鞣革,过渡金属螯合物被用于染色。近些年来,许多配合物在光、电、磁、生物等领域展现出独特的性质,成为一类富有特色的功能材料。本章主要介绍配合物的基本概念,配合物的价键理论和晶体场理论,并对配位键的本质、配离子的形成和空间构型进行说明,同时讨论配合物在分析化学中的重要应用,即配位滴定法。

7.1　配合物的基本概念和命名

7.1.1　配合物的定义、组成及命名

1. 配合物的定义

在上文中提到组成为 $CoCl_3 \cdot 6NH_3$ 的化合物即为配合物。其中 6 个 NH_3 和一个 Co^{2+}

牢固地结合在一起,形成$[Co(NH_3)_6]^{3+}$,而整个化合物的结构为$[Co(NH_3)_6]Cl_3$。将此晶体溶于水后,加入 $AgNO_3$ 溶液则立即析出 $AgCl$ 沉淀,沉淀量相当于该化合物中氯的总量。这说明该化合物中的氯离子都是自由的,能独立地显示其化学性质。虽然此化合物中氨的含量很高,但其水溶液却呈中性或弱酸性,室温下在其中加入强碱也不产生气态的氨,只有加热至沸腾时,才有氨气放出并析出三氧化二钴沉淀。并且,该化合物的水溶液用碳酸盐或磷酸盐试验,也检验不出钴离子存在。这些试验证明,化合物中 6 个 NH_3 和一个 Co^{3+} 牢固地结合在一起,形成$[Co(NH_3)_6]^{3+}$,而整个化合物的结构为$[Co(NH_3)_6]Cl_3$,在一定程度上丧失了 Co^{3+} 和 NH_3 各自独立存在时的化学性质。再如,在硫酸铜溶液中加入氨水时,开始时有蓝色 $Cu(OH)_2$ 沉淀生成,当继续加氨水至过量时,蓝色沉淀溶解,变成深蓝色溶液,其组成为 $[Cu(NH_3)_4]SO_4$。而此时在溶液中,除 SO_4^{2-} 和复杂离子$[Cu(NH_3)_4]^{2+}$ 外,几乎检测不出 Cu^{2+} 的存在。$[Co(NH_3)_6]Cl_3$ 和$[Cu(NH_3)_4]SO_4$ 等这类较复杂的化合物即称为配合物。

由于配合物种类繁多,组成复杂,目前尚无严格的定义。将其与简单化合物对比,可以得出一个粗略定义。

简单化合物如 NH_3、H_2O 分子等都是每个原子提供一个电子,以共用电子对的形式结合;$CuSO_4$、$CoCl_3$ 等盐类是由离子键结合,它们都符合经典的化学键理论。而在上面提到的 $[Co(NH_3)_6]Cl_3$ 和$[Cu(NH_3)_4]SO_4$ 中,既没有电子的得失,也没有形成经典的共价键,它们的形成不符合经典的化学键理论,金属离子和 NH_3 之间是以配位键来相互结合。可以说,配合物是由中心离子(或原子)和配位体(阴离子或分子)以配位键的形式结合而成的复杂离子(或分子),通常称这种复杂离子为配位单元。这种含有配位单元的化合物就称为配合物。

2. 配合物的组成

在上述$[Co(NH_3)_6]Cl_3$ 配合物中,Co^{3+} 称为中心离子;6 个以配位键结合的 NH_3 分子,称为配位体。中心离子与配位体构成了配合物的内配位层(或称内界),通常把它们放在方括号内。内界中配位体中配位原子的总数叫配位数。$[Co(NH_3)_6]Cl_3$ 中,内界中的数字 6 为 Co^{3+} 的配位数,右上角$^{3+}$为配离子的电荷,而 Cl^- 被称为外配位层(或称外界)。内、外界之间是离子键,在水中可全部解离。同理,在 $K_4[Fe(CN)_6]$中,4 个 K^+ 为外界,Fe^{2+} 和 CN^- 共同构成内界。而有部分配合物没有外界,如配合物$[Co(NH_3)_3Cl_3]$,其中 Co^{3+}、NH_3 和 Cl^- 全都处于内界,是很难离解的中性分子,它没有外界。

现将配合物组成中涉及到的相关概念解释如下。

(1) 中心离子(或原子):中心离子一般是带正电的阳离子,亦有电中性原子及阴离子。如$[Ni(CO)_4]$中的 Ni 是电中性原子,而 $HCo(CO)_4$ 中 Co 的氧化值是-1。中心离子绝大多数为金属离子,其中过渡金属离子如 Fe、Co、Cu 等最为常见。此外,少数高氧化值的非金属元素也可作中心离子,如 B 元素可以形成$[BF_4]^-$,Si 元素可以形成$[SiF_6]^{2-}$。

(2)配位体:和中心离子以配位键结合的阴离子或中性分子叫配位体。配位体中一般应具有孤电子对。配位体中与中心离子(或原子)直接以配位键连接的原子称为配位原子。配位原子通常是电负性较大的非金属原子,常为ⅤA、ⅥA、ⅦA主族的元素,如 N、O、S 和卤素等。一些常见的配位体和配位原子列于表 7-1 中。与同一个中心离子配位的配位体,可以相同也可以不同。

配位体可分为单齿配位体和多齿配位体。单齿配位体指只含有一个配位原子的配位体,

如 H_2O、NH_3、X^-、CN^- 等。多齿配位体是指含有两个或两个以上配位原子并同时与一个中心离子形成配位键的配位体，如乙二胺 $H_2NCH_2CH_2NH_2$（简写作 en）、草酸根 $C_2O_4^{2-}$ 及 1,10-邻菲罗啉等（见表 7-2）。有些配位体虽然也具有两个或两个以上配位原子，但在一定条件下仅其中一种配位原子与中心离子配位，称为两可配位体，如硫氰根（SCN^-，配位原子为 S）和异硫氰根（NCS^-，配位原子为 N）。

上述配位体中的配位原子多数是向中心离子（或原子）提供孤电子对而成键。除此以外，有一些没有孤电子对的配位体却能提供出 π 键上的电子而成键，如乙烯（C_2H_4）、环戊二烯离子（$C_5H_5^-$）、苯（C_6H_6）等，它们可以和过渡金属形成性质特殊的配合物。

表 7-1 一些常见的单齿配位体

配位体	配位原子	配位体	配位原子
NH_3、NCS^-	N	H_2S、SCN^-、$S_2O_3^{2-}$	S
H_2O、OH^-、ONO^-	O	F^-、Cl^-、Br^-、I^-	X
ROR、CN^-、CO	C		

表 7-2 一些常见的多齿配位体

分子式	中英文名称（缩写）	配位原子
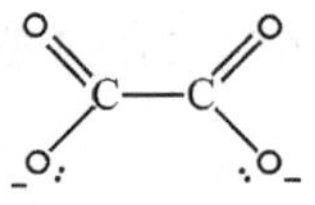	草酸根（ox） oxalate	O
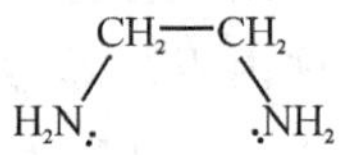	乙二胺（en） ethylenediamine	N
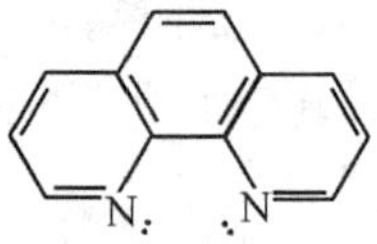	1,10-邻菲罗啉（phen） o-phenanthroline	N
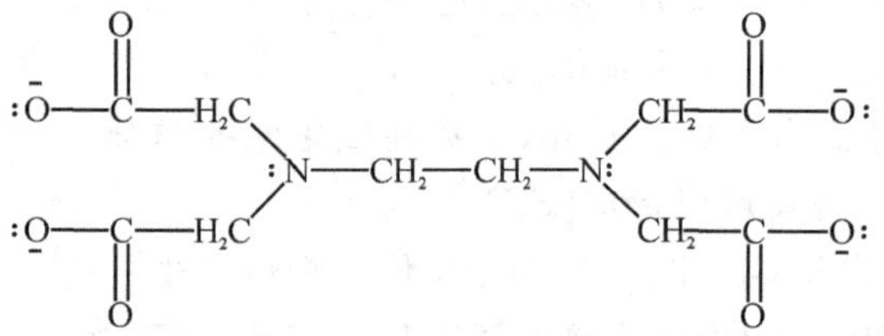	乙二胺四乙酸根（EDTA） ethylenediaminetetraacetate	O、N

（3）配位数：一个中心离子所结合的配位原子的总数称为该中心离子（或原子）的配位数。一般而言，如果配合物的配位体是单齿配位体，则中心离子的配位数即配位体的个数。例如，配合物 $[Co(NH_3)_6]^{3+}$，中心离子 Co^{3+} 的配位数为 6，配合物 $[Cu(NH_3)_4]^{2+}$，中心离子 Cu^{2+}

的配位数为 4。如果配合物的配位体是多齿配位体，则中心离子的配位数不仅取决定于配位体的个数，还与多齿配位体所含的配位原子的个数有关。如，乙二胺分子为双齿配位体，有两个 N 原子可参与配位，则在配合物 $[Cu(en)_2]SO_4$ 中，Cu^{2+} 的配位数为 4。

影响中心离子的配位数的因素是多方面的，主要包括中心离子(或原子)和配位体的性质(如电荷、电子层结构、离子半径等)，中心离子与配位体间相互影响的情况，配合物形成时的温度和浓度等。一般有以下规律。

对同一配位体，中心离子(或原子)的电荷越高，吸引配位体孤对电子的能力越强，配位数就越大，如 $[Cu(NH_3)_2]^+$ 和 $[Cu(NH_3)_4]^{2+}$；中心离子(或原子)的半径越大，其周围可容纳的配位体数越多，即配位数也就越大，如 $[AlF_6]^{3-}$ 和 $[BF_4]^-$。

对同一中心离子(或原子)，配位体的半径越大，中心离子周围可容纳的配位体数越少，配位数越小，如 $[AlF_6]^{3-}$ 和 $[AlCl_4]^-$；配位体所带的负电荷越高，则在增加中心离子与配位体之间引力的同时，也增强了配位体之间的相互排斥力，总的结果是使配位数减小，例如 $[Zn(NH_3)_6]^{2+}$ 和 $[Zn(CN)_4]^{2-}$。

一般而言，增大配位体的浓度，有利于形成高配位数的配合物，如 Fe^{3+} 在与 SCN^- 形成配离子时，随着 SCN^- 浓度的增加，可以形成配位数为 1~6 的配离子。温度升高，常会使配位数减小，因为热振动加剧会使中心离子与配位体间的配位键减弱。

综上所述，影响配位数的因素是复杂的。但一般来说，在一定条件下，某一中心离子有其特征的配位数。如 Ag^+、Cu^+ 的配位数多为 2；Cu^{2+} 的配位数多为 4；Fe^{3+}、Fe^{2+}、Al^{3+}、Pt^{4+}、Cr^{3+}、Co^{3+} 等的配位数多为 6。

(4)配离子的电荷：配离子的电荷数等于中心离子和配位体电荷的代数和。例如，在 $[Co(NH_3)_6]^{3+}$ 中，配位体是中性分子，所以配离子的电荷等于中心离子的电荷。在 $[Fe(CN)_6]^{4-}$ 中，配位体 CN^- 带负电荷，中心离子 Fe^{2+} 的电荷为 +2，6 个 CN^- 的电荷为 -6，故配离子的电荷为 -4。

3. 配合物的命名

对整个配合物的命名，与一般无机化合物的命名原则相同。根据 1980 年中国化学会无机化学名词小组制定的汉语命名原则，若配合物的外界酸根是一个简单离子的酸根(如 Cl^-)，便称为某化某。若外界酸根是一个复杂阴离子(如 SO_4^{2-})，便称为某酸某。若外界为氢离子，则在配阴离子后加酸字；若外界为氢氧根离子，则称氢氧化某，例如，$H[AuCl_4]$ 称为四氯合金(Ⅲ)酸，$[Cu(NH_3)_4](OH)_2$ 叫作氢氧化四氨合铜(Ⅱ)。配合物命名较之一般无机化合物复杂的地方在于配合物内界的命名，下面介绍其规则。

配离子按下列顺序依次命名：配位体数→配位体名称→合→中心离子(用罗马数字标明氧化数)，如 $[Cu(NH_3)_4]^{2+}$ 为四氨合铜(Ⅱ)离子。若配离子中的配体不只一种，则命名顺序为：离子配体在前，分子配体在后；无机配体在前，有机配体在后；简单配体在前，复杂配体在后。若为同类配体，命名顺序按配位原子的英文字母顺序进行。若配位原子亦相同，则按与其连接的原子的英文字母顺序确定命名次序。不同配位体之间以"·"隔开。下面举一些命名实例。

$K_4[Fe(CN)_6]$　　　　　　　　六氰合铁(Ⅱ)酸钾

$K_3[Fe(CN)_6]$　　　　　　　　六氰合铁(Ⅲ)酸钾

$Na_2[Zn(OH)_4]$　　　　　　　四羟基合锌(Ⅱ)酸钠

$[Co(NH_3)_5H_2O]Cl_3$	三氯化五氨·一水合钴（Ⅲ）
$[Pt(NH_2)(NO_2)(NH_3)_2]$	一氨基·一硝基·二氨合铂（Ⅱ）
$[CrCl_2(NH_3)_4]Cl \cdot 2H_2O$	二水合一氯化二氯·四氨合铬（Ⅲ）
$H[PtCl_3NH_3]$	三氯·一氨合铂（Ⅱ）酸
$NH_4[Cr(SCN)_4(NH_3)_2]$	四硫氰·二氨合铬（Ⅲ）酸铵
$[Co(NH_3)_6]Br_3$	三溴化六氨合钴（Ⅲ）
$[PtCl(NO_2)(NH_3)_4]CO_3$	碳酸一氯·一硝基·四氨合铂（Ⅳ）
$[Pt(NO_2)(NH_3)(NH_2OH)(Py)]Cl$	氯化一硝基·一氨·一羟胺·一吡啶合铂（Ⅱ）
$[Ni(CO)_4]$	四羰基合镍
$[PtCl_2(NH_3)_2]$	二氯·二氨合铂（Ⅱ）

除系统命名法外，有些配合物至今还沿用其习惯命名，如 $K_4[Fe(CN)_6]$ 被称为黄血盐或亚铁氰化钾，$K_3[Fe(CN)_6]$ 被称为赤血盐或铁氰化钾。

7.1.2 配合物的类型

配合物的范围极广，主要包括以下几类。

1. 简单配合物

简单配合物是由单齿配位体与一个中心离子形成的配合物。这类配合物在溶液中可逐级解离成一系列配位数不同的配离子。例如：

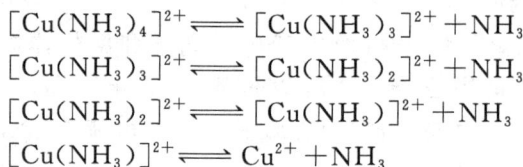

$$[Cu(NH_3)_4]^{2+} \rightleftharpoons [Cu(NH_3)_3]^{2+} + NH_3$$
$$[Cu(NH_3)_3]^{2+} \rightleftharpoons [Cu(NH_3)_2]^{2+} + NH_3$$
$$[Cu(NH_3)_2]^{2+} \rightleftharpoons [Cu(NH_3)]^{2+} + NH_3$$
$$[Cu(NH_3)]^{2+} \rightleftharpoons Cu^{2+} + NH_3$$

2. 螯合物

螯合物（chelate）是指一个配体以两个或两个以上的配位原子（即多齿配体）和同一中心原子配位而形成的一种环状结构配合物。这个名称是因为同一配体的双齿，好像一对蟹螯钳住中心原子。环状结构是螯合物的特点。配位体中两个配位原子之间通常相隔两到三个其它原子，与中心离子形成稳定的五元环和六元环。例如，Cu^{2+} 与乙二胺 $H_2N—CH_2—CH_2—NH_2$ 能形成如下的螯合物。

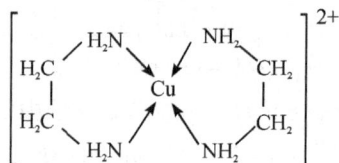

由于形成环状结构，金属螯合物与具有相同配位原子的非螯合型配合物相比，具有特殊的稳定性。许多金属螯合物被应用于金属元素的分离和鉴定，如 phen 与 Fe^{2+} 能够生成桔红色螯合物，结构中 3 个 phen 配体与 Fe^{2+} 形成 3 个五元环，可用于定性鉴定 Fe^{2+}（见图 7-1）。再如，Ca^{2+} 与 EDTA 形成的螯合物中有 5 个五元环结构（见图 7-2），因此很稳定。大多数金属

离子都可以和 EDTA 形成具有五元环的,组成为 1∶1 的稳定的螯合物。不仅分析化学中采用 EDTA 作螯合试剂,工业上也常用 EDTA 来软化硬水,它能与硬水中的 Ca^{2+}、Mg^{2+} 结合从而使其浓度降低。

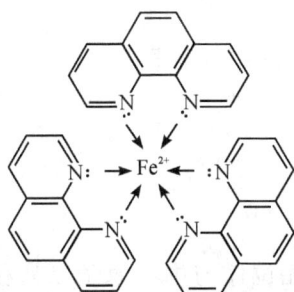

图 7 - 1　Fe^{2+} 与 phen 形成的螯合物结构

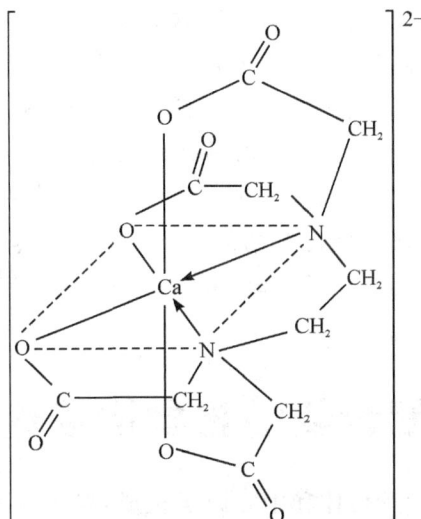

图 7 - 2　Ca^{2+} 与 EDTA 形成的螯合物结构

3. 特殊配合物

除了以上两类配合物外,现介绍几种特殊配合物。

多核配合物:配合物分子中含有两个或两个以上中心元素的配合物。例如二羟基八水合二铁(Ⅲ)离子(图 7 - 3)。

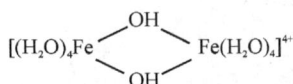

图 7 - 3　二羟基八水合二铁(Ⅲ)离子的结构

羰基配合物:为金属原子与 CO 分子结合的产物。这种配合物中金属原子的氧化态都很低,有的等于零,如 $Ni(CO)_4$;有的呈负氧化态,如 $Na[Co(CO)_4]$;有的呈正氧化态,如 $[Mn(CO)_5Br]$。除了上述例子中单个中心原子的单核配合物外,还有两个和两个以上中心原子的多核金属羰基配合物,如 $Fe_2(CO)_9$ 和 $Fe_3(CO)_{12}$ 等。

有机金属配合物或称为金属有机配合物,是有机基团与金属原子之间生成碳-金属键的化合物。这种配合物有如下几种。

(1)金属与碳直接以 σ 键形成的配合物:包括烷基金属(如 $(CH_3)_6Al_2$)、芳基金属(如 C_6H_5HgCl)、乙炔基金属(如 $HC\equiv CAg$)等。配体除有机配体外,也可以是 CO、CN、PR_3(R 为烷基)。

(2)金属与碳形成不定域配键的配合物:包括烯烃、炔烃、芳烃、环戊二烯等配合物,如蔡斯

(Zeise)盐 $K[PtCl_3(C_2H_4)]$，在 Pt 和 $CH_2 = CH_2$ 之间即存在这种不定域键。又如二茂铁$[Fe(C_2H_5)_2]$，金属原子 Fe 被夹在两个平行的碳环之间，为夹心配合物(见图 7-4)。

(3)簇状配合物(簇合物)：含有至少两个金属中心，并含有金属金属键的配合物，如 $Co_4(C_5H_5)_4H_4$ 和$(W_6Cl_{12})Cl_6$ 等。簇合物中的金属原子主要是过渡金属，第二、第三过渡系金属较易生成簇合物。

(4)大环配合物：一类由具有特殊结构和性质的环状冠醚、穴醚、球状冠醚等配体生成的环状配合物。部分大环配合物具有光能转换、识别、选择性传输和催化等功能，可作为分子、电子器件和敏感元件。此外，大环配合物在元素分离、分析、污染处理及医疗卫生等方面也有良好的应用前景。

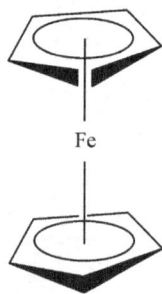

图 7-4 二茂铁的结构

7.2 配合物的化学键理论

配合物由配位体和中心原子组成，那么在配合物中，配位体与中心原子以何种作用力结合？这种作用力的本质是什么？配合物为什么具有一定的空间构型、配位数和稳定性？维尔纳曾提出主价副价的设想试图解释以上问题，但并未成功。直到 20 世纪初，近代原子和分子结构理论建立以后，才以价键理论、晶体场理论、配位场理论、分子轨道理论等说明了配合物化学键的本质。本节主要介绍价键理论和晶体场理论。

7.2.1 配合物的价键理论

20 世纪 30 年代，由鲍林(L. Pauling)把电子配对法的共价键理论与原子轨道杂化理论结合起来，发展成为了配合物的价键理论。

1. 价键理论的要点

(1)配合物的中心离子(或原子)与配位体的结合，是通过配位键来实现的，即由配位体中的配位原子提供一对电子(或高密度的 π 键电子，如乙烯中的 π 键电子)，而中心离子(或原子)则以空的价层电子轨道来接受。在成键过程中，配位体是电子的给予者，必须有孤对电子或 π 键电子；中心离子(或原子)是电子的接受者，必须有空轨道。因此，配位键是中心离子(或原子)的杂化轨道与配位原子具有孤对电子的轨道相互重叠而成的，这些杂化轨道具有一定的方向性和饱和性，使配合物分子形成各种不同的几何构型。配位体的配位原子将孤对电子填入中心离子(或原子)的空轨道，二者共享该电子对而形成配位键。

(2)为了形成稳定的配合物，中心离子采用杂化轨道与配位体形成配位键。常见的杂化轨道为 sp、sp^3、dsp^2、sp^3d^2 和 d^2sp^3 等。

(3)形成配位键时采用的杂化轨道的类型决定了中心离子的配位数和配离子的空间结构、稳定性。表 7-3 列出了常见配离子在形成配位键时所采用的杂化轨道类型及相应的空间构型。

表 7-3　配合物的杂化轨道与空间构型

配位数	杂化类型	空间构型	实　　例
2	sp	直线形	$[Cu(NH_3)_2]^+$、$[Ag(NH_3)_2]^+$、$[Ag(CN)_2]^-$
3	sp^2	平面三角形	$[HgI_3]^-$、$[Cu(CN)_3]^{2-}$
4	sp^3	四面体	$[Zn(CN)_4]^{2-}$、$[Zn(NH_3)_4]^{2+}$、$[Co(SCN)_4]^{2-}$、$[BF_4]^-$
	dsp^2	平面正方形	$[Cu(NH_3)_4]^{2+}$、$[Ni(CN)_4]^{2-}$、$[Pt(NH_3)_2Cl_2]$
5	dsp^3	三角双锥	$[Ni(CN)_5]^{3-}$、$Fe(CO)_5$、$[CuCl_5]^{3-}$
6	sp^{3}d^2	八面体	$[CoF_6]^{3-}$、$[Fe(H_2O)_6]^{2+}$、$[Cr(H_2O)_6]^{3+}$、$[Cr(NH_3)_6]^{3+}$
	d^{2}sp^3		$[Fe(CN)_6]^{4-}$、$[Cr(CN)_6]^{3-}$、$[Co(NH_3)_6]^{3+}$

2. 内轨型和外轨型配合物

价键理论根据中心离子或原子参与轨道杂化的能级不同,将配合物分别称为外轨型配合物和内轨型配合物。下面我们以配位数为 6 的情况来做详细介绍。

配位数为 6 的配离子通常所采用的 d^{2}sp^3 和 sp^{3}d^2 两种杂化轨道类型,空间构型大多为八面体。如,Fe^{3+} 的价电子构型为 $3d^5 4s^0 4p^0 4d^0$,当 Fe^{3+} 与 F^- 配位形成$[FeF_6]^{3-}$时,它以外层空间的 1 个 4s、3 个 4p 及 2 个 4d 轨道进行杂化,而内层电子结构不受配位体的影响,形成 6 个等同的 sp^{3}d^2 杂化轨道,分别接受 6 个 F^- 的孤电子对,形成稳定的配位键,如下:

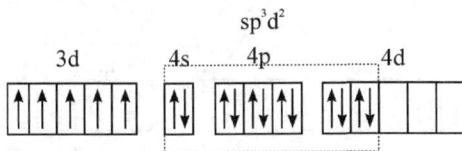

而$[Fe(CN)_6]^{3-}$的形成过程则有所不同。当 Fe^{3+} 与 CN^- 配位形成配离子$[Fe(CN)_6]^{3-}$时,Fe^{3+} 的 d 电子由于受到 CN^- 强烈的排斥作用而发生重排,5 个 d 电子挤压成对以空出 2 个 3d 轨道,采取 d^{2}sp^3 杂化接受 6 个 F^- 的孤电子对成键。其形成过程示意图如下:

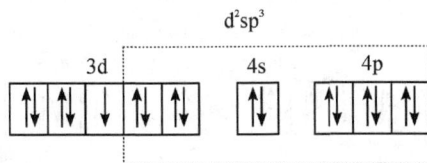

在形成配合物时,如果中心离子(或原子)的内层电子结构不受配位体的影响,孤对电子填入中心离子外层杂化轨道形成的配合物称为外轨型配合物(如上述$[FeF_6]^{3-}$)。卤素、氧等配位原子电负性较高,不易给出孤对电子,一般占据中心离子的外层轨道,对内层 d 电子排布几乎没有影响。因此,中心离子的内层 d 电子尽可能分占每个 3d 空轨道而自旋平行,未成对电子数较大,故外轨型配合物又称高自旋配合物,通常具有顺磁性。如果中心离子的内层电子结构受到配位体的影响发生重排,形成杂化轨道时涉及内层空轨道,这样形成的配合物称为内轨型配合物,如上述$[Fe(CN)_6]^{3-}$。C、N 等配位原子电负性较低,容易给出孤对电子,在接近中心离子时对内层 d 电子影响较大,使 d 电子挤入少数轨道而发生重排,故单电子数目减少,磁

矩降低,甚至成为反磁性物质。故内轨型配合物也称低自旋配合物。

　　配合物是内轨型还是外轨型,可根据实验测得的磁矩 μ 来判断。根据磁学理论,物质磁性的大小以磁矩 μ 表示,它与单电子数 n 有如下关系:

$$\mu \approx \sqrt{n(n+2)}\,\mu_B \tag{7-1}$$

式中 μ_B 为玻尔磁子,是磁矩的基本单位。实验测得 $[FeF_6]^{3-}$ 和 $[Fe(CN)_6]^{3-}$ 的磁矩分别为 $5.92\mu_B$ 和 $1.73\,\mu_B$,代入式(7-1),可求得 n 分别为 5 和 1,表示 Fe^{3+} 与 6 个 F^- 配位时,5 个 3d 电子未发生重排,故采用 sp^3d^2 杂化轨道成键,为外轨型配合物;而 Fe^{3+} 与 CN^- 配位时,5 个自旋平行的 3d 电子发生重排,结果变为只有 1 个单电子,是 d^2sp^3 杂化,形成内轨型配合物。

　　同一中心离子(或原子)的内轨型配合物一般比外轨型配合物更稳定,这是因为内轨型配合物中配位体提供的孤对电子深入到中心离子的内层轨道。外轨型配合物中心离子采取 ns-np-nd 杂化方式,内轨型采用 $(n-1)d$-ns-np 杂化方式。由于 $(n-1)d$ 轨道能量比 nd 轨道低,所以内轨型配合物形成的配位键较强,配合物更稳定。例如 $[Fe(CN)_6]^{3-}$ 和 $[FeF_6]^{3-}$ 的稳定常数的对数值分别为 52.6 和 14.3。

　　在配位数为 4 时,配离子所采用的杂化轨道类型及相应空间构型有也两种情况。一种是以 sp^3 杂化轨道成键的配合物,构型为四面体;另一种是以 dsp^2 杂化轨道成键的配合物,构型为平面正方形。例如在 $[Ni(NH_3)_4]^{2+}$ 中,Ni^{2+} 的价电子构型为 $3d^84s^04p^0$,当 Ni^{2+} 与 NH_3 配位时,1 个 4s 和 3 个 4p 轨道进行杂化,形成 4 个能量相同的 sp^3 杂化轨道,再接受 4 个 NH_3 分子中 4 个 N 原子上的孤对电子形成 4 个配位键,$[Ni(NH_3)_4]^{2+}$ 的空间构型为正四面体。

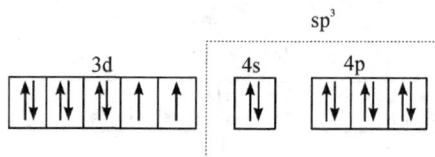

　　而在 $[Ni(CN)_4]^{2-}$ 中,CN^- 的配位原子 C 电负性较小,易给出孤对电子,对中心离子 Ni^{2+} 的电子层构型影响较大,使其电子成对并且空出一个 3d 轨道与 4s、4p 轨道以 dsp^2 杂化方式形成四个杂化轨道,容纳 4 个 CN^- 的孤对电子,形成 4 个配位键,空间构型为平面正方形。

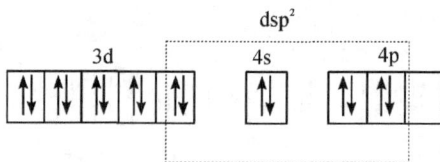

　　那么,在什么情况下形成外轨型配合物?什么情况下形成内轨型配合物呢?一般说来,这取决于中心离子的价层结构和配位原子的电负性。如果中心离子的 d 轨道为全充满,只能形成外轨型配合物(如空间构型为直线型的 $[Ag(NH_3)_2]^+$)。如果中心离子的 d 轨道未充满,形成哪种配合物取决于配位原子的电负性。一般说来,卤素离子、水分子等电负性较强的配位体易与中心离子配位形成外轨型配合物;而 CN^-、NO_2^- 等电负性较弱的配位体易与中心离子形成内轨型配合物。

　　综上所述,配合物的价键理论简单明了,使用方便,能形象地说明配合物的形成、配位数、空间结构及稳定性等,曾是 20 世纪 30 年代化学家用以说明配合物结构的唯一方法。但由于没有提出 d 轨道能级分裂的概念,未涉及配合物的激发态,价键理论尚不能定量地说明配合物的性质,不能解释过渡金属配合物普遍具有特征颜色的现象,不能解释配合物的吸收光谱、构型畸变、反应机理等。

7.2.2　配合物的晶体场理论

1. 晶体场理论基本要点

贝特(H. Bethe)和范弗莱克(J. H. Van Vleck)先后在 1929 年和 1932 年提出了晶体场理论,但直到 1953 年晶体场理论成功地解释了[Ti(H$_2$O)$_6$]$^{3+}$ 等的光谱特性及过渡金属配合物其它性质之后,才开始受到广泛重视。这种理论首先在具有离子键的晶体中应用,因而称为晶体场理论。其基本要点如下。

(1)在配合物中,中心离子处于配位体(负离子或极性分子)形成的晶体场中,中心离子与周围配位体的相互作用可看作静电作用力。

(2)d 轨道能级的分裂。在配位体静电场的作用下,过渡金属中心离子 5 个能量相同的 d 轨道由于受周围非球形对称的配位体负电场不同程度的排斥作用,电子能量普遍升高。由于个轨道能量升高值不同,能级发生分裂。配位体电场的这种作用称为配位场效应。d 轨道分裂的情况主要取决于中心离子的性质和配位体的空间构型。

(3)配合物的构型不同,d 轨道能级分裂的情况不同。同一种构型的配合物,分裂能(分裂后两组轨道的能级差)也会与中心离子(或原子)的种类、价态及其在周期表中的位置有关。

下面以八面体场的情况为例,简单介绍晶体场理论。

为了说明 d 轨道能级分裂情况,首先来研究 5 个 d 轨道的空间取向。d 轨道在空间有 5 种取向:d_{xy}、d_{yz}、d_{xz}、$d_{x^2-y^2}$、d_{z^2},其中 $d_{x^2-y^2}$ 轨道沿 x 轴和 y 轴伸展,d_{z^2} 轨道沿 z 轴伸展,d_{xy}、d_{yz}、d_{xz} 分别沿 x、y、z 轴的夹角平分线伸展。

假设一个含有 10 个 d 电子的自由金属离子,体系的能量为 E_0,把它放在一个空心球的中央,球半径等于中心离子与配位原子的核间距。设有 6 个负电荷的电量,均匀分布于球的表面上,则 d 轨道在此球形对称的电场中,由于静电排斥作用能量升高。因为受到静电排斥的程度相同,所以能级并不发生分裂。如果将此 6 个负电荷的电量集中为 6 个点,将此 6 个点电荷分布于 6 个配位体上,并且每个配位体处于内接于球的八面体的各个顶角上,(分布在 $\pm x$、$\pm y$、$\pm z$ 坐标轴上),此时 d 轨道处于 6 个负电荷的八面体环境中,半径和电量均未改变,故体系的总能量不变,但由于 d 轨道在空间上各个方向分布不同,这样分布的结果是 d_{z^2} 和 $d_{x^2-y^2}$ 与配位体迎头相碰,d 轨道中的电子受到配位体负电荷或偶极负端的强烈静电排斥作用,因而这两个 d 轨道的能级升高,它们受到的排斥作用相同,故为二重简并(即两种轨道升高的能级相等)。d_{xy}、d_{yz}、d_{xz} 的极大值(凸出部分)恰好插在配位体之间,受到的排斥作用较弱,故这些 d 轨道的能级要比处在球形电场时的相应能级低。这三个轨道只是方向不同,形状和所处的环境都相同,故为三重简并。即由于对称性不同,中心离子的 d 轨道在配位体场的作用下分裂为两组,一组是能级较高的 d_{z^2} 和 $d_{x^2-y^2}$,将它们称为 e_g 轨道;另一组是能量较低的 d_{xy}、d_{yz}、d_{xz} 轨道,常称为 t_{2g} 轨道,如图 7-5 所示。两组轨道的能量差记作 Δ_0,称为分裂能。把 Δ_0 分为 10 份,以 Dq 为单位,即 $\Delta_0 = E_{e_g} - E_{t_{2g}} = 10Dq$。根据量子力学中"重心不变"原理,d 轨道在分裂前后总能量保持不变,即 4 个 e_g 电子升高的能量总和必然等于 6 个 t_{2g} 电子降低的能量总和,于是在八面体场中有:

$$4E_{e_g}+6E_{t_{2g}}=0Dq \Rightarrow \begin{cases} E_{e_g}=5Dq \\ \Delta_o=E_{e_g}-E_{t_{2g}}=10Dq \end{cases} \begin{cases} E_{e_g}=5Dq \\ E_{t_{2g}}=-4Dq \end{cases}$$

由此可以看出,当一个电子填入八面体场 t_{2g} 轨道时,体系能量降低 $4Dq$,而当有 1 个电子填入八面体场 e_g 轨道,体系能量升高 $6Dq$。分裂能在数值上相当于八面体场 1 个电子由 t_{2g} 轨道跃迁到 e_g 轨道上所需的激发能。

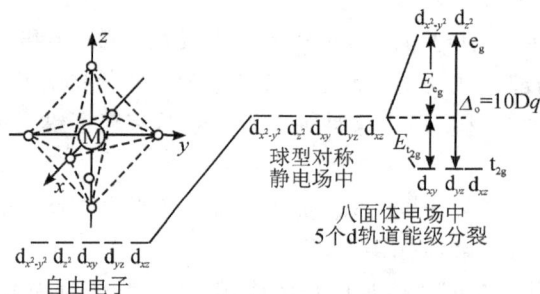

图 7-5　正八面体场中中心离子 d 轨道能级的分裂情况

用同样的思路分析我们可以得出,在正四面体配合物中,四个配体靠近金属中心离子时,它们和中心离子 d_{xy}、d_{yz}、d_{xz} 轨道靠得较近,而与 d_{z^2} 和 $d_{x^2-y^2}$ 轨道离得较远。因此,中心离子的 d_{xy}、d_{yz}、d_{xz} 轨道的能量比四面体场的平均能量高,而 d_{z^2} 和 $d_{x^2-y^2}$ 轨道的能量比平均能量低。这和八面体场中 d 轨道的分裂情况正好相反。再如平面正方形配合物中,四个配体分别沿 $\pm x$ 和 $\pm y$ 的方向向金属中心离子接近。$d_{x^2-y^2}$ 轨道迎头相顶,能量最高,d_{xy} 轨道能量次之,d_{z^2} 轨道能量又次之,d_{xy} 和 d_{yz} 轨道能量最低。

分裂能往往通过电子光谱实验推算而得。当电子处在 t_{2g} 轨道上,吸收一定频率的光能,从低能级跃迁到高能级(e_g),这种跃迁称为 t_{2g}-e_g 跃迁。当电子回到低能级时,发射出与吸收时相同频率的光波。通过光谱实验测出频率 ν,再通过 $\Delta_o=E=h\nu$ 公式可求得分裂能 Δ_o 的值。通过对大量配合物的光谱实验研究,发现分裂能的大小与配合物的空间构型、配位体的性质、中心离子的电荷以及该元素所在的周期有关。

影响分裂能的因素如下。

(1)空间构型的影响:不同构型的配合物分裂能不同。在金属离子和配体相同的情况下,四面体场的分裂能小于八面体场的分裂能。

(2)中心离子的影响:相同构型的配合物,若配位体相同,同一过渡系列中中心离子的周期数越大,离子半径越大,分裂能也越大。周期表中第二过渡系列的金属离子作为中心离子时比第一过渡系列的分裂能大 40%～50%,第三过渡系列的又比第二过渡系列的分裂能大 20%～25%。另外中心离子价数越高,对配位体的诱导偶极越大,晶体场相应增强,其分裂能 Δ 值也越大。如价态为 3 的金属离子比价态为 2 的 Δ 值约大 40%～60%。

(3)配体的晶体场分裂能力:金属离子生成构型相同的配合物,其分裂能值随配体的晶体场分裂能力强弱不同而不同。根据正常价态的金属离子的八面体配合物的光谱数据,可知配体的分裂能力按下列次序增加:

$$I^- < Br^- < S^{2-} < SCN^- < Cl^- < NO_3^- < F^- < OH^- < C_2O_4^{2-} < H_2O < NCS^- <$$
$$EDTA^{4-} < NH_3 < en < NO_2^- (硝基) < CN^- < CO$$

这个顺序叫"光谱化学序列"。在序列后面的一些配位体(如 CN^-、CO 等)称为强场配位体,分裂能较大;在此序前面的配位体(如 X^-、S^{2-} 等)称为弱场配位体,分裂能较小;介于二者之间的配位体称为中场配位体。配体场强度大小是电子构型为 $d^4 \sim d^7$ 的第一过渡系金属的正八面体配合物采取高自旋态还是低自旋态的重要影响因素。

2. 晶体场理论的应用

应用晶体场理论,可以较好地解释配合物的若干性质,如前述同一中心离子同一构型不同配位体的配合物却有高低自旋之分的问题。首先说明配合物中心离子 d 轨道电子排布的情况。

在自由状态的过渡金属离子中,电子的排布是遵循洪德定则的,即 d 电子在 5 个简并轨道中尽可能分占各个轨道且自旋平行,这样能量最低。在晶体场中,d 轨道发生能级分裂后,d 电子如何排布,主要取决于下列两个因素:

(1)根据晶体场理论,一电子从 t_{2g} 轨道跃迁到 e_g 轨道上需要吸收能量,该能量称为分裂能(Δ_o)。

(2)洪德定则告诉我们,电子的正常倾向是保持成单,为了使两个电子能在同一轨道中成对,就需要有足够大的能量来克服这两个电子占同一轨道所产生的排斥力,这种能量在量子力学中称为电子成对能(P)。

中心离子 d 电子的排布方式,主要取决于电子成对能和分裂能的相对大小。在正八面体的配合物中,当配位体为强场时,$\Delta_o > P$,电子将优先排布在能量较低的 t_{2g} 轨道上,单电子数少,形成低自旋配合物;当配位体为弱场时,$\Delta_o < P$,电子将尽可能分占在 t_{2g} 和 e_g 轨道上,单电子数多,形成高自旋配合物。表 7-4 列出了在正八面体配合物中 d 轨道上电子在不同场强时的排布情况。

表 7-4　中心离子 d 电子在八面体场中的分布及对应的晶体场稳定化能(CFSE)

d 电子数	弱场 t_{2g}	弱场 e_g	弱场 未成对电子数	弱场 CFSE (Dq)	强场 t_{2g}	强场 e_g	强场 未成对电子数	强场 CFSE (Dq)
d^1	↑		1	−4	↑		1	−4
d^2	↑ ↑		2	−8	↑ ↑		2	−8
d^3	↑ ↑ ↑		3	−12	↑ ↑ ↑		3	−12
d^4	↑ ↑	↑	4	−6	↑↓ ↑		2	−16
d^5	↑ ↑ ↑	↑ ↑	5	0	↑↓ ↑↓ ↑		1	−20
d^6	↑↓ ↑ ↑	↑ ↑	4	−4	↑↓ ↑↓ ↑↓		0	−24
d^7	↑↓ ↑↓ ↑	↑ ↑	3	−8	↑↓ ↑↓ ↑↓	↑	1	−18
d^8	↑↓ ↑↓ ↑↓	↑ ↑	2	−12	↑↓ ↑↓ ↑↓	↑ ↑	2	−12
d^9	↑↓ ↑↓ ↑↓	↑↓ ↑	1	−6	↑↓ ↑↓ ↑↓	↑↓ ↑	1	−6
d^{10}	↑↓ ↑↓ ↑↓	↑↓ ↑↓	0	0	↑↓ ↑↓ ↑↓	↑↓ ↑↓	0	0

由此,可用晶体场理论解释,7.2.1 节中提到的 $[FeF_6]^{3-}$ 和 $[Fe(CN)_6]^{3-}$ 为什么一个具有高自旋,一个具有低自旋。这两种配离子为相同构型,但配位体不同,中心离子 d 轨道分裂能不同。F^- 离子是弱场配位体,分裂能 Δ 约为 13700 cm^{-1};而 CN^- 为强场配位体,分裂能 Δ 较大,约为 34250 cm^{-1}。因此 Fe^{3+} 在两种配离子中分占轨道的情况不同。在 $[FeF_6]^{3-}$(弱场情况)中,5 个 d 电子按照洪德定则,尽可能分占 t_{2g} 和 e_g 轨道并且自旋平行,使能量最低。当第 4 个和第 5 个电子填入时,由于分裂能较小(此时 $P = 30000$ cm^{-1}),$\Delta_o < P$,它们倾向于分占能量较高的 2 个 e_g 轨道,而不挤入能量较低的 t_{2g} 轨道,以尽量避免在同一轨道内电子配对而使能量增高。故 $[FeF_6]^{3-}$ 中未成对电子数目与自由离子中相同,成为高自旋配合物,具有顺磁性。而在 $[Fe(CN)_6]^{3-}$(强场情况)中,刚好相反,$\Delta_o > P$,电子尽可能占据能量较低的 t_{2g} 轨道,使 5 个 d 电子尽可能两两配对,因此未成对电子数目为 1,为低自旋配合物。

从晶体场理论的角度,亦可解释配合物的稳定性。

在晶体场的影响下发生能级分裂的 d 电子进入分裂后的轨道,与未分裂时的平均能量相比,体系的总能量有所下降,该下降的能量称为晶体场稳定化能(crystal field stailization energy,CFSE),它的 SI 单位为 J。能量降低得愈多,配合物愈稳定。根据分裂后 d 轨道的相对能量可以计算出配合物的晶体场稳定化能,如式(7-2)。

对于正八面体场,其计算公式为

$$E_{CFSE} = -4Dq \times n_t + 6Dq \times n_e \tag{7-2}$$

式中:n_t、n_e 分别为进入 t_{2g} 和 e_g 轨道的电子数。

由此可知晶体场稳定化能与中心离子的电荷数有关,也与晶体场的强弱有关。CFSE 造成了中心离子与周围配位体的成键效应,这份"额外"的成键效应导致体系总能量下降,配合物稳定性增强。配位场越强,配位体与中心离子的结合越牢固,形成的配位键也就越强,配离子就越稳定。例如,Fe^{2+} 的 6 个电子在弱场配位体 H_2O 分子的作用下,4 个 d 电子进入 t_{2g} 轨道,2 个电子在 e_g 轨道上,$E_{CFSE} = [4 \times (-4Dq) + 2 \times 6Dq] = -4Dq$;而在强配位场 CN^- 离子的作用下,6 个 d 电子全部进入 t_{2g} 轨道,$E_{CFSE} = 6 \times (-4Dq) = -24Dq$,说明 $[Fe(CN)_6]^{4-}$ 比 $[Fe(H_2O)_6]^{2+}$ 稳定得多。

晶体场理论也能较好地解释过渡金属配合物的颜色。过渡金属配合物大多有鲜明的颜色,如 $[Ni(H_2O)_6]^{2+}$ 呈绿色,$[Co(NH_3)_6]^{2+}$ 为红色,$[Cu(NH_3)_4]^{2+}$ 呈深蓝色等。晶体场理论认为,由于 d 轨道未完全填满,电子吸收光能后可在 e_g 和 t_{2g} 轨道间发生跃迁,称为 d-d 跃迁,d-d 跃迁所需的能量就是分裂能。过渡金属配合物的 d 轨道分裂能正好在可见光能量区域,一般为 $1.99 \times 10^{-15} \sim 5.96 \times 10^{-15}$ J。配合物吸收可见光的某种波长的光,未被吸收的波长的光则透过,人眼观察到的即为透过光的颜色。Δ_o 值不同,则吸收光的波长不同。吸收光的波长越短,表示电子跃迁所需的能量即 Δ_o 越大;若吸收光的波长越长,则 Δ_o 越小。例如,水溶液中的 $[Ti(H_2O)_6]^{3+}$ 吸收了蓝绿光和部分黄光(波长 500~560 nm),所以呈现紫红色;而 $[Cu(NH_3)_4]^{2-}$ 因为吸收最多的是橙色的光(波长 600~650 nm)所以呈现深蓝色,还有 $[Ni(H_2O)_6]^{2+}$ 因吸收红光而呈绿色等。由上所述,可以预测 d 轨道为全空或全满时,不可能发生 d-d 跃迁,实验事实也确实如此,$[Zn(NH_3)_4]^{2+}$、$[Ag(NH_3)_2]^+$ 等中心金属离子 d 轨道为满电子构型的配合物均为无色。

晶体场理论能够很好地说明配合物的一些性质,但是由于仅从静电作用模型来考虑问题,它不能解释为什么会有强弱配体场之分，也难以说明分裂能大小变化的次序。

7.3　配位解离平衡

7.3.1　配位解离平衡和平衡常数

许多金属离子在水溶液中都以水合离子的形式存在。在含金属离子的水溶液中加入配体，配位在金属离子周围的水分子即逐个被配体取代形成各级配离子，最终建立平衡。而各级配离子在水溶液中生成反应的逆反应就是配离子在水溶液中的各级解离反应。例如，$[Cu(NH_3)_4]^{2+}$ 配离子在水溶液中的各级形成反应及其平衡常数可表示如下：

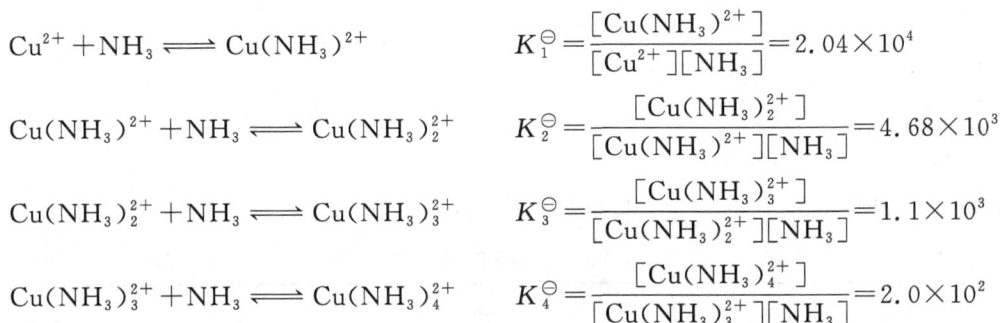

$$Cu^{2+} + NH_3 \rightleftharpoons Cu(NH_3)^{2+} \qquad K_1^{\ominus} = \frac{[Cu(NH_3)^{2+}]}{[Cu^{2+}][NH_3]} = 2.04 \times 10^4$$

$$Cu(NH_3)^{2+} + NH_3 \rightleftharpoons Cu(NH_3)_2^{2+} \qquad K_2^{\ominus} = \frac{[Cu(NH_3)_2^{2+}]}{[Cu(NH_3)^{2+}][NH_3]} = 4.68 \times 10^3$$

$$Cu(NH_3)_2^{2+} + NH_3 \rightleftharpoons Cu(NH_3)_3^{2+} \qquad K_3^{\ominus} = \frac{[Cu(NH_3)_3^{2+}]}{[Cu(NH_3)_2^{2+}][NH_3]} = 1.1 \times 10^3$$

$$Cu(NH_3)_3^{2+} + NH_3 \rightleftharpoons Cu(NH_3)_4^{2+} \qquad K_4^{\ominus} = \frac{[Cu(NH_3)_4^{2+}]}{[Cu(NH_3)_3^{2+}][NH_3]} = 2.0 \times 10^2$$

其中，$K_1^{\ominus}$、$K_2^{\ominus}$、$K_3^{\ominus}$、$K_4^{\ominus}$ 称为 $[Cu(NH_3)_4]^{2+}$ 配离子的逐级形成常数。则 $[Cu(NH_3)_4]^{2-}$ 配离子的总形成反应是：

$$Cu^{2-} + 4NH_3 \rightleftharpoons Cu(NH_3)_4^{2+}$$

反应的平衡常数可表示为

$$K_f^{\ominus} = \frac{[Cu(NH_3)_4^{2+}]}{[Cu^{2+}][NH_3]^4}$$

各级铜氨配离子的形成反应和平衡常数还可用另外一种方法表示为

$$\beta_1 = K_1^{\ominus} = \frac{[Cu(NH_3)^{2+}]}{[Cu^{2+}][NH_3]}$$

$$\beta_2 = K_1^{\ominus} \cdot K_2^{\ominus} = \frac{[Cu(NH_3)_2^{2+}]}{[Cu^{2+}][NH_3]^2}$$

$$\beta_3 = K_1^{\ominus} \cdot K_2^{\ominus} \cdot K_3^{\ominus} = \frac{[Cu(NH_3)_3^{2+}]}{[Cu^{2+}][NH_3]^3}$$

$$\beta_4 = K_1^{\ominus} \cdot K_2^{\ominus} \cdot K_3^{\ominus} \cdot K_4^{\ominus} = \frac{[Cu(NH_3)_4^{2+}]}{[Cu^{2+}][NH_3]^4}$$

在这种表示方式中，各级配离子的生成反应是相应的逐级反应之和，因此 β_1、β_2、β_3、β_4 称为各级配离子的累积形成常数。

各种配离子在水溶液中的生成平衡可用同样方式来表示。对于任一配位解离平衡

$$M + nL \rightleftharpoons ML_n$$

有

$$K_f = \beta_n = \frac{[ML_n]}{[M][L]^n}$$

其中，K_f 称为配合物的形成常数，K_f 值越大，表示生成配合物的倾向越大，配合物就越稳定，因此又称其为配合物的稳定常数。K_f 可用来度量配合物在水溶液中的热力学稳定性。在用稳定常数比较配离子的稳定性时，对于同种类型的配离子，即配位体数目相同的配离子，可直接根据 K_f 值进行比较。如 $[Ag(CN)_2]^-$（$K_f = 2.48 \times 10^{20}$）$> [Ag(NH_3)_2]^+$（$K_f = 1.6 \times 10^7$），则可得出稳定性 $[Ag(CN)_2] > [Ag(NH_3)_2]$。而对于不同类型的配离子则需要通过计算同浓度时溶液中中心离子的浓度来比较。一些常见配合物的稳定常数见附录8。

一些配离子的逐级稳定常数的对数值见表 7-5。

表 7-5　一些配离子的逐级稳定常数的对数值

配离子	$\lg K_1$	$\lg K_2$	$\lg K_3$	$\lg K_4$	$\lg K_5$	$\lg K_6$
$[Ag(NH_3)_2]^+$	3.24	3.81				
$[Zn(NH_3)_4]^{2+}$	2.37	2.44	2.50	2.15		
$[Cu(NH_3)_4]^{2+}$	4.31	3.67	3.04	2.30		
$[Cu(en)_2]^{2+}$	10.67	9.33				
$[Ni(NH_3)_6]^{2+}$	2.80	2.24	1.73	1.19	0.75	0.03
$[AlF_6]^{3-}$	6.10	5.05	3.85	2.75	1.62	0.47

有时也可以从配合物解离的角度来考察其在水溶液中的平衡。如上述铜氨配离子的解离反应的平衡常数可表示为

$$K_d^\ominus = \frac{[Cu^{2+}][NH_3]^4}{[Cu(NH_3)_4^{2+}]}$$

则配离子越不稳定，解离平衡常数越大。通常把解离反应的平衡常数称为配离子的不稳定常数，用 K_d 来表示。不难看出 K_d 与 K_f 互为倒数。

例 7-1　将 10 mL 0.20 mol·L^{-1} AgNO$_3$ 溶液与 10 mL 1.0 mol·L^{-1} NH$_3$·H$_2$O 溶液混合，试计算溶液中银离子的平衡浓度 $[Ag^+]$。若将相同体积与浓度的 NaCN 溶液代替 NH$_3$·H$_2$O 溶液与该 AgNO$_3$ 溶液混合，则 $[Ag^+]$ 又为多少？

解：首先查表得 $K_f[Ag(NH_3)_2^+] = 1.6 \times 10^7$。写出反应方程式如下：

$$Ag^+ + 2NH_3 \rightleftharpoons [Ag(NH_3)_2]^+$$

反应前浓度/ mol·L^{-1}　0.10　0.50　　　　　　0

平衡时浓度/ mol·L^{-1}　x　　0.30+2x　　0.10-x

设平衡时 $[Ag^+] = x$ mol·L^{-1}。由于 x 较小，且等体积混合，平衡时有

$$K_f = \frac{[Ag(NH_3)_2^+]}{[Ag^+][NH_3]^2} = \frac{0.10-x}{x(0.30+2x)^2} = 1.6 \times 10^7$$

平衡时 $[NH_3] = 0.30 + 2x \approx 0.3$，$[Ag(NH_3)_2^+] = 0.10 - x \approx 0.1$。

解方程得 $x = [Ag^+] = 4.4 \times 10^{-8}$ mol·L^{-1}。

在这里，为了计算的方便，先假设 Ag$^+$ 全部转化为配合物 Ag(NH$_3$)$_2^+$，再离解出一部分，由于 Ag(NH$_3$)$_2^+$ 的 K_f 很大，这样的假设是合理的。在体系中游离的 $[Ag^+]$ 很小，这样在计算过程中算式可以进行近似处理，大大简化了计算过程。

可用相同的方法计算 NaCN 溶液中的 $[Ag^+]$。已知 $K_f[Ag(CN)_2^-]=1.0\times10^{21}$,用相同方法可以解得 $[Ag^+]=1.0\times10^{-21}$ mol·L^{-1},比前一种情况要小得多。这说明 $Ag(CN)_2^-$ 比 $Ag(NH_3)_2^+$ 要稳定。

7.3.2　配位平衡的移动

从 7.3.1 节中我们已经知道,配位体、金属离子和配合物在水溶液中存在配位平衡 $M + nL \longrightarrow ML_n$。根据平衡原理可知,如果向溶液中加入其它一些试剂,可以与金属离子或者配位体发生酸碱反应、沉淀反应、氧化还原反应或配位反应等,就必然会导致上述配位平衡的移动,会使原溶液中各组分的浓度发生改变。该过程涉及的就是配位平衡与其它化学平衡相互联系的多重平衡,下面分别加以讨论。

1. 配位平衡与酸碱平衡

许多配位体如 F^-、CN^-、SCN^-、SO_3^{2-}、$C_2O_4^{2-}$、NH_3 等本身是弱碱,当溶液酸度增大时,配位体易接受质子成为弱电解质分子或离子,从而导致配位体浓度降低,使配位平衡向解离方向移动。显然,当溶液酸度一定时,配位体碱性越强,则配离子越容易被加入的酸所离解。若在含有 $[Fe(C_2O_4)_3]^{3-}$ 的水溶液中加盐酸,则发生下列反应:

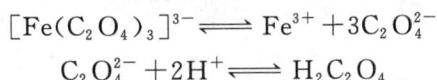

$$[Fe(C_2O_4)_3]^{3-} \rightleftharpoons Fe^{3+} + 3C_2O_4^{2-}$$

$$C_2O_4^{2-} + 2H^+ \rightleftharpoons H_2C_2O_4$$

若酸度较高,则会生成难解离的弱电解质草酸 $H_2C_2O_4$,$[Fe(C_2O_4)_3]^{3-}$ 即被破坏。

另一方面,配合物的中心离子(或原子)大多数为过渡金属离子,当溶液中酸度降低到一定水平时,金属离子就会发生水解反应生成氢氧化物沉淀。这也会使得配位平衡向解离方向移动。

因此,要使配离子在溶液中稳定存在,溶液的酸度必须控制在一定范围内。如,Fe^{3+} 与水杨酸根在不同 pH 条件下可生成不同配比的配合物,并具有不同的颜色。pH $=2\sim3$ 时生成紫红色的 1∶1 配合物;pH $=4\sim8$ 时生成 1∶2 的红褐色配合物;pH $\geqslant9$ 时生成 1∶3 的黄色配合物。在比色分析中,常利用缓冲溶液控制溶液 pH 值,使溶液中只生成一种组成的配合物,并根据其颜色深浅测定 Fe^{3+} 的浓度。在以 EDTA 滴定金属离子时,通常也通过控制酸度来提高滴定的选择性,我们将会在 7.4 节中对此进行详细介绍。

2. 配位平衡与沉淀-溶解平衡

沉淀溶解平衡与配位平衡可相互联系和影响。当向一个配合物溶液中加入某种能和中心离子生成沉淀的沉淀剂,配位平衡将向解离方向移动。若向某沉淀饱和溶液中加入能与其金属离子生成稳定配合物的配位剂,则该沉淀也会溶解。

AgCl 白色沉淀不溶于强酸或强碱,但能溶于较浓的氨水溶液,因为 NH_3 和 Ag^+ 可生成较为稳定的 $[Ag(NH_3)_2]^+$ 配离子($K_f=1.1\times10^7$),使沉淀溶解平衡向溶解方向移动。在 $[Ag(NH_3)_2]^+$ 溶液中再继续加入少量 KBr 溶液,则会看到比 AgCl 溶度积更小的淡黄色 AgBr 沉淀生成;向 AgBr 沉淀中再加入 $Na_2S_2O_3$ 溶液,沉淀又会溶解而生成无色的配离子 $[Ag(S_2O_3)_2]^{3-}$ 溶液($K_f=2.9\times10^{13}$);若继续向溶液中加入 KI 溶液,又会看到比 AgBr 溶度积更小的黄色沉淀 AgI 的生成;如果此时再向 AgI 沉淀中加入 KCN 溶液,则 AgI 沉淀溶解,生成无色的配离子$[Ag(CN)_2]^-$($K_f = 1 \times 10^{21}$);若再加入 Na_2S 溶液又得到黑色的 Ag_2S 沉淀。显然,究竟发生配位反应还是沉淀反应,取决于配位剂的配位能力和沉淀剂的沉淀能力大小以及它们的浓度。配位能力或沉淀能力的大小主要取决于稳定常数和溶度积常数的大小。难溶物的 K_{sp} 越大,表示难溶物越易解离;配离子的 K_f 越小,表示配离子越易破坏。

例 7 - 2   将 0.10 mol $AgNO_3$ 固体加入 1 L 浓度为 1.0 mol·L^{-1} 的 NH_3·H_2O 中,若在此混合液中再加入 1.0×10^{-3} mol NaCl 固体,有无 AgCl 析出?若要在此混合液中产生 AgI 沉淀,需要加入多少 KI?

解: 设在混合物液中游离 Ag^+ 浓度为 x mol·L^{-1},根据方程式:

平衡浓度 x $1.0 - 2 \times 0.10 + 2x$ $0.10 - x$

解得 $x = [Ag^+] = 1.4 \times 10^{-8}$ mol·L^{-1}

$[Ag^+][Cl^-] = 1.4 \times 10^{-8} \times 1.0 \times 10^{-3} = 1.4 \times 10^{-11} < K_{sp}(AgCl)$,故无 AgCl 沉淀产生。

同理,若要产生 AgI 沉淀,必须使 $[Ag^+][I^-] > K_{sp}(AgI)$,此时

$$[I^-] > \frac{K_{sp}(AgI)}{[Ag^+]} = \frac{8.51 \times 10^{-17}}{1.4 \times 10^{-8}} = 6.08 \times 10^{-9} \text{ mol·}L^{-1}$$

也就是说,I^- 浓度大于 6.08×10^{-9} mol·L^{-1} 时即可产生 AgI 沉淀,所需的浓度极小。事实上只要加入少量 KI 即有沉淀产生。

3. 配位平衡与氧化还原平衡

溶液中的氧化还原反应可以使配位平衡移动,配离子解离。如,在 $[Fe(SCN)_6]^{3-}$ 溶液中加入还原剂 $SnCl_2$,由于 Fe^{3+} 被还原而浓度降低促进了 $[Fe(SCN)_6]^{3-}$ 配离子的解离,溶液的血红色消失。

同样,在某个氧化还原平衡中,若加入某种配位剂,由于配位反应的发生使得溶液中金属离子的浓度降低,从而改变金属离子的氧化能力和氧化还原反应的方向,或阻止某些氧化还原反应的发生,或使通常不能发生的氧化还原反应得以进行。如,铁或者锌等金属能溶于盐酸,而金不能。金只能溶于浓硝酸、浓盐酸体积比 1∶3 混合的王水,原因是生成了 $AuCl_4^-$ 配离子,使得 NO_3^- 氧化能力增强。

例 7 - 3   已知 $Ag^+ + e \rightleftharpoons Ag$ 电对电极电势 $E^{\ominus}(Ag^+/Ag) = 0.7991$ V,$[Ag(NH_3)_2]^+$ 的 K_f 为 1.1×10^7,计算电对 $[Ag(NH_3)_2]^+ + e \rightleftharpoons Ag + 2NH_3$ 的标准电极电势。

解: 要计算 $[Ag(NH_3)_2]^+/Ag$ 电对的电极电势,必须先计算该条件下 $[Ag(NH_3)_2]^+$ 离解出的自由 Ag^+ 离子浓度,再根据 Ag^+/Ag 电对的能斯特方程求解。

对于配位平衡:$Ag^+ + 2NH_3 \rightleftharpoons Ag(NH_3)_2^+$,已知 $K_f = \dfrac{[Ag(NH_3)_2^+]}{[Ag^+][NH_3]^2}$,因为是标准状态,$[Ag(NH_3)_2^+] = [NH_3] = 1$ mol·L^{-1},故有 $[Ag^+] = \dfrac{1}{K_f}$。则

$$
\begin{aligned}
E^{\ominus}([Ag(NH_3)_2]^+/Ag) &= E^{\ominus}(Ag^+/Ag) + 0.059 \lg[Ag^+] \\
&= 0.7991 + 0.059 \lg[1/K_f] \\
&= 0.7991 - (0.059 \times 7.05) \\
&= 0.383 \text{ V}
\end{aligned}
$$

可见形成 $[Ag(NH_3)_2]^+$ 配离子后,大大降低了 Ag^+/Ag 电对中氧化型 Ag^+ 的浓度,从而使电极电势降低,$E^{\ominus}([Ag(NH_3)_2]^+/Ag)$ 比 $E^{\ominus}(Ag^+/Ag)$ 低了 0.416 V。如果氧化型和还原型物质都形成配合物,则必须同时考虑配合物形成对两者浓度的影响,需要考虑对应的配合物稳定常数大小。

4. 配合物之间的转化和平衡

在某一配位平衡系统中,若加入另一种能与该中心原子(或配位体)生成更稳定的配合物的配位体(或中心原子),则会发生配合物之间的转化。例如,在钴盐溶液中,往往存在少量杂质 Fe^{3+} 离子,当加入 NH_4SCN 试剂对 Co^{2+} 进行鉴定时,就同时发生 Co^{2+} 和 Fe^{3+} 与 SCN^- 的配位反应。

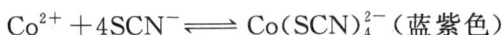

$$Co^{2+} + 4SCN^- \rightleftharpoons Co(SCN)_4^{2-} (蓝紫色)$$

$$Fe^{3+} + 4SCN^- \rightleftharpoons Fe(SCN)_4^{2-} (血红色)$$

为了消除 Fe^{3+} 离子对 Co^{2+} 的鉴定的干扰,可加入 NH_4F 使 Fe^{3+} 生成更稳定的 FeF_6^{3-} 而被掩蔽。这种转化,主要取决于两个配合物稳定常数的差别。

由此可见,在水溶液中,酸碱平衡、沉淀-溶解平衡、氧化还原平衡和配位平衡往往是共存且相互影响的。这在实际工作中可以被用来进行制备测量等各种化学工作。

7.4　配位滴定法基本原理

配位滴定法是以配位反应为基础的滴定分析方法。根据定量分析的要求,一般希望配位反应完成得较彻底,生成的配合物稳定性较高。配位剂分为无机配位剂和有机配位剂。能形成无机配合物的反应很多,但能用于配位滴定的有限,这是由于大多数无机配合物的稳定性不高,不符合滴定反应的要求。而且,体系中还存在逐级配位的现象,如 Cd^{2+} 与 CN^- 作用,可分级生成 $[Cd(CN)]^+$、$[Cd(CN)_2]$、$[Cd(CN)_3]^-$ 和 $[Cd(CN)_4]^{2-}$ 四种配合物,稳定常数分别为 105.48、105.14、104.56、103.58。由于各级稳定常数相差较小,不可能分步完成,使得配位过程中各种不同配位数的配合物同时存在。因而在滴定分析中无机配位剂的应用受到了限制,除个别反应(例如 Ag^+ 与 CN^-,Hg^{2+} 与 Cl^- 等反应)外,一般不能用于配位滴定。而有机配位剂分子或离子常含有两个以上的可键合原子,与金属离子形成环状结构的螯合物。这类配位反应过程简单,减少或消除了分级配位现象,形成的配合物稳定性高,已广泛用于滴定分析。

通常用作配位滴定剂的是一类含有 $—N(CH_2COOH)_2$ 基团的有机化合物,称为氨羧配位剂。其分子中含有氨氮和羧氧配位原子,几乎能与大多数金属离子配位。目前氨羧配位剂中应用最广泛的是乙二胺四乙酸,简称 EDTA。用 EDTA 标准溶液可以滴定几十种金属离子。通常所谓的配位滴定法主要指 EDTA 滴定法。本节将介绍 EDTA 滴定剂的特点、条件稳定常数、滴定曲线、酸度控制和金属指示剂。

7.4.1　EDTA 及其配合物的性质

EDTA 是四元酸,通常用符号 H_4Y 表示。在水溶液中,EDTA 两个羧酸上的氢可以转移到氮原子上形成双偶极离子,其结构式如下:

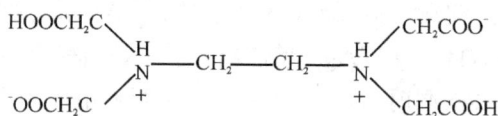

$$\text{HOOCH}_2\text{C} \diagdown \overset{\text{H}}{\underset{+}{\text{N}}} - \text{CH}_2 - \text{CH}_2 - \overset{\text{H}}{\underset{+}{\text{N}}} \diagup \text{CH}_2\text{COO}^-$$
$$^-\text{OOCH}_2\text{C} \diagup \qquad\qquad\qquad \diagdown \text{CH}_2\text{COOH}$$

当溶液酸度较高时，H_4Y 的两个羧酸根可再接受 2 个质子，形成 H_6Y^{2+}，相当于六元酸。它在水中有六级解离平衡：

$$H_6Y^{2+} \overset{pK_{a1}=0.9}{\rightleftharpoons} H_5Y^+ \overset{pK_{a2}=1.6}{\rightleftharpoons} H_4Y \overset{pK_{a3}=2.07}{\rightleftharpoons} H_3Y^-$$
$$\overset{pK_{a4}=2.75}{\rightleftharpoons} H_2Y^{2-} \overset{pK_{a5}=6.24}{\rightleftharpoons} HY^{3-} \overset{pK_{a6}=10.34}{\rightleftharpoons} Y^{4-}$$

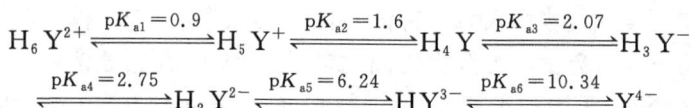

EDTA 微溶于水（22 ℃时每 100 mL H_2O 仅溶解 0.02 g）。EDTA 二钠盐在水中的溶解度较大（22 ℃时每 100 mL H_2O 可溶解 11.1 g，约 0.3 mol L^{-1}），可配成一定浓度的标准溶液用于滴定。因此在配位滴定中，通常使用的是它的二钠盐，以 $Na_2H_2Y \cdot 2H_2O$ 表示，但习惯上仍简称 EDTA。

从上述解离平衡可以看出，EDTA 在水溶液中有 H_6Y^{2+}、H_5Y^+、H_4Y、H_3Y^-、H_2Y^{2-}、HY^{3-} 和 Y^{4-} 七种型体。根据前面酸碱平衡的知识可知，各型体的分布系数 δ 与溶液 pH 有关（见图 7-6）。在 pH<1 的强酸溶液中，EDTA 主要以 H_6Y^{2+} 形式存在；在 pH 2.6～6.16 的溶液中，主要以 H_2Y^{2-} 的形式存在；在 pH>10.26 的碱性溶液中，主要以 Y^{4-} 的形式存在。

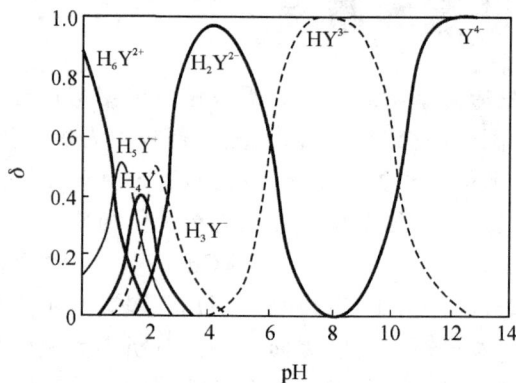

图 7-6 EDTA 的各种型体的分布曲线

EDTA 具有广泛的配位性质，几乎能与所有的除碱金属离子以外的其它金属离子发生配位反应，生成稳定的螯合物。

EDTA 与金属离子形成螯合物时，以氮原子和氧原子与金属离子配位，生成具有多个五元环的螯合物。螯合物稳定性高，用于滴定分析时突跃范围大。常见的 EDTA 配合物的 K_{MY} 值见附录 8。

除少数高价金属离子（如五价钼）外，EDTA 与大多数金属离子生成螯合物的络合比都是 1:1。EDTA 螯合物大多数带有电荷，水溶性好，配位反应速度快，符合滴定分析对于化学反应的要求。此外，EDTA 与无色的金属离子生成无色螯合物，与有色金属离子一般则生成颜色更深的配合物。例如，Cu^{2+} 显浅蓝色，而 CuY^{2-} 显深蓝色；Ni^{2+} 显浅绿色，而 NiY^{2-} 显蓝绿色。在滴定这些金属离子时，要控制其浓度不能过大，否则将妨碍使用指示剂确定终点。

7.4.2　副反应系数和条件稳定常数

在 EDTA 滴定中,滴定反应为被测金属离子与 EDTA 配位生成配合物 MY 的反应,称为主反应(略去电荷)。而反应物 M、Y 及产物 MY 都有可能同溶液中其它组分发生副反应使 MY 的稳定性受到影响。溶液可能存在的副反应如下图所示。图中的 L 为辅助配位剂(除了 EDTA 外其它可与被测金属离子配位的配位剂),N 为干扰离子(除了被测金属离子外其它可与 EDTA 配位的金属离子)。

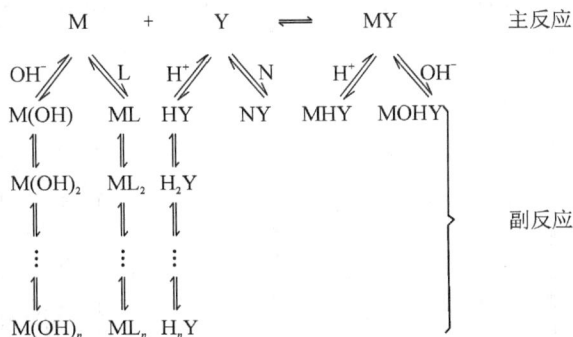

显然,上述副反应的发生都将对主反应产生影响。从图中可见,金属离子与 OH^- 离子或辅助配位剂 L 发生的副反应,以及 EDTA 与 H^+ 离子或干扰离子发生的副反应,都不利于主反应的进行。反应产物 MY 在酸度较高时生成酸式配合物 MHY,在碱度较高时生成碱式配合物 M(OH)Y 等,称为混合配位效应,有利于主反应的进行。为了定量地讨论副反应进行的程度,引入副反应系数。下面分别对上述 M、Y 及 MY 的副反应进行讨论。

1. 滴定剂 Y 的副效应和副反应系数

滴定剂 Y 的副反应系数用 α_Y 表示,定义为

$$\alpha_Y = \frac{[Y']}{[Y]} \tag{7-3}$$

式中 α_Y 表示未参加主反应的滴定剂总浓度 $[Y']$ 与游离滴定剂浓度 $[Y]$ 之比。α_Y 值越大,说明副反应越严重。若 $\alpha_Y = 1$,则 $[Y'] = [Y]$,说明滴定剂没有副反应发生。滴定剂 Y 的副反应有酸效应和共存离子效应两种。

1)酸效应和酸效应系数

EDTA 滴定反应本质上是 Y^{4-} 与金属离子的反应。由 EDTA 分布曲线可知,Y^{4-} 是 EDTA 各存在型体中的一种,只有 pH ≥ 12 时,EDTA 才全部以 Y^{4-} 形式存在。若溶液 pH 值减小,则 Y^{4-} 可接受质子形成 HY^{3-}、H_2Y^{2-} 等各种酸式型体而使 Y^{4-} 的平衡浓度降低,从而导致 EDTA 与金属离子反应能力降低。这种由于 H^+ 的存在而使 Y 参加主反应能力降低的现象称为酸效应。酸效应的大小用酸效应系数 $\alpha_{Y(H)}$ 来衡量,它是指未参加配位反应的 EDTA 各种存在型体的总浓度 $[Y']$ 与游离滴定剂 Y^{4-} 的平衡浓度 $[Y]$ 之比,即为 Y^{4-} 的分布系数的倒数,有

$$\alpha_{Y(H)} = \frac{[Y']}{[Y]} = \frac{[Y^{4-}] + [HY^{3-}] + [H_2Y^{2-}] + \cdots + [H_6Y^{2+}]}{[Y^{4+}]}$$

$$=1+\frac{[H^+]}{K_{a_6}}+\frac{[H^+]^2}{K_{a_6}K_{a_5}}+\cdots+\frac{[H^+]^6}{K_{a_6}K_{a_5}K_{a_4}K_{a_3}K_{a_2}K_{a_1}} \tag{7-4}$$

从式(7-4)可见,$\alpha_{Y(H)}$ 是 $[H^+]$ 的函数。溶液酸度越高,酸效应系数越大,由酸效应引起的副反应越严重。表7-5列出了 EDTA 在不同 pH 条件时的酸效应系数。如果 H^+ 氢离子与 Y^{4-} 之间没有发生副反应,则未参加配位反应的 EDTA 全部以 Y^{4-} 形式存在,$\alpha_{Y(H)}=1$。

表 7-6   EDTA 在不同 pH 条件时的酸效应系数

pH	$\lg\alpha_{Y(H)}$	pH	$\lg\alpha_{Y(H)}$	pH	$\lg\alpha_{Y(H)}$	pH	$\lg\alpha_{Y(H)}$
0.0	23.64	3.8	8.85	7.4	2.88	11.0	0.07
0.4	21.32	4.0	8.44	7.8	2.47	11.5	0.02
0.8	19.08	4.4	7.64	8.0	2.27	11.6	0.02
1.0	18.01	4.8	6.84	8.4	1.87	11.7	0.02
1.4	16.20	5.0	6.45	8.8	1.48	11.8	0.01
1.8	14.27	5.4	5.69	9.0	1.28	11.9	0.01
2.0	13.51	5.8	4.98	9.4	0.92	12.0	0.01
2.4	12.19	6.0	4.65	9.8	0.59	12.1	0.01
2.8	11.09	6.4	4.06	10.0	0.45	12.2	0.005
3.0	10.60	6.8	3.55	10.4	0.24	13.0	0.0008
3.4	9.70	7.0	3.32	10.8	0.11	13.9	0.0001

2)共存离子效应和共存离子效应系数

若在金属离子 M 与络合剂 Y 的反应之外,溶液中有共存的其它金属离子 N 与 Y 反应,则该反应可看作 Y 的另一种副反应,它也可以使 Y 参加主反应的能力降低。共存离子引起的副反应称为共存离子效应,相应的副反应系数称为共存离子效应系数,用 $\alpha_{Y(N)}$ 表示。

$$\alpha_{Y(N)}=\frac{[Y']}{[Y]}=\frac{[NY]}{[Y]}=1+K_{NY}[N]$$

如果 EDTA 的两种副反应同时存在,则总副反应系数为

$$\alpha_Y=\frac{[Y']}{[Y]}=\frac{[Y^{4-}]+[HY^{3-}]+[H_2Y^{2-}]+\cdots+[H_6Y^{2+}]+[NY]}{c(Y)} \tag{7-5}$$

$$=\alpha_{Y(H)}+\alpha_{Y(N)}-1$$

2. 金属离子的副反应和副反应系数

在配位滴定中,如果滴定体系中存在其它辅助配位剂 L(可能来自指示剂、掩蔽剂或缓冲剂等),则它们也能和金属离子发生配位反应。这种由于金属离子与辅助配位剂 L 发生副反应而使得金属离子参加主反应的能力降低的现象被称为配位效应。配位效应的大小用配位效应系数 $\alpha_{M(L)}$ 来表示,它是指未与滴定剂 Y 配位的金属离子 M 的各种存在型体的总浓度 $[M']$ 与游离金属离子浓度 $[M]$ 之比。

$$\alpha_{M(L)}=\frac{[M']}{[M]}=\frac{[M]+[ML_1]+[ML_2]+\cdots+[ML_n]}{[M]}$$

$$=1+\frac{[ML_1]}{[M]}+\frac{[ML_2]}{[M]}+\cdots+\frac{[ML_n]}{[M]} \tag{7-6}$$

$$=1+\beta_1[L]+\beta_2[L]^2+\cdots+\beta_n[L]^n$$

3. 配合物的副反应和副反应系数

在酸度较高的情况下，MY 会与 H^+ 发生副反应，形成酸式配合物 MHY。

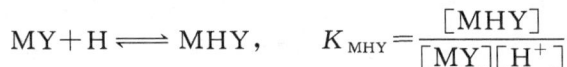

$$MY+H\Longrightarrow MHY, \qquad K_{MHY}=\frac{[MHY]}{[MY][H^+]}$$

其副反应系数用 $\alpha_{MY(H)}$ 表示：

$$\alpha_{MY(H)}=\frac{[MY']}{[MY]}=\frac{[MY]+[MHY]}{[MY]}=1+K_{MHY}[H^+]$$

碱度较高时会生成碱式配合物 M(OH)Y。其副反应系数用 $\alpha_{M(OH)Y}$ 表示：

$$\alpha_{MY(OH)}=1+K_{M(OH)Y}[OH^-], \ K_{M(OH)Y}=\frac{[M(OH)Y]}{[MY][OH^-]}$$

大多数酸式或碱式配合物不稳定，一般可以忽略不计。

4. 配合物的条件稳定常数

综上所述，在配位滴定中，由于各种副反应的存在，配合物的稳定常数 K_{MY} 已不能真实反映主反应进行的程度。此时应对其进行修正。应该用未与滴定剂 Y 配位的金属离子 M 的各种存在型体的总浓度 $[M']$ 来代替 $[M]$，用未参与配位反应的 EDTA 各种存在型体的总浓度 $[Y']$ 代替 $[Y]$，MY 的总浓度为 $[MY']$。这时，配合物的稳定常数可表示为

$$K'_{MY}=\frac{[MY']}{[M'][Y']}=\frac{\alpha_{MY}[MY]}{\alpha_M[M]a_Y[Y]}=\frac{\alpha_{MY}}{a_Ma_Y}K_{MY} \tag{7-7}$$

在一定条件下（即溶液组成、温度、酸度等一定时），α_M、α_Y、α_{MY} 以及 K_{MY} 均为常数，则 K'_{MY} 也是一常数，这种用副反应系数校正后的 EDTA 与金属离子配合物的稳定常数被称为条件稳定常数。上式取对数可得：

$$\lg K'_{MY}=\lg K_{MY}-\lg\alpha_M-\lg\alpha_Y-\lg\alpha_{MY} \tag{7-8}$$

多数条件下，α_{MY} 可忽略，则上式可简化为

$$\lg K'_{MY}=\lg K_{MY}-\lg\alpha_M-\lg\alpha_Y \tag{7-9}$$

当系统中无共存离子干扰，也无辅助配位剂时，影响主反应的因素只有 EDTA 的酸效应。此时 K'_{MY} 可表示为

$$\lg K'_{MY}=\lg K_{MY}-\lg\alpha_{Y(H)} \tag{7-10}$$

此时，欲使滴定反应进行完全，必须控制合适的酸度。我们将在 7.4.4 节中对此进行详细讨论。

例 7-4　计算在 pH＝2 和 pH＝5 时，ZnY 的条件稳定常数。

解：查表得 $\lg K(ZnY)=16.50$。

pH＝2 时，$\lg\alpha_{Y(H)}=13.51$，有

$$\lg K'(ZnY)=\lg K(ZnY)-\lg\alpha_{Y(H)}=16.50-13.51=2.99$$

$$K'(ZnY) = 9.8 \times 10^{-2}$$

$pH = 5, lg\alpha_{Y(H)} = 6.45,$ 有

$$lgK'(ZnY) = lgK(ZnY) - lg\alpha_{Y(H)} = 16.50 - 6.45 = 10.05$$
$$K'(ZnY) = 1.1 \times 10^{10}$$

7.4.3 配位滴定曲线

在配位滴定中,随着滴定剂 EDTA 的不断加入,金属配合物不断生成,溶液中金属离子 M 的浓度逐渐减小,在化学计量点附近,金属离子 M 的浓度会发生突变。配位滴定法中金属离子浓度的变化规律可用以金属离子 M 的浓度的负对数 pM 为纵坐标,以加入 EDTA 标准溶液的体积或滴定百分数为横坐标的配位滴定曲线来表示。

现以 pH=10 时 0.01000 mol·L^{-1} EDTA 标准溶液滴定 0.01000 mol·L^{-1} Ca^{2+} 溶液为例,讨论配位滴定的滴定曲线。查表可知,$lgK_{CaY} = 10.7, lg\alpha_{Y(H)} = 0.45$。可推得 $lgK'_{CaY} = lgK_{CaY} - lg\alpha_{Y(H)} = 10.7 - 0.45 = 10.25, K'_{CaY} = 1.8 \times 10^{10}$。

下面仍然分为滴定前、滴定开始至化学计量点前、化学计量点、化学计量点后四个阶段来讨论配位滴定曲线。

(1)滴定前,[Ca^{2+}]=0.01000 mol·L^{-1},pCa=2.00。

(2)滴定开始至化学计量点前,以剩余 Ca^{2+} 浓度来计算 pCa。如,当加入 EDTA 标准溶液 19.98 mL(即滴定分数为 99.9%,离化学计量点差半滴)时

$$[Ca^{2+}] = 0.01000 \times \frac{0.02}{20.00 + 19.98} = 5.0 \times 10^{-6} \text{ mol·L}^{-1}, pCa = 5.30$$

(3)化学计量点时,由于 CaY 配合物比较稳定,化学计量点时,Ca^{2+} 与加入的 EDTA 标准溶液几乎全部配位成 CaY 配合物,有

$$[CaY] = 0.01000 \times \frac{20.00}{20.00 + 20.00} = 5.0 \times 10^{-3} \text{ mol·L}^{-1}$$

化学计量点时,[Ca^{2+}]=[Y],故

$$K'_{CaY} = \frac{[CaY]}{[Ca^{2+}][Y]} = \frac{[CaY]}{[Ca^{2+}]^2}$$

$$[Ca^{2+}] = \sqrt{\frac{[CaY]}{K'_{CaY}}} = \sqrt{\frac{5.0 \times 10^{-3}}{1.8 \times 10^{10}}} = 5.3 \times 10^{-7} \text{ mol·L}^{-1}, pCa = 6.28$$

(4)化学计量点后,以过量的 EDTA 来计算。当加入的滴定剂为 20.02 mL 时,EDTA 过量 0.02 mL,其浓度为

$$[Y] = 0.01000 \times \frac{20.02 - 20.00}{20.00 + 20.02} = 5.0 \times 10^{-6} \text{ mol·L}^{-1}$$

$$[Ca^{2+}] = \frac{[CaY]}{K'_{CaY}[Y]} = \frac{5.0 \times 10^{-3}}{1.8 \times 10^{10} \times 5.0 \times 10^{-6}} = 5.6 \times 10^{-8} \text{ mol·L}^{-1}, pCa = 7.25$$

以 pCa 为纵坐标,加入 EDTA 标准溶液的百分数(或体积)为横坐标做图,即可得 EDTA 标准溶液滴定 Ca^{2+} 的滴定曲线。

滴定突跃的大小是决定配位滴定准确度的重要依据。影响滴定突跃的主要因素是配合物的条件稳定常数 K'_{MY} 和金属离子浓度[M]。

从图 7-7 中可以看出,在被滴定金属离子浓度相同时,条件稳定常数 K'_{MY} 越大,滴定曲线后平台部分的高度越高,滴定突跃也越大。而 K'_{MY} 值取决于 K_{MY}、α_M 和 $\alpha_{Y(H)}$ 的值,因此酸度亦对滴定突跃有很大影响。而在 K'_{MY} 相同时,被滴定金属离子浓度越大,则滴定曲线前半部分越低,滴定突跃也就越大(见图 7-8)。

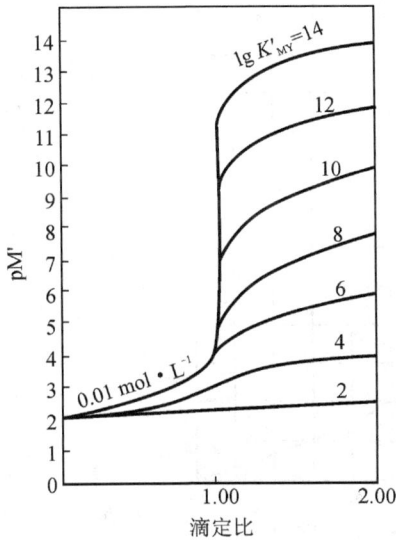

图 7-7　$\lg K'_{MY}$ 对滴定曲线的影响　　　　图 7-8　金属离子浓度对滴定曲线的影响

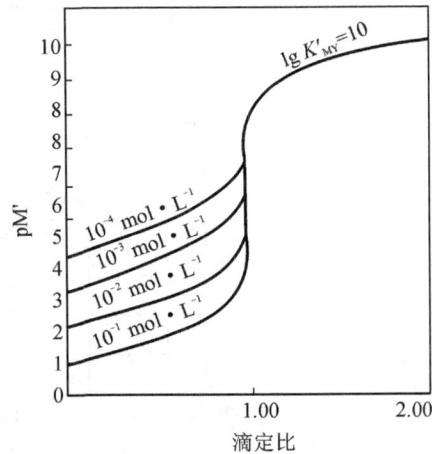

7.4.4　配位滴定中酸度的控制

配位滴定中适宜 pH 条件的范围由 EDTA 的酸效应和金属离子的羟基配位效应决定。根据酸效应可得出滴定时允许的最低 pH,根据羟基配位效应可大致估计滴定允许的最高 pH。

滴定时允许的最低 pH 取决于滴定允许的误差和检测终点的准确度。配位滴定的目测终点与化学计量点 pM 的差值至少为 ± 0.2,若允许相对误差为 ±0.1%,设金属离子的分析浓度为 0.02 mol·L^{-1},根据终点误差公式可得若要使该金属离子被准确滴定,条件为 $\lg K'_{MY} \geqslant 8$。不同金属离子的 EDTA 配合物 $\lg K_{MY}$ 值不同,故滴定时所允许的最低 pH 也不相同。若配位反应中除 EDTA 的酸效应外,没有其它副反应,则

$$\lg K_{MY} - \lg \alpha_{Y(H)} \geqslant 8 \tag{7-11}$$
$$\lg \alpha_{Y(H)} \leqslant \lg K_{MY} - 8 \tag{7-12}$$

根据式(7-12)和表 7-6,可以计算出各金属离子 EDTA 配位滴定所允许的最低 pH。将各种金属离子的 $\lg K_{MY}$ 与其滴定时允许的最低 pH 做图,得到的曲线称为 EDTA 的酸效应曲线或林邦曲线,如图 7-9 所示。图中金属离子位置所对应的的 pH 值,就是滴定该金属离子时所允许的最低 pH 值。

应用酸效应曲线,可以方便地确定单独滴定某一金属离子时所允许的最低 pH。例如,可通过曲线查得,EDTA 滴定 Fe^{3+} 时 pH 应大于 1;滴定 Zn^{2+} 时 pH 应大于 4。EDTA 配合物的稳定性较高的金属离子,可以在较高酸度下进行滴定。除此以外,亦可用来判断在某一 pH 下

测定某种离子时共存离子的干扰情况。例如,在 pH 4～6 滴定 Zn^{2+} 时,若存在 Fe^{2+}、Cu^{2+}、Mg^{2+} 等离子,则 Fe^{2+}、Cu^{2+} 有干扰,而 Mg^{2+} 无干扰。另外,酸效应曲线可用于判断当几种金属离子共存时,能否通过控制溶液酸度进行选择滴定或连续滴定。例如,当 Fe^{3+}、Zn^{2+} 和 Mg^{2+} 共存时,由于它们在酸效应曲线上相距较远,可以先在 pH 1～2 时滴定 Fe^{3+},然后在 pH 5～6 时滴定 Zn^{2+},最后再调节溶液 pH 值至 10 左右滴定 Mg^{2+}。

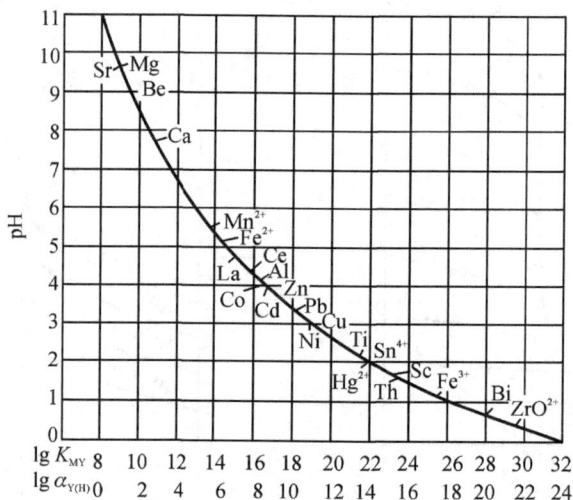

图 7-9　EDTA 的酸效应曲线

在实际中,为了使配位反应更完全,通常采用的 pH 要略高于最低 pH。通过前面的分析可知,在满足滴定允许的最低 pH 的情况下,若溶液的 pH 升高,则 $\lg K'_{MY}$ 增大,配位反应的完全程度也增大。但 pH 若太高则金属离子可能水解生成氢氧化物沉淀。例如,用 EDTA 滴定 Mg^{2+} 时所允许的最低 pH=9.7,实际采用 pH=10,若 pH>12,则 Mg^{2+} 会生成 $Mg(OH)_2$ 沉淀。因此,不同金属离子在用 EDTA 滴定时,还应考虑不能使金属离子发生水解反应的 pH 值限度,这个限度叫最低酸度或最高 pH 值,可由金属氢氧化物的溶度积常数求得。滴定的 pH 范围是综合考虑了滴定适宜的 pH、指示剂的变色等情况后确定的,一般比上述求得的 pH 范围要更狭窄一些。

在实际配位滴定中,常加入缓冲溶液控制溶液的酸度。除上述准确滴定的需要以外,还有一个原因是在配位滴定过程中 H^+ 会随着配合物的生成不断释出,$M+H_2Y \Longrightarrow MY+2H^+$,使溶液酸度升高,从而降低 pH 值,影响滴定反应的完全程度。若要控制溶液为弱酸性(pH=5～6),常使用醋酸缓冲溶液或六次甲基四胺缓冲溶液;要控制溶液为弱碱性(pH=8～10),常采用氨性缓冲溶液;若要控制溶液 pH<2 或 pH>12,可利用强酸或强碱本身的缓冲作用。选择缓冲溶液除要考虑它所能起缓冲作用的 pH 范围外,还要考虑它是否引起金属离子的副反应而影响滴定的准确性。

7.4.5　金属指示剂

配位滴定法中最常用的终点判定方法是以金属指示剂来判断滴定终点。

1. 金属指示剂的变色原理

金属指示剂本身是一种有机配位剂,它能与金属离子生成有色配合物,其颜色与游离指示剂本身的颜色显著不同。由于金属指示剂是用来指示溶液中金属离子浓度的变化情况,故称为金属离子指示剂,简称金属指示剂。当加指示剂于被测金属离子溶液中时,它与少量金属离子发生配位反应生成金属离子-指示剂配合物,绝大部分金属离子处于游离状态。此时溶液呈现该配合物的颜色。若以 M 表示金属离子,In 表示指示剂的阴离子(略去电荷),则其反应可表示如下:

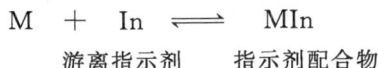

$$M \quad + \quad In \quad \Longleftrightarrow \quad MIn$$
$$\quad\quad 游离指示剂 \quad\quad 指示剂配合物$$

滴定开始后,随着 EDTA 的不断滴入,溶液中的游离金属离子逐步与 EDTA 配位形成 EDTA 配合物 MY。临近化学计量点时,游离金属离子几乎完全配位。继续滴加 EDTA 时,由于金属离子与指示剂的配合物 MIn 的稳定性低于金属离子与 EDTA 配合物 MY 的稳定性,故 EDTA 能够夺取 MIn 配合物中的 M 而使 In 游离出来,此时溶液呈现指示剂的颜色而指示终点到达,即

$$MIn \quad + \quad Y \quad \Longleftrightarrow \quad MY \quad + \quad In$$
$$指示剂配合物 \quad\quad\quad\quad\quad\quad\quad\quad 游离指示剂$$

2. 金属指示剂应具备的条件

从以上讨论可知,配位滴定中所用金属指示剂应具备下列条件:

(1)在滴定的 pH 条件下,金属指示剂配合物 MIn 的颜色与指示剂 In 本身颜色应显著不同,这样终点时才能观察到明显的颜色变化。

(2)金属指示剂配合物 MIn 的稳定性要适当,其稳定性应略小于 EDTA 配合物 MY(一般 $\lg K_{MY} - \lg K_{MIn} \geqslant 2$)。如果稳定性太低,会造成终点提前或颜色变化不明显,终点难以确定。相反,如果稳定性过高,在计量点时,EDTA 难以夺取 MIn 中的 M 而使 In 游离出来,终点得不到颜色的变化或颜色变化不敏锐。

(3) MIn 应易溶于水,与金属离子的配位反应灵敏性好,并具有一定的选择性。

3. 金属指示剂的封闭与僵化

在滴定中指示剂在终点应有敏锐的颜色变化。但在实际中会发现有 MIn 配合物颜色不变或者变色缓慢的现象,前者称指示剂的封闭,后者称指示剂的僵化。

(1)指示剂的封闭现象。某些金属离子能与指示剂形成非常稳定的配合物,稳定性强于 MY。以至于在到达计量点后,滴入过量的 EDTA 也不能夺取 MIn 中的 M 而使 In 游离出来,所以观察不到终点的颜色变化,称为指示剂的封闭现象。

例如,Al^{3+}、Fe^{3+}、Cu^{2+}、Ni^{2+}、Co^{2+} 等离子对铬黑 T 指示剂有封闭作用,在以铬黑 T 为指示剂滴定 Ca^{2+} 和 Mg^{2+} 而有上述离子共存时,可用 KCN 掩蔽 Cu^{2+}、Ni^{2+}、Co^{2+},用三乙醇胺掩蔽 Al^{3+}、Fe^{3+}。如发生封闭作用的离子是被测离子本身,一般利用返滴定法来消除干扰。如 Al^{3+} 对二甲酚橙有封闭作用,测定 Al^{3+} 时可先加入过量的 EDTA 标准溶液,使 Al^{3+} 与 EDTA 完全配位后,再调节溶液 pH=5~6,加入二甲酚橙指示剂用 Zn^{2+} 标准溶液返滴定,即可克服 Al^{3+} 对二甲酚橙的封闭作用。

(2)指示剂的僵化现象。有些金属离子与指示剂形成的配合物难溶于水或稳定性差,使 EDTA 与 MIn 的终点置换反应慢,造成终点不明显或拖后,这种现象称为指示剂的僵化现象。这种情况下可加入适当的有机溶剂促进难溶物的溶解,或将溶液适当加热以加快置换反应速率而予以消除。如,用 PAN 作为指示剂时,可加入乙醇或者丙酮或加热,可使指示剂颜色变化明显。

(3)指示剂的氧化变质现象。多数金属指示剂是具有共轭双键体系的有机物,容易被日光、空气、氧化剂等分解或氧化。也有些金属指示剂在水中不稳定,日久会分解。所以,配位滴定时常将金属指示剂用中性盐(如 NaCl 固体)稀释后配成固体混合物、或加入还原性物质、或现用现配。

4. 常用的金属指示剂

下面介绍几种常用的金属指示剂。

铬黑 T 属于 O,O'-二羟基偶氮类染料,化学名称是 1-(1-羟基-2-萘偶氮)-6-硝基-2-萘酚-4-磺酸钠,简称 EBT,其结构式如下:

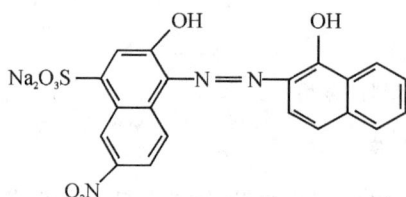

铬黑 T 为黑褐色粉末,带有金属光泽。固体铬黑 T 较为稳定,但其水溶液或醇溶液均不稳定,仅能保存数天。在酸性溶液中铬黑 T 容易发生聚合反应;在碱性溶液中易被氧化褪色。因此,常把铬黑 T 与 NaCl 按 1∶100 的比例混合均匀,研细,密闭保存于干燥器中备用。在溶液中,pH 不同时铬黑 T 以不同颜色的型体存在。当 pH < 6 时,显红色;当 7<pH<11 时,显蓝色;当 pH>12 时,显橙色。铬黑 T 能与许多二价金属离子如 Ca^{2+}、Mg^{2+} 等形成红色的配合物,因此,铬黑 T 应在 pH=7~11 的条件下使用,才会有明显的终点颜色变化(红色→蓝色)。在实际中铬黑 T 的工作 pH 范围在 pH=9~10。

钙指示剂也属于偶氮类染料,化学名称是 1-(2 -羟基-4-磺基-1-萘偶氮)-2-羟基-3-萘甲酸(NN 或钙红),其结构式如下:

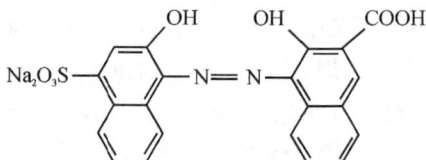

钙指示剂固体为紫黑色粉末,很稳定,但其水溶液或乙醇溶液均不稳定,所以一般取固体试剂与 NaCl 按 1∶100 的比例混合均匀研细,密闭保存于干燥器中备用。钙指示剂的水溶液也随溶液 pH 不同而呈不同的颜色:pH<7 时显红色,pH=8~13.5 时显蓝色,pH>13.5 时显橙色。由于在 pH=12~13 时,它与 Ca^{2+} 形成红色配合物,所以常用作在 pH=12~13 的酸度下测定钙含量时的指示剂,终点溶液由红色变成蓝色,颜色变化很明显。Fe^{3+}、Al^{3+} 等对钙

指示剂有封闭作用。

　　二甲酚橙,简称 XO,通常配成 0.2%～0.5% 水溶液使用,可保存 2～3 周。其水溶液 pH＞6.3 时呈红色,pH＜6.3 时呈黄色,而 XO 与金属离子的配合物呈红紫色。因此,XO 的使用 pH 范围在 pH＜6.3。Fe^{3+}、Al^{3+}、Ni^{2+}、Cu^{2+} 等对 XO 有封闭作用,其中 Fe^{3+} 可用抗坏血酸还原,Al^{3+} 可用氟化物掩蔽,Ni^{2+} 可用邻菲罗啉掩蔽。

7.5　提高配位滴定法选择性的方法

　　由于 EDTA 能与许多金属离子形成配合物,而实际工作中在被测溶液中往往有多种金属离子共存,在滴定时很可能相互干扰。因此,在混合离子溶液中如何减免其它离子对被测离子的干扰,提高配位滴定的选择性便成为配位滴定中要解决的一个重要问题。常用的方法有以下几种。

7.5.1　控制酸度

　　在此仅介绍较为简单的情况。若溶液中有 M 和 N 两种金属离子共存,预测定 M 的含量,则需判断 N 是否对 M 的测定产生干扰。我们可根据下式来判断。

$$\lg c_M K_{MY} - \lg c_N K_{NY} \geqslant 6 \qquad\qquad (7-13)$$

　　也就是说,两种金属离子配合物的稳定常数差值越大,被测离子浓度越大,干扰离子浓度越小,则在 N 存在下准确滴定 M 的可能性就越大。这种情况下可通过控制酸度对 M 和 N 来进行分别滴定,通过计算确定 M 测定的 pH 范围,选择指示剂,然后按照与单组分测定相同的方式进行测定。利用酸效应曲线可方便地解决这一问题。例如,当溶液中 Bi^{3+}、Pb^{2+} 浓度都为 0.01 mol·L^{-1} 时,若要判断是否能准确滴定 Bi^{3+},可根据式(7-13)来判断。查表可知,$\lg K_{BiY}=27.94$,$\lg K_{PbY}=18.04$,二者差值为 9.9,符合式(7-13)的要求。再由酸效应曲线可查得 EDTA 滴定 Bi^{3+} 的最低 pH 为 0.7,考虑到 Bi^{3+} 在 pH 约为 2 时会水解析出沉淀,故滴定 Bi^{3+} 的适宜 pH 范围为 0.7～2。实际中 EDTA 滴定 Bi^{3+} 常在 pH=1 的条件下进行,在此条件下既不会有 Bi^{3+} 的水解沉淀析出,共存离子 Pb^{2+} 也不会干扰 Bi^{3+} 的测定。

7.5.2　掩蔽和解蔽

　　若不满足式(7-13)的条件,溶液中共存的 M 和 N 离子的配合物 MY 和 NY 的 $\Delta\lg K$ 值很小,则不能用控制酸度的方法消除干扰。此时可采用加入掩蔽剂来降低干扰离子 N 的浓度,以减少或消除 N 离子对 M 离子测定的干扰。干扰离子与掩蔽剂形成的配合物稳定性应强于其与 EDTA 的配合物,且该配合物应为无色或者浅色,不影响终点的判断。掩蔽剂也不应与待测离子配位。常用的掩蔽法有配位掩蔽法、氧化还原掩蔽法和沉淀掩蔽法。

　　(1)配位掩蔽法是分析化学中应用最多的一种掩蔽方法。即,加入配位掩蔽剂与干扰离子形成稳定的配合物以消除干扰。如测定水中 Ca^{2+}、Mg^{2+} 含量时,共存的 Fe^{3+} 和 Al^{3+} 对测定有干扰,可加入三乙醇胺予以掩蔽,使 Fe^{3+} 和 Al^{3+} 与三乙醇胺形成稳定的配合物而消除干扰。又如,在 Al^{3+} 和 Zn^{2+} 共存时,为消除 Al^{3+} 对 Zn^{2+} 测定的干扰,可用 NH_4F 与 Al^{3+} 生成稳定的 AlF_6^{3-} 配离子,再于 pH=5～6 时滴定 Zn^{2+}。EDTA 滴定中常见的配位掩蔽剂见表 7-7。

表 7-7   EDTA 滴定中常用的掩蔽剂及适用范围

掩蔽剂	pH 适用范围	被掩蔽的离子	备注
KCN	>8	Ni^{2+}、Co^{3+}、Ti^{3+}、Cu^{2+}、Zn^{2+}、Ag^+、Hg^{2+} 及铂族元素	剧毒！须在碱性溶液中使用
NH₄F	4~6	Al^{3+}、Ti^{4+}、Sn^{4+}、Zr^{4+}、W^{6+} 等 Mg^{2+}、Al^{3+}、	用 NH_4F 比 NaF 好，因为 NH_4F 加入 pH 变化不大
	10	Ca^{2+}、Sr^{2+}、Ba^{2+} 及稀土元素	
三乙醇胺（TEA）	10	Sn^{2+}、Al^{3+}、Ti^{4+}、Fe^{3+}	与 KCN 并用，可提高掩蔽效果
	11~12	Fe^{3+}、Al^{3+} 及少量 Mn^{2+}	
酒石酸	1.2	Fe^{3+}、Sn^{4+}、Sb^{3+} 及 5 mg 以下的 Cu^{2+}	在抗坏血酸的存在下
	2	Fe^{3+}、Sn^{4+}、Mn^{2+}	
	5.5	Fe^{3+}、Sn^{4+}、Al^{3+}、Ca^{2+}	
	6~7.5	Mg^{2+}、Fe^{3+}、Al^{3+}、Cu^{2+}、W^{6+}、Mo^{4+}、Sb^{3+}	
	10	Al^{3+}、Sn^{4+}	

有些情况下，可先加入配位掩蔽剂使 N 生成配合物，用 EDTA 准确滴定 M 离子，然后在已经形成配合物的溶液中，加入一种适当的试剂破坏 N 与掩蔽剂的配合物，将 N 离子释放出来以便滴定，称为解蔽，所用的试剂称为解蔽剂。利用某些选择性的解蔽剂，也可以提高配位滴定的选择性。如测定铜合金中的 Pb 和 Zn 时，可先在 pH=10 的缓冲溶液中加入 KCN，使 Zn^{2+} 形成配离子 $[Zn(CN)_4]^{2-}$ 而掩蔽起来，用 EDTA 滴定 Pb^{2+} 后，再加入甲醛破坏 $[Zn(CN)_4]^{2-}$，然后用 EDTA 继续滴定释放出来的 Zn^{2+}。方程式如下：

$$[Zn(CN)_4]^{2-} + 4HCHO + 4H_2O \Longrightarrow Zn^{2+} + 4H_2C(OH)CN + 4OH^-$$

（2）氧化还原掩蔽法是指在混合液中，加入一种氧化剂或还原剂，使它与干扰离子发生氧化还原反应，以改变干扰离子存在的价态，达到消除干扰的目的。例如测定 Bi^{3+}、Fe^{3+} 混合液中的 Bi^{3+} 时，Fe^{3+} 会有干扰（$lgK_{BiY}=27.9$，$lgK_{Fe(III)Y}=25.1$）。可采用抗坏血酸或羟胺将 Fe^{3+} 还原至 Fe^{2+} 以消除 Fe^{3+} 的干扰（$lgK_{Fe(II)Y}=14.3$）。常用的氧化还原掩蔽剂有抗坏血酸、羟胺、联胺、硫脲等，有部分氧化还原掩蔽剂还同时是配位剂。

（3）沉淀掩蔽法是指加入选择性沉淀剂使干扰离子生成沉淀而浓度降低。如在 Ca^{2+}、Mg^{2+} 共存时要单独测定 Ca^{2+}，则可根据 Ca^{2+}、Mg^{2+} 氢氧化物溶解度的差异，加入 NaOH 溶液使溶液 pH>12，此时 Mg^{2+} 形成 $Mg(OH)_2$ 沉淀。采用钙指示剂，就可单独滴定 Ca^{2+}，而 Mg^{2+} 对其测定不再干扰。常用的沉淀掩蔽剂有 NH_4F、硫酸盐、硫化钠等。

若上述控制溶液酸度或掩蔽干扰离子都有困难时，可预先分离干扰离子或用其它配位剂进行滴定。除 EDTA 外，其它许多氨羧配位剂也能与金属离子生成稳定的配合物，但有时稳定性与 EDTA 配合物的稳定性表现出很大差异。所以选用其它氨羧配位剂有时可能会提高某些金属离子的选择性。如，EGTA（乙二醇二乙醚二胺四乙酸）与 Ca^{2+}、Mg^{2+} 所形成配合物的稳定性差异很大（$lgK_{EGTA-Mg}=5.21$，$lgK_{EGTA-Ca}=10.97$），因此可在两种离子共存的情况下单独测定 Ca^{2+}。

7.6　配位滴定的方式和应用

在配位滴定中有如下几种不同的滴定方式。

1. 直接滴定法

直接滴定法是配位滴定中的基本方法。这种方法是将被测物质处理成溶液后,调节至所需酸度,加入指示剂和所需的其它试剂,直接用 EDTA 标准溶液进行滴定。

采用直接滴定法时,被测金属离子与 EDTA 的配位反应满足下列条件。

(1) 在滴定条件下,被测金属离子浓度 c 及其 EDTA 配合物 MY 的条件稳定常数 K'_{MY} 必须满足 $\lg cK'_{MY} \geqslant 6$;

(2) 配位反应速度很快;

(3) 要有合适的指示剂指示滴定终点;

(4) 在滴定条件下,被测金属离子不发生水解和沉淀反应。

直接滴定法是配位滴定中最基本的方法,具有简便、快速的特点,引入的误差也较少。例如用 EDTA 法测定水的硬度,即测定水中钙镁离子的含量。具体方法是取一定体积的水样,用氨缓冲溶液调节 pH 值约为 10,以铬黑 T 为指示剂,然后用 EDTA 标准溶液滴定,溶液由酒红色变为纯蓝色。

2. 返滴定法

返滴定法是在一定条件下,向试液中加入定量且过量的 EDTA 标准溶液,然后用另一种金属离子的标准溶液滴定剩余的 EDTA,由两种标准溶液的浓度和体积求得被测物质的含量。该方法主要适用于下列情况:

(1)被测离子与 EDTA 反应速度慢;

(2)被测离子在测定的 pH 条件下发生水解等副反应;

(3)无合适的指示剂或被测离子本身对指示剂有封闭作用。

例如 Al^{3+} 的配位滴定即为此类情况,不能采用直接滴定法。为避免发生上述问题,可先加一定量过量的 EDTA 标准溶液,在 pH＝3.5 条件下,煮沸溶液。此时酸度较大,不至于形成多核羟基配合物,EDTA 的量也较多,能使 Al^{3+} 与 EDTA 反应完全。待 Al^{3+} 与 EDTA 反应完全后,调节 pH＝5～6,此时 AlY 稳定,也不会重新水解析出多核配合物。加入二甲酚橙,再用 Zn^{2+} 标准溶液返滴定过量的 EDTA 即可。此法可用于铝盐药物如复方氢氧化铝、氢氧化铝凝胶等的氢氧化铝含量测定。

3. 置换滴定法

利用置换反应,置换出等物质量的另一种金属离子或 EDTA,然后进行滴定。

置换金属离子的情况有 Ag 的测定。Ag^+ 与 EDTA 配合物的稳定性不高,不能用 EDTA 直接滴定。通常将 Ag^+ 加入到过量的 $[Ni(CN)_4]^{2-}$ 溶液中,定量置换出 Ni^{2+},反应如下:

$$2Ag^+ + [Ni(CN)_4]^{2-} =\!=\!= 2[Ag(CN)_2]^- + Ni^{2+}$$

然后在 $pH \approx 10$ 的氨性溶液中,以紫脲酸胺为指示剂,用 EDTA 标准溶液滴定置换出的 Ni^{2+},即可求得 Ag^+ 的量。

置换 EDTA 的情况如测定 Al^{3+}、Zn^{2+} 混合液中的 Al^{3+}。先使 Al^{3+}、Zn^{2+} 与 EDTA 反应完全,并用 Zn^{2+} 标准溶液滴定剩余的 EDTA。此时加入 NH_4F,即发生下列反应:

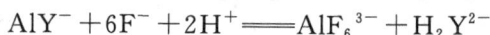

$$AlY^- + 6F^- + 2H^+ \Longrightarrow AlF_6^{3-} + H_2Y^{2-}$$

产物 $[AlF_6]^{3-}$ 比 AlY 稳定性更高。接下来用 Zn^{2+} 标准溶液滴定游离出的 EDTA,即可求得 Al^{3+} 含量。

4. 间接滴定法

有些金属离子(如 Li^+、K^+、Na^+ 等)与 EDTA 生成的配合物稳定性不高,可采用间接滴定法测定其含量。通常加入过量能与 EDTA 形成稳定配合物的金属离子作沉淀剂以沉淀待测离子,再将过量沉淀剂用 EDTA 滴定。如,可将 K^+ 沉淀为 $K_2NaCo(NO_2)_6$,将沉淀过滤溶解后,再用 EDTA 滴定其中的 Co^{2+},而间接求得 K^+ 的含量。此法可用于血清、红血球、尿液中钾的测定。

也可用此法测定一些非金属离子如 SO_4^{2-}、PO_4^{3-} 等。如 SO_4^{2-} 的测定,方法是加入过量的已知准确浓度的 $BaCl_2$ 溶液,使 SO_4^{2-} 与 Ba^{2+} 生成 $BaSO_4$ 沉淀,再用 EDTA 标准溶液滴定剩余的 Ba^{2+},从而间接求得试样中 SO_4^{2-} 的含量。

思 考 题

1. 哪些元素的离子或者原子容易形成配合物中心体?哪些分子或离子可作为配合物的配位体?

2. 配离子的解离与弱酸(碱)在纯水中的电离、难溶物在纯水中的溶解的情况有何区别?

3. 什么是螯合物?解释为何螯合物一般比组成和结构相近的简单配合物要稳定?

4. EDTA 与金属离子的配合物具有哪些特点?

5. 价键理论和晶体场理论的基本要点各是什么?各有哪些优缺点?

6. 配合物的稳定常数和条件稳定常数有什么区别?为什么要引入条件稳定常数?

7. 为什么在配位滴定中要控制一定的酸度?实际工作中应如何选择滴定的 pH 值?

8. 比较 AgCl 在水中和在 $2\ mol \cdot L^{-1} NH_3 \cdot H_2O$ 中的溶解度,并加以解释。

9. 试解释:

(1)为何向 $[Cu(NH_3)_4]^{2+}$ 溶液中加入少量 NaOH 无沉淀产生,但加入少量 Na_2S 溶液则立即有黑色沉淀产生?

(2)用 NH_4SCN 溶液检测 Co^{2+} 离子时,为什么加入 NH_4F 可消除 Fe^{3+} 的干扰?

10. 金属指示剂的作用原理是什么?应该具备哪些条件?

11. 什么是金属指示剂的封闭和僵化?如何避免这些问题?

12. pH=1.6 时,用 EDTA 标准溶液滴定浓度均为 $0.01\ mol \cdot L^{-1}$ 的 Fe^{3+} 和 Al^{3+} 混合溶液中的 Fe^{3+} 时,试问 Al^{3+} 是否干扰滴定?

习 题

1. 命名下列配位化合物,并指出中心离子、配位体、配位原子、配位数、配离子的电荷数。

(1) $K_2[Ni(CN)_4]$；   (2) $[Co(NH_3)_2(OH)_3]$；

(3) $[CoCl(SCN)(en)_2]Cl$；   (4) $(NH_4)_3[SbCl_6]$；

(5) $[Zn(OH)_4]^{2-}$；   (6) $Na[Co(NO_2)_4(NH_3)_2]$；

(7) $(NH_4)_2[Cr(SCN)_4(NH_3)_2]$；   (8) $[Pt(NH_3)_2Cl_2]$。

2. 写出下列配合物的化学式：

(1) 二羟基四水铝(Ⅲ)离子；   (2) 二硫代硫酸根合银(Ⅰ)酸钠；

(3) 氯化二氯三氨一水合钴(Ⅲ)；   (4) 五羰基合铁。

3. 试用价键理论说明下列配离子的类型、成键轨道类型(内轨型或外轨型)、空间构型和磁性。

(1)$[FeF_6]^{2-}$ ($\mu=5.9\ \mu_B$)；   (2) $[Co(NH_3)_6]^{2+}$ ($\mu=4.0\ \mu_B$)；

(3) $[Ni(CN)_4]^{2-}$ ($\mu=0$)；   (4) $[Ag(NH_3)_2]^{+}$ ($\mu=0$)。

4. 已知$[CuY]^{2-}$及$[Cu(en)_2]^{2+}$的稳定常数分别为6.3×10^{18}和4×10^{10}，试通过计算说明二者的稳定性大小。

5. 无水 $CrCl_3$ 和氨作用能形成两种配合物，组成分别为 $CrCl_3 \cdot 6NH_3$ 和 $CrCl_3 \cdot NH_3$。加入 $AgNO_3$ 溶液可将第一种配合物水溶液中几乎所有的氯沉淀为 $AgCl$，而仅能从第二种配合物水溶液中沉淀出组成中含氯量的 2/3。加入 $NaOH$ 并加热时，两种溶液均无氨逸出。试写出这两种配合物的化学式并命名。

6. 写出下列反应的方程式并计算平衡常数。

(1) AgI 溶于 KCN 溶液中；

(2) $AgCl$ 微溶于氨水中，溶液酸化后又析出沉淀(两个反应)。

7. 向 1 L 浓度为 $0.10\ mol \cdot L^{-1}$ 的 Cu^{2+} 溶液中加入 $2.0\ mol\ NH_3$，计算平衡时 Cu^{2+}、NH_3 和$[Cu(NH_3)_4]^{2+}$各自的浓度(已知 $K_f^{\ominus}[Cu(NH_3)_4]^{2+}=4.8\times10^{12}$)。

8. 向 50 mL $0.10\ mol \cdot L^{-1}$ 的 $AgNO_3$ 溶液中加入等体积的密度为 $0.932\ g \cdot ml^{-1}$ 的含 NH_3 18.24% 的氨水。求溶液中 Ag^+ 的浓度。

9. 向含有 $0.10\ mol \cdot L^{-1}AgNO_3$ 和 $0.30\ mol \cdot L^{-1}Na_2S_2O_3$ 的溶液中加入 $NaBr$ 固体，并使 Br^- 的浓度为 $0.1\ mol \cdot L^{-1}$，计算有无 $AgBr$ 沉淀产生。

10. 设 1 L 溶液中含有 $0.1\ mol \cdot L^{-1}NH_3$ 和 $0.1\ mol \cdot L^{-1}NH_4Cl$ 及 $0.01\ mol \cdot L^{-1}$ $[Cu(NH_3)_4]^{2+}$ 配离子，问此溶液中有无 $Cu(OH)_2$ 沉淀生成？

11. 已知：$K_f^{\ominus}[Fe(NCS)_3]=4.4\times10^5$，$K_f^{\ominus}(FeF_3)=1.15\times10^{12}$，判断反应 $[Fe(NCS)_3]+3F^- \Longrightarrow [FeF_3]+3NCS^-$ 进行的方向。

12. 已知 $K_f^{\ominus}[Ag(CN)_2^-]=1.3\times10^{21}$，$E^{\ominus}(Ag^+/Ag)=0.799\ V$，往 Ag^+/Ag 标准电极中加入 CN^-，使溶液中 $[Ag(CN)_2^-]=[CN^-]=1\ mol \cdot L^{-1}$，求 $E^{\ominus}\{[Ag(CN)_2^-]/Ag\}$。

13. 根据下列标准电动势数值求 $[AuCl_4]^-$ 配离子的 $K_f^{\ominus}$。

$$Au^{3+}+3e \Longrightarrow Au \qquad E^{\ominus}=1.52\ V$$

$$[AuCl_4]^-+3e \Longrightarrow Au+4Cl^- \qquad E^{\ominus}=1.00\ V$$

14. 设 Mg^{2+} 和 EDTA 的浓度都为 $0.0100\ mol \cdot L^{-1}$，若副反应只考虑酸效应，求 pH=6 时，MgY 的条件稳定常数。在此条件下，能否用 EDTA 标准溶液准确滴定 Mg^{2+}？

15. 有一铜锌合金试样，称取 0.4000 g 溶解后定容成 100 mL 溶液，取 25.00 mL，调节

pH＝6.0,以 PAN 为指示剂,用 0.04752 mol·L⁻¹EDTA 标准溶液滴定 Cu^{2+}、Zn^{2+},用去 EDTA 25.27 mL。另又称取 25.00 mL 试液,调 pH＝10.0,加入 KCN,Cu^{2+}、Zn^{2+} 被掩蔽,再加甲醛解蔽 Zn^{2+},用相同浓度的 EDTA 进行滴定,消耗 17.93 mL。计算试样中 Cu^{2+}、Zn^{2+} 质量分数。

16. 取 100.0 mL 水样,调节 pH＝10,用铬黑 T 作指示剂,用去 0.01000 mol·L⁻¹ EDTA 标准溶液 25.40 mL;另取一份 100.0 mL 水样,调节 pH＝12,用钙指示剂,用去 0.01000 mol·L⁻¹ EDTA 标准溶液 17.20 mL,分别求出该水样的总硬度、钙硬度、镁硬度(以 CaO mg·L⁻¹ 表示)。

17. 移取含 Bi^{2+}、Pb^{2+}、Cd^{2+} 的试液 25.00 mL,以二甲酚橙为指示剂,在 pH＝1 时,用 0.02003 mol·L⁻¹EDTA 标准溶液滴定,消耗 21.09 mL。调节 pH＝5.5,用同浓度 EDTA 标准溶液滴定,又消耗 29.16 mL。再加入邻二氮菲使之与 CdY 中的 Cd^{2+} 发生配位反应,被置换的 EDTA 用 0.02104 mol·L⁻¹ Pb^{2+} 标准溶液滴定,消耗 11.20 mL。求试液中 Bi^{2+}、Pb^{2+}、Cd^{2+} 的浓度。

MOOC 资源

1. 配位化合物的基本概念　　6. 配位滴定的基本原理
2. 价键理论　　　　　　　　7. 酸度控制
3. 晶体场理论　　　　　　　8. 标准溶液和配位滴定方式
4. 配位平衡及配位滴定法概述　9. 思维导图式总结
5. 副反应系数和条件稳定常数　10. 四大滴定法对比与课程结构

课程案例

1. 案例主题

个人健康和环境安全责任。

2. 案例意义

在配位滴定法用于金属离子检测的应用中,以"铅中毒""铝中毒"等食品和环境安全问题作为切入点,请同学们思考汽车尾气排放、易拉罐包装污染等个人日常生活小问题与人类健康大问题之间的联系,思考如何降低重金属污染,倡导绿色化学。同时,也希望同学们能发现问题、提出新的迁移、新创意、新发明,对新知识新技能进行有效外部迁移,综合运用所学知识,提高解决生活中实际问题的能力。

3. 案例描述

对铅金属的工业化冶炼和使用所造成的环境污染,导致铅中毒在印度引发全国性健康危机,有超过 2.75 亿印度儿童血铅浓度超过 5 μg/100 mL。由于通过呼吸道及消化道对铅的吸收率显著高于成人,学龄前儿童成为了发生铅中毒的高危人群,铅中毒能够对儿童的智力及身体发育造成严重影响。铅及其化合物的蒸气、烟和粉尘主要经呼吸道侵入人体,是职业性铅中毒的主要侵入途径,也可经消化道吸收摄入量的 20%～30%,其中以无机铅中毒多见。铅能干扰红细胞卟啉代谢,引起溶血及血管痉挛,临床上主要表现为腹绞痛及神经系统、肝脏、肾脏和血液系统异常。据联合国儿童基金会与"纯净地球"组织发布的联合研究报告,由于铅酸电池回收不足,家庭使用脱铅涂料、含铅电子垃圾堆放等,儿童血铅超标现象在印度尤为突出。印度国立大学研究者透露,生活在铅酸蓄电池回收车间及附近的儿童,血铅含量甚至高达 190 $\mu g/100$ mL。

"铝中毒"是指铝金属通过食入或吸入等各种渠道进入人体,并在体内大量蓄积而引起机体各系统功能异常。铝中毒多为慢性中毒,能够引起食欲不振、疲乏、情绪低落、头晕等症状。进入人体内的铝仅有少数可排出体外,大多数可长期蓄积体内,与体内多种蛋白质或酶等结合而影响人体内的多种生物化学反应。对人体最常见的损害有脑神经病变、贫血和骨骼疾病,有时会单独发生,也可能同时发生两种以上。一般来说,铝主要通过食品、炊具、餐具、容器等渠道进入人体。如易拉罐以铝合金作材料,其内壁涂有一些有机涂料,使铝合金和饮料隔离。在加工过程中,难免有的地方保护性涂料没涂上,或涂得过薄,以致罐内壁铝合金与饮料接触使得铝元素逐渐溶解其中,尤其是罐中装有酸性或碱性饮料时危害更大。食品中铝来源最多的是某些食品添加剂及在加工过程中所造成的污染,如油条中添加的过量明矾。

重金属中毒事件频发,成为我们身边的隐形杀手。要治理重金属污染,主要有四个方面措施:①需要采取措施,遏制污染源头,严格控制三废排放,科学使用农药、化肥、农用塑料薄膜等;②合理规划,调整产业结构,促进企业向低耗、高效、低污染企业转型;③加强监测,打击重点污染企业,处理好企业与环境的关系;④加强环保宣传,促进公众环保意识。

4. 案例反思

配位滴定法的条件控制是教学中较为抽象的内容。以"铅中毒""铝中毒"等身边的食品和环境安全问题作为切入点,能够调动起学生的积极性,思考汽车尾气排放、易拉罐包装污染等个人日常生活小问题与环境气候人类健康等大问题之间的联系,一方面能够让同学们认识到课上所讨论的定量分析条件控制的重要意义,另一方面说明,即使是未来不从事化学相关专业的研究,了解化学知识对于每个人的生活亦是必需必要的,是对个人健康和环境安全的责任。

Z 应用实例

配位滴定法测定水泥成分分析

分析工业产品资源的构成,也是现代工业发展的一大领域。对水泥成分的化学分析就是一个典型例子,能够为现代产业结构调整提供研究新视角。由于在各种水泥试样中,主要测定成分或干扰成分含量不同,为了准确测定主要成分的含量,需要分别采取不同的方法和测定条件。

若测定水泥中 Fe_2O_3 的含量,可采用直接滴定法的方式进行,可测定生料、熟料、铁矿样中的 Fe_2O_3 含量。此时需严格控制测定的 pH 范围为 1.8~2.2。原因是,如果 pH 值过高,将有部分铝参与与 EDTA 的反应,使测定结果偏高。若 pH 值过低,则 Fe^{3+} 不能完全与 EDTA 发生配位反应,使测定结果偏低。滴定温度需控制在 60~70 ℃。临近终点时,由于 Fe^{3+} 在试样中的含量一般不太高,与 EDTA 的反应速度又慢,故在操作上应快搅慢滴,否则 EDTA 易滴定过量,使测定结果偏高。

若测定水泥中 Al_2O_3 的含量,由于 Al^{3+} 与 EDTA 的反应很慢,可采用返滴定的方式进行。具体为,向滴定完 Fe^{3+} 的溶液中加入过量的 EDTA 后,调节 pH 值为 3.5~4.0。加入 EDTA 后应加热煮沸。当使用 PAN 指示剂时,应在 85~95 ℃热溶液中完成滴定,否则容易造成僵化现象。

若测定高锰试样，可选择其它测定方法。由于试样中锰含量过高，在滴定 Al^{3+} 的条件下，部分锰离子亦会被滴定，造成 Al 含量测定结果偏高，此时可选择其它测定方法或选择其它配位剂。

水泥生产的试样中，如欲用 EDTA 配位法测定 Ca^{2+}、Mg^{2+} 含量，一般都采用差减法进行。即先控制 pH 值约为 10 左右，测定钙镁合量，然后再调节 pH≥12.5，加入掩蔽剂使镁形成沉淀后测定钙含量，最后用差减法求得镁含量。

知识拓展

配位化学进展简介

自维尔纳创立配位化学以来，配位化学在无机化学研究中占据了重要的一席之地。其研究的主要对象为以金属阳离子为中心和含 O、N 等原子的配体而形成的配位化合物。配体和金属之间以配位化学键形式相连接为特点，表现出种类繁多的价键形式和空间结构，在化学键理论的发展中起到了重要的作用。同时，众多新颖的金属配位化合物又被合成和发现，以其特殊性能在生产实践和新技术发展中表现出巨大的应用潜力。配位化学和物理化学、有机化学、生物化学、环境科学及材料化学等学科相互渗透、相互促进，尤其与生命科学、纳米技术及材料科学研究联系非常紧密。

近代结构化学理论、晶体学理论和物理实验的发展极大地推动了配位化学的发展。尤其是 X 射线，不仅可以确定配合物中心原子的配位构型、键合模式，也可以得到配体和中心原子相互作用的精确信息，如键长、键角等信息，成为了研究配合物结构的重要手段。金属-有机配位聚合物在光、电、磁、信息存储、吸附分离、催化等方面的应用受到广泛重视，出现了众多新材料，如分子基磁性材料、金属-有机非线性光学材料、多孔配合物材料、荧光配合物材料等，大大促进了材料科学的发展。

在制备金属-有机配合物材料时，有机配体的设计、筛选起着关键的作用。常见配体有羧酸、磺酸或磷酸等含氧原子配位体、氮杂环类含氮原子配体、含硫或磷等杂原子的配位体，以及含多种配位原子（氮、氧和硫等）的有机配体。用含硫原子的有机配体合成的具有特殊性能与结构的金属-有机簇合物在生物模拟及仿生学中有很多研究；含磷原子的金属-有机化合物可在很多有机反应中作为催化剂。

附　录

附录1　国际单位换算

国际单位（SI）			
物理量	单位名称	单位符号	
		中文	国际
长度	米	米	m
质量	千克	千克	kg
时间	秒	秒	s
电流	安培	安	A
温度	开尔文	开	K
光强度	坎德拉	坎	Cd
物质的量	摩尔	摩	mol

单位换算	
1 厘米（cm）	$=10^8$ Å $=10^7$ nm
1 波数（cm^{-1}）	-2.8591×10^{-3} kcal $\cdot$ mol^{-1}
1 kcal $\cdot$ mol^{-1}	-349.76 cm^{-1}
1 电子伏特（eV）	$=23.061$ kcal $\cdot$ mol^{-1}
1 kcal $\cdot$ mol^{-1}	-0.0433 eV
1 kcal	$=4.184$ kJ
1 尔格（erg）	$=2.390 \times 10^{-11}$ kcal $=10^{-7}$ J
1 大气压（atm）	$=101325$ Pa $=1.0332 \times 10^4$ kg $\cdot$ m^{-2} $=760$ Torr（托）

附录 2　国际原子量表

$[以相对原子质量 A_r(^{12}C)＝12 为标准]$

序数	名称	符号	相对原子质量	序数	名称	符号	相对原子质量
1	氢	H	1.00794	35	溴	Br	79.904
2	氦	He	4.002602	36	氪	Kr	83.798
3	锂	Li	6.941	37	铷	Rb	85.4678
4	铍	Be	9.012182	38	锶	Sr	87.62
5	硼	B	10.811	39	钇	Y	88.90585
6	碳	C	12.0107	40	锆	Zr	91.224
7	氮	N	14.00674	41	铌	Nb	92.90638
8	氧	O	15.9994	42	钼	Mo	95.94
9	氟	F	18.9984032	43	锝	Tc	(97.907)
10	氖	Ne	20.1797	44	钌	Ru	101.07
11	钠	Na	22.989770	45	铑	Rh	102.90550
12	镁	Mg	24.3050	46	钯	Pd	106.42
13	铝	Al	26.981538	47	银	Ag	107.8682
14	硅	Si	28.0855	48	镉	Cd	112.411
15	磷	P	30.973761	49	铟	In	114.818
16	硫	S	32.065	50	锡	Sn	118.710
17	氯	Cl	35.4527	51	锑	Sb	121.760
18	氩	Ar	39.948	52	碲	Te	127.60
19	钾	K	39.0983	53	碘	I	126.90447
20	钙	Ca	40.078	54	氙	Xe	131.293
21	钪	Sc	44.955910	55	铯	Cs	132.90545
22	钛	Ti	47.867	56	钡	Ba	137.327
23	钒	V	50.9415	57	镧	La	138.9055
24	铬	Cr	51.9961	58	铈	Ce	140.116
25	锰	Mn	54.938049	59	镨	Pr	140.90765
26	铁	Fe	55.845	60	钕	Nd	144.24
27	钴	Co	58.933200	61	钷	Pm	(144.91)
28	镍	Ni	58.6934	62	钐	Sm	150.36
29	铜	Cu	63.546	63	铕	Eu	151.964
30	锌	Zn	65.409	64	钆	Gd	157.25
31	镓	Ga	69.723	65	铽	Tb	158.92534
32	锗	Ge	72.64	66	镝	Dy	162.50
33	砷	As	74.92160	67	钬	Ho	164.93032
34	硒	Se	78.96	68	铒	Er	167.26

序数	名称	符号	相对原子质量	序数	名称	符号	相对原子质量
69	铥	Tm	168.93421	106	𬭳	Sg	(269)
70	镱	Yb	173.04	107	𬭶	Bh	(270)
71	镥	Lu	174.967	108	𬭳	Hs	(270)
72	铪	Hf	178.49	109	鿏	Mt	(278)
73	钽	Ta	180.9479	110	𫟼	Ds	(281)
74	钨	W	183.84	111	𬬭	Rg	(281)
75	铼	Re	186.207	112	鿔	Cn	(285)
76	锇	Os	190.23	113	𬭶	Nh	(286)
77	铱	Ir	192.217	114	𫓧	Fl	(289)
78	铂	Pt	195.078	115	镆	Mc	(289)
79	金	Au	196.96655	116	𫟼	Lv	(293)
80	汞	Hg	200.59	117	鿬	Ts	(293)
81	铊	Tl	204.3833	118	鿫	Og	(294)
82	铅	Pb	207.2				
83	铋	Bi	208.98038				
84	钋	Po	(209)				
85	砹	At	(210)				
86	氡	Rn	(222)				
87	钫	Fr	(223)				
88	镭	Ra	(226)				
89	锕	Ac	(227)				
90	钍	Th	232.0381				
91	镤	Pa	231.03588				
92	铀	U	238.0289				
93	镎	Np	(237)				
94	钚	Pu	(244)				
95	镅	Am	(243)				
96	锔	Cm	(247)				
97	锫	Bk	(247)				
98	锎	Cf	(251)				
99	锿	Es	(252)				
100	镄	Fm	(257)				
101	钔	Md	(258)				
102	锘	No	(259)				
103	铹	Lr	(262)				
104	𬬻	Rf	(267)				
105	𬭛	Db	(270)				

附录 3　一些物质的标准热力学数据 (298 K)

物质	状态	$\dfrac{\Delta_f H_m^{\ominus}}{kJ \cdot mol^{-1}}$	$\dfrac{\Delta_f G_m^{\ominus}}{kJ \cdot mol^{-1}}$	$\dfrac{S_m^{\ominus}}{J \cdot K^{-1} \cdot mol^{-1}}$
Ag	s	0	0	42.55
Ag^+	aq	105.58	77.11	72.68
AgCl	s	−127.07	−109.80	96.30
AgBr	s	−100.37	−96.90	107.11
AgI	s	−61.84	−66.19	115.5
Ag_2O	s	−31.1	−11.2	121.3
$AgNO_3$	s	−124.4	−33.4	140.9
Al	s	0	0	28.32
Al_2O_3	α-刚玉	−1675.7	−1582.3	50.92
Ba	s	0	0	62.5
Ba^{2+}	aq	−537.6	−560.8	9.6
$BaSO_4$	s	−1473.2	−1362.2	132.2
Br_2	l	0	0	152.23
Br_2	g	30.91	3.14	245.35
HBr	g	−36.3	−53.42	245.7
C	石墨	0	0	5.740
C	金刚石	1.897	2.900	2.4
CO	g	−110.52	−137.15	197.7
CO_2	g	−393.5	−394.36	213.8
CCl_4	l	−128.2	−65.3	216.40
Ca	s	0	0	41.6
Ca^{2+}	aq	−542.83	−553.6	−53.1
CaO	s	−634.9	−603.3	38.1
$Ca(OH)_2$	s	−985.2	−897.5	83.4
$CaCO_3$	方解石	−1207.6	−1129.1	91.7
$CaSO_4$	s	−1434.5	−1322.0	106.5
$BaCO_3$	s	−1213.0	−1134.4	112.1
BaO	s	−548.0	−520.3	72.1
Cl_2	g	0	0	223.1
Cl^-	aq	−167.2	−131.23	56.5
HCl	g	−92.31	−95.30	186.9
Cu	s	0	0	33.2
Cu^{2+}	aq	64.77	65.52	−99.6
CuO	s	−162.0	−134.3	42.7
Cu_2O	s	−173.1	−150.3	92.5

物质	状态	$\dfrac{\Delta_f H_m^{\ominus}}{kJ \cdot mol^{-1}}$	$\dfrac{\Delta_f G_m^{\ominus}}{kJ \cdot mol^{-1}}$	$\dfrac{S_m^{\ominus}}{J \cdot K^{-1} \cdot mol^{-1}}$
F_2	g	0	0	202.8
F^-	aq	-332.63	-278.82	-13.8
HF	g	-273.3	-275.4	173.8
Fe	s	0	0	27.28
Fe^{2+}	aq	-89.1	-78.87	-137.7
Fe_2O_3	赤铁矿	-824.2	-742.2	87.40
Fe_3O_4	磁铁矿	-1118.4	-1015.4	146.4
H_2	g	0	0	130.7
H^+	aq	0	0	0
H_2O	l	-285.83	-237.1	70.0
H_2O	g	-241.82	-228.59	188.8
H_2O_2	l	-187.78	-120.42	109.6
I_2	s	0	0	116.14
I_2	g	62.4	19.3	260.7
I^-	aq	-55.19	-51.59	111.3
HI	g	26.5	1.70	206.6
K	s	0	0	64.7
K^+	aq	-252.4	-283.3	102.5
KI	s	-327.9	-324.89	106.3
KCl	s	-436.5	-408.6	82.59
Mg	s	0	0	32.68
Mg^{2+}	aq	-467.0	-454.80	-137.4
MgO	s	-601.6	-569.3	27.0
$Mg(OH)_2$	s	-924.5	-833.5	63.18
N_2	g	0	0	191.6
NO	g	91.3	87.6	210.761
NO_2	g	33.18	52.3	240.06
N_2O	g	81.6	103.7	220.0
NH_3	g	-45.9	-16.4	192.8
NH_4^+	aq	-132.51	-79.31	113.39
NH_4Cl	s	-314.4	-202.9	94.6
N_2H_4	l	50.6	149.3	121.2
SiH_4	g	34.3	56.9	204.6
Na	s	0	0	51.30
Na^+	aq	-240.1	-261.88	59.0
Na_2CO_3	s	-1130.7	-1044.4	135.0
$NaHCO_3$	s	-947.7	-851.8	102
$NaCl$	s	-411.2	-384.1	72.1
Na_2O	s	-414.22	-375.46	75.06
Na_2SO_4	s	-1387.1	-1270.2	149.6

物质	状态	$\dfrac{\Delta_f H_m^{\ominus}}{kJ \cdot mol^{-1}}$	$\dfrac{\Delta_f G_m^{\ominus}}{kJ \cdot mol^{-1}}$	$\dfrac{S_m^{\ominus}}{J \cdot K^{-1} \cdot mol^{-1}}$
O_2	g	0	0	205.2
O_3	g	142.7	163.2	238.9
P	白, s	0	0	41.09
P	红, s	-17.57	-12.1	22.80
H_3PO_4	s	-1284.4	-1124.3	110.5
S	斜方	0	0	31.810
SO_2	g	-296.8	-300.1	248.2
SO_3	g	-395.72	-371.08	256.8
H_2S	g	-20.63	-33.4	205.8
H_2SO_4	l	-813.99	-690.0	156.90
Si	s	0	0	18.83
SiO_2	石英	-910.7	-856.3	41.5
$SiCl_4$	g	-657.01	-617.01	330.7
Zn	s	0	0	41.63
Zn^{2+}	aq	-153.89	-147.1	-112.1
ZnO	s	-350.5	-320.5	43.7
$ZnCO_3$	s	-812.78	-731.57	82.4
CH_4	g	-74.6	-50.5	186.4
C_2H_6	g	-84.0	-32.0	229.2
C_3H_8	g	-103.8	-23.5	270.3
C_2H_4	g	52.4	68.4	219.3
C_2H_2	g	227.4	209.9	200.9
C_6H_6	l	49.1	124.5	173.4
C_6H_6	g	82.927	129.7	269.2
CH_3OH	l	-239.2	-166.6	126.8
HCHO	g	-108.6	-102.5	218.7
C_2H_5OH	g	-235.1	-168.6	282.6
C_2H_5OH	l	-277.6	-174.8	160.7
HCOOH	l	-424.72	-361.4	129.0
CH_3COOH	l	-484.3	-389.9	159.8
H_2NCONH_2	s	-333.2	-197.2	104.6
$C_6H_{12}O_6$	s	-1274.5	-910.6	212.1
$C_{12}H_{22}O_{11}$	s	-2221.7	-1544.6	360.2

附录4　弱酸、弱碱在水中的解离常数（298 K）

弱酸	化学式	$K_a^{\ominus}$	$pK_a^{\ominus}$
砷　酸	H_3AsO_4	5.5×10^{-3}	2.26
		1.7×10^{-7}	6.77
		5.1×10^{-12}	11.29
亚砷酸	H_3AsO_3	6.0×10^{-10}	9.22
硼　酸	H_3BO_3	5.4×10^{-10}	9.24
碳　酸	H_2CO_3	4.5×10^{-7}	6.35
		4.7×10^{-11}	10.33
氢氰酸	HCN	6.2×10^{-10}	9.21
铬酸氢根离子	$HCrO_4^-$	3.2×10^{-7}	6.50
氢氟酸	HF	6.3×10^{-4}	3.20
亚硝酸	HNO_2	5.6×10^{-4}	3.29
磷　酸	H_3PO_4	6.9×10^{-3}	2.16
		6.2×10^{-8}	7.21
		4.8×10^{-13}	12.32
亚磷酸	H_3PO_3	5.0×10^{-2}	1.30
		2.5×10^{-7}	6.60
氢硫酸	H_2S	8.9×10^{-8}	7.05
		1.2×10^{-13}	12.92
甲　酸	$HCOOH$	1.8×10^{-4}	3.74
乙　酸	CH_3COOH	1.75×10^{-5}	4.76
一氯乙酸	$CH_2ClCOOH$	1.3×10^{-3}	2.89
二氯乙酸	$CHCl_2COOH$	4.5×10^{-2}	1.35
三氯乙酸	CCl_3COOH	0.23	0.64
氨基乙酸盐	$^+NH_3CH_2COOH$	4.5×10^{-3}	2.35
	$^+NH_3CH_2COO^-$	2.5×10^{-10}	9.60
抗坏血酸	$C_6H_8O_6$	5.0×10^{-5}	4.30
		1.5×10^{-10}	9.82
乳　酸	$CH_3CHOHCOOH$	1.4×10^{-4}	3.86
苯甲酸	C_6H_5COOH	6.2×10^{-5}	4.21
草　酸	$H_2C_2O_4$	5.9×10^{-2}	1.22
		6.4×10^{-5}	4.19
D-酒石酸	$\begin{array}{c}OH\\ \mid\\ COOHCHCHCOOH\\ \mid\\ OH\end{array}$	9.1×10^{-4} 4.3×10^{-5}	3.04 4.37

弱酸	化学式	$K_a^{\ominus}$	$pK_a^{\ominus}$
邻苯二甲酸	$\begin{array}{c}\text{—COOH}\\\text{—COOH}\end{array}$	1.1×10^{-3} 3.9×10^{-6}	2.95 5.41
柠檬酸	$\begin{array}{c}CH_2COOH\\ \mid \\ C(OH)COOH\\ \mid \\ CH_2COOH\end{array}$	7.4×10^{-4} 1.7×10^{-5} 4.0×10^{-7}	3.13 4.76 6.40
苯酚	C_6H_5OH	1.1×10^{-10}	9.98
乙二胺四乙酸	$H_6\text{-EDTA}^{2+}$	0.1	0.90
	$H_5\text{-EDTA}^{+}$	3.0×10^{-2}	1.60
	$H_4\text{-EDTA}$	1.0×10^{-2}	2.00
	$H_3\text{-EDTA}^{-}$	2.1×10^{-3}	2.67
	$H_2\text{-EDTA}^{2-}$	6.9×10^{-7}	6.16
	$H\text{-EDTA}^{3-}$	5.5×10^{-11}	10.3
氨水	NH_3	1.8×10^{-5}	4.74
联氨	H_2NNH_2	3.0×10^{-6} 7.6×10^{-15}	5.52 14.12
羟氨	NH_2OH	9.1×10^{-9}	8.04
甲胺	CH_3NH_2	4.2×10^{-4}	3.38
乙胺	$C_2H_5NH_2$	5.6×10^{-4}	3.25
二甲胺	$(CH_3)_2NH$	1.2×10^{-4}	3.93
二乙胺	$(C_2H_5)_2NH$	1.3×10^{-3}	2.89
乙醇胺	$HOCH_2CH_2NH_2$	3.2×10^{-5}	4.50
三乙醇胺	$(HOCH_2CH_2)_3N$	5.8×10^{-7}	6.24
六次甲基四胺	$(CH_2)_6H_4$	1.4×10^{-9}	8.85
乙二胺	$H_2NCH_2CH_2NH_2$	8.5×10^{-5} 7.1×10^{-8}	4.07 7.15
吡啶	（吡啶环 N）	1.7×10^{-9}	8.77

附录 5　常见难溶化合物溶度积常数 (291～298 K)

化合物	$K_{sp}^{\ominus}$	化合物	$K_{sp}^{\ominus}$	化合物	$K_{sp}^{\ominus}$
AgAc	1.94×10^{-3}	$CdCO_3$	1.0×10^{-12}	Li_2CO_3	8.15×10^{-4}
AgBr	5.35×10^{-13}	CdF_2	6.44×10^{-3}	$MgCO_3$	6.82×10^{-6}
$AgBrO_3$	5.38×10^{-5}	$Cd(IO_3)_2$	2.50×10^{-8}	MgF_2	5.16×10^{-11}
AgCN	1.2×10^{-16}	$Cd(OH)_2$	7.20×10^{-15}	$Mg(OH)_2$	5.61×10^{-12}
AgCl	1.77×10^{-10}	CdS	8.00×10^{-27}	$Mg_3(PO_4)_2$	1.04×10^{-24}
AgI	8.52×10^{-17}	$Cd_3(PO_4)_2$	2.53×10^{-33}	$MnCO_3$	2.24×10^{-11}
$AgIO_3$	3.17×10^{-8}	$Co_3(PO_4)_2$	2.05×10^{-35}	$Mn(IO_3)_2$	4.37×10^{-7}
AgSCN	1.03×10^{-12}	CuBr	6.27×10^{-9}	$Mn(OH)_2$	1.90×10^{-13}
Ag_2CO_3	8.46×10^{-12}	CuC_2O_4	4.43×10^{-10}	MnS	2.50×10^{-13}
$Ag_2C_2O_4$	5.40×10^{-12}	CuCl	1.72×10^{-7}	$NiCO_3$	6.9×10^{-9}
Ag_2CrO_4	1.12×10^{-12}	CuI	1.27×10^{-12}	$Ni(IO_3)_2$	4.71×10^{-5}
Ag_2S	6.3×10^{-50}	CuS	6.30×10^{-36}	$Ni(OH)_2$	5.48×10^{-16}
Ag_2SO_3	1.50×10^{-14}	CuSCN	1.77×10^{-13}	NiS	3.20×10^{-19}
Ag_2SO_4	1.20×10^{-5}	Cu_2S	2.50×10^{-48}	$Ni_3(PO_4)_2$	4.74×10^{-31}
Ag_3PO_4	8.89×10^{-17}	$FeCO_3$	3.13×10^{-11}	$PbCl_2$	1.70×10^{-5}
Ag_3AsO_4	1.03×10^{-22}	$Cu_3(PO_4)_2$	1.40×10^{-37}	$PbCO_3$	7.40×10^{-14}
$Al(OH)_3$	1.3×10^{-33}	FeF_2	2.36×10^{-6}	PbI_2	9.80×10^{-9}
$AlPO_4$	9.84×10^{-21}	$Fe(OH)_2$	4.87×10^{-17}	$PbSO_4$	2.53×10^{-8}
$BaCO_3$	2.58×10^{-9}	$Fe(OH)_3$	2.79×10^{-39}	PbS	8.00×10^{-28}
$BaCrO_4$	1.17×10^{-10}	FeS	6.30×10^{-18}	$Pb(OH)_2$	1.43×10^{-20}
BaF_2	1.84×10^{-7}	HgI_2	2.90×10^{-29}	$Sn(OH)_2$	5.45×10^{-27}
$Ba(IO_3)_2$	4.01×10^{-9}	HgS	1.60×10^{-52}	SnS	1.00×10^{-25}
$BaSO_4$	1.08×10^{-10}	Hg_2Br_2	6.40×10^{-23}	$SrCO_3$	5.60×10^{-10}
$BiAsO_4$	4.43×10^{-10}	Hg_2CO_3	3.60×10^{-17}	SrF_2	4.33×10^{-9}
CaC_2O_4	2.32×10^{-9}	$Hg_2C_2O_4$	1.75×10^{-13}	$Sr(IO_3)_2$	1.14×10^{-7}
$CaCO_3$	3.36×10^{-9}	Hg_2Cl_2	1.43×10^{-18}	$SrSO_4$	3.44×10^{-7}
CaF_2	3.45×10^{-11}	Hg_2F_2	3.10×10^{-6}	$ZnCO_3$	1.46×10^{-10}
$Ca(IO_3)_2$	6.47×10^{-6}	Hg_2I_2	5.20×10^{-29}	ZnF_2	3.04×10^{-2}
$Ca(OH)_2$	5.02×10^{-6}	Hg_2SO_4	6.50×10^{-7}	$Zn(OH)_2$	3.00×10^{-17}
$CaSO_4$	4.93×10^{-5}	$KClO_4$	1.05×10^{-2}	ZnS	1.60×10^{-24}
$Ca_3(PO_4)_2$	2.07×10^{-33}	$K_2[PtCl_6]$	7.48×10^{-6}		
$FeCO_3$	3.13×10^{-11}	PbF_2	3.30×10^{-8}		

附录6　标准电极电位（298 K，水溶液）

电　对	电极反应	E/V
Li^+/Li	$Li^+ + e^- \rightleftharpoons Li$	-3.0401
K^+/K	$K^+ + e^- \rightleftharpoons K$	-2.931
Ba^{2+}/Ba	$Ba^{2+} + 2e^- \rightleftharpoons Ba$	-2.912
Ca^{2+}/Ca	$Ca^{2+} + 2e^- \rightleftharpoons Ca$	-2.868
Sr^{2+}/Sr	$Sr^{2+} + 2e^- \rightleftharpoons Sr$	-2.899
Na^+/Na	$Na^+ + e^- \rightleftharpoons Na$	-2.71
Mg^{2+}/Mg	$Mg^{2+} + 2e^- \rightleftharpoons Mg$	-2.372
Al^{3+}/Al	$Al^{3+} + 3e^- \rightleftharpoons Al$	-1.662
Mn^{2+}/Mn	$Mn^{2+} + 2e^- \rightleftharpoons Mn$	-1.185
H_2O/H_2	$2H_2O + 2e^- \rightleftharpoons H_2 + 2OH^-$	-0.8277
Zn^{2+}/Zn	$Zn^{2+} + 2e^- \rightleftharpoons Zn$	-0.7618
Cr^{3+}/Cr	$Cr^{3+} + 3e^- \rightleftharpoons Cr$	-0.744
$CO_2/H_2C_2O_4$	$2CO_2 + 2H^+ + 2e^- \rightleftharpoons H_2C_2O_4$	-0.49
S/S^{2-}	$S + 2e^- \rightleftharpoons S^{2-}$	-0.4763
Fe^{2+}/Fe	$Fe^{2+} + 2e^- \rightleftharpoons Fe$	-0.447
Cr^{3+}/Cr^{2+}	$Cr^{3+} + e^- \rightleftharpoons Cr^{2+}$	-0.407
Cd^{2+}/Cd	$Cd^{2+} + 2e^- \rightleftharpoons Cd$	-0.4030
$PbSO_4/Pb$	$PbSO_4 + 2e^- \rightleftharpoons Pb + SO_4^{2-}$	-0.3588
$[Ag(CN_2)]^-/Ag$	$[Ag(CN)_2]^- + e^- \rightleftharpoons Ag + 2CN^-$	-0.31
Co^{2+}/Co	$Co^{2+} + 2e^- \rightleftharpoons Co$	-0.28
Ni^{2+}/Ni	$Ni^{2+} + 2e^- \rightleftharpoons Ni$	-0.257
AgI/Ag	$AgI + e^- \rightleftharpoons Ag + I^-$	-0.1522
Sn^{2+}/Sn	$Sn^{2+} + 2e^- \rightleftharpoons Sn(白)$	-0.1375
Pb^{2+}/Pb	$Pb^{2+} + 2e^- \rightleftharpoons Pb$	-0.1262
Fe^{3+}/Fe	$Fe^{3+} + 3e \rightleftharpoons Fe$	-0.037
H^+/H_2	$2H^+ + 2e^- \rightleftharpoons H_2$	0.000
$AgBr/Ag$	$AgBr + e^- \rightleftharpoons Ag + Br^-$	0.0713
$S_4O_6^{2-}/S_2O_3^{2-}$	$S_4O_6^{2-} + 2e^- \rightleftharpoons 2S_2O_3^{2-}$	0.08
S/H_2S	$S + 2H^+ + 2e \rightleftharpoons H_2S(aq)$	0.142
Sn^{4+}/Sn^{2+}	$Sn^{4+} + 2e^- \rightleftharpoons Sn^{2+}$	0.151
Cu^{2+}/Cu^+	$Cu^{2+} + e^- \rightleftharpoons Cu^+$	0.153
$AgCl/Ag$	$AgCl + e^- \rightleftharpoons Ag + Cl^-$	0.2227
Hg_2Cl_2/Hg	$Hg_2Cl_2 + 2e^- \rightleftharpoons 2Hg + 2Cl^-$	0.2681
Cu^{2+}/Cu	$Cu^{2+} + 2e^- \rightleftharpoons Cu$	0.3419
$[Ag(NH_3)_2]^+/Ag$	$[Ag(NH_3)_2]^+ + e^- \rightleftharpoons Ag + 2NH_3$	0.373
O_2/OH^-	$O_2 + 2H_2O + 4e^- \rightleftharpoons 4OH^-$	0.401

电　对	电极反应	E/V
Ag_2CrO_4/Ag	$Ag_2CrO_4+2e^- \rightleftharpoons 2Ag+ CrO_4^{2-}$	0.4470
Cu^+/Cu	$Cu^++e^- \rightleftharpoons Cu$	0.521
I_2/I^-	$I_2+2e^- \rightleftharpoons 2I^-$	0.5355
MnO_4^-/MnO_4^{2-}	$MnO_4^- + e^- \rightleftharpoons MnO_4^{2-}$	0.588
MnO_4^-/MnO_2	$MnO_4^-+2H_2O+3e^- \rightleftharpoons MnO_2+4OH^-$	0.595
MnO_4^{2-}/MnO_2	$MnO_4^{2-}+2H_2O+2e^- \rightleftharpoons MnO_2+4OH^-$	0.60
O_2/H_2O_2	$O_2+2H^++2e^- \rightleftharpoons H_2O_2$	0.695
Fe^{3+}/Fe^{2+}	$Fe^{3+} + e^- \rightleftharpoons Fe^{2+}$	0.771
Hg_2^{2+}/Hg	$Hg_2^{2+}+2e^- \rightleftharpoons 2Hg$	0.7973
Ag^+/Ag	$Ag^++e^- \rightleftharpoons Ag$	0.7996
Hg^{2+}/Hg	$Hg^{2+}+2e^- \rightleftharpoons Hg$	0.851
Hg^{2+}/Hg_2^{2+}	$2Hg^{2+}+2e^- \rightleftharpoons Hg_2^{2+}$	0.920
NO_3^-/NO	$NO_3^-+4H^++3e^- \rightleftharpoons NO+2H_2O$	0.957
HNO_2/NO	$HNO_2+H^++e^- \rightleftharpoons NO+H_2O$	0.983
Br_2/Br^-	$Br_2(l)+2e^- \rightleftharpoons 2Br^-$	1.066
Br_2/Br^-	$Br_2(aq)+2e^- \rightleftharpoons 2Br^-$	1.0873
IO_3^-/I_2	$2IO_3^-+2H^++10e^- \rightleftharpoons I_2+6H_2O$	1.195
MnO_2/Mn^{2+}	$MnO_2+4H^++2e^- \rightleftharpoons Mn^{2+}+2H_2O$	1.224
O_2/H_2O	$O_2+4H^++4e^- \rightleftharpoons 2H_2O(l)$	1.229
$Cr_2O_7^{2-}/Cr^{3+}$	$Cr_2O_7^{2-}+14H^++6e^- \rightleftharpoons 2Cr^{3+}+7H_2O$	1.36
Cl_2/Cl^-	$Cl_2+2e^- \rightleftharpoons 2Cl^-$	1.358
PbO_2/Pb^{2+}	$PbO_2+4H^++2e^- \rightleftharpoons Pb^{2+}+2H_2O$	1.455
MnO_4^-/Mn^{2+}	$MnO_4^-+8H^++5e^- \rightleftharpoons Mn^{2+}+4H_2O$	1.507
MnO_4^-/MnO_2	$MnO_4^-+4H^++3e^- \rightleftharpoons MnO_2+2H_2O$	1.679
H_2O_2/H_2O	$H_2O_2+2H^++2e^- \rightleftharpoons 2H_2O$	1.776
Co^{3+}/Co^{2+}	$Co^{3+}+e^- \rightleftharpoons Co^{2+}$	1.92
$S_2O_8^{2-}/SO_4^{2-}$	$S_2O_8^{2-}+2e^- \rightleftharpoons SO_4^{2-}$	2.010
F_2/F^-	$F_2+2e^- \rightleftharpoons 2F^-$	2.866

附录 7   配合物的稳定常数 (298 K)

配体及金属离子	$\lg\beta_1$	$\lg\beta_2$	$\lg\beta_3$	$\lg\beta_4$	$\lg\beta_5$	$\lg\beta_6$
氨(NH_3)						
Co^{2+}	2.11	3.74	4.79	5.55	5.73	5.11
Co^{3+}	6.7	14.0	20.1	25.7	30.8	35.2
Cu^{2+}	4.31	7.98	11.02	13.32	12.86	
Hg^{2+}	8.8	17.5	18.5	19.28		
Ni^{2+}	2.80	5.04	6.77	7.96	8.71	8.74
Ag^+	3.24	7.05				
Zn^{2+}	2.37	4.81	7.31	9.46		
Cd^{2+}	2.65	4.75	6.19	7.12	6.80	5.14
氯离子(Cl^-)						
Sb^{3+}	2.26	3.49	4.18	4.72		
Bi^{3+}	2.44	4.7	5.0	5.6		
Cu^+		5.5	5.7			
Pt^{2+}		11.5	14.5	16.0		
Hg^{2+}	6.74	13.22	14.07	15.07		
Au^{3+}		9.80				
Ag^+	3.04	5.04				
氰离子(CN^-)						
Au^+		38.3				
Cd^{2+}	5.48	10.60	15.23	18.78		
Cu^+		24.0	28.59	30.30		
Fe^{2+}						45.62
Fe^{3+}						52.61
Hg^{2+}				41.4		
Ni^{2+}				31.3		
Ag^+		21.1	21.7	20.6		
Zn^{2+}	5.3	11.7	16.7	21.6		
氟离子(F^-)						
Al^{3+}	6.10	11.15	15.00	17.75	19.37	19.84
Fe^{3+}	5.28	9.30	12.06		15.77	
碘离子(I^-)						
Bi^{3+}	3.63			14.95	16.80	18.80
Hg^{2+}	12.87	23.82	27.60	29.83		

续表

配体及金属离子	$\lg\beta_1$	$\lg\beta_2$	$\lg\beta_3$	$\lg\beta_4$	$\lg\beta_5$	$\lg\beta_6$
Ag^+	6.58	11.74	13.68			
硫氰酸根（SCN^-）						
Fe^{3+}	2.21	3.64	5.00	6.30	6.20	6.10
Hg^{2+}	9.08	17.47	19.7	21.23		
Au^+		23		42		
Ag^+	4.6	7.57	9.08	10.08		
硫代硫酸根（$S_2O_3^{2-}$）						
Ag^+	8.82	13.46				
Hg^{2+}		29.44	31.90	33.24		
Cu^+	10.27	12.22	13.84			
醋酸根（CH_3COO^-）						
Fe^{3+}	3.2					
Hg^{2+}		8.43				
Pb^{2+}	2.52	4.0	6.4	8.5		
枸橼酸根（按 L^{3-} 配体）						
Al^{3+}	20.0					
Co^{2+}	12.5					
Cd^{2+}	11.3					
Cu^{2+}	14.2					
Fe^{2+}	15.5					
Fe^{3+}	25.0					
Ni^{2+}	14.3					
Zn^{2+}	11.4					
乙二胺（$H_2NCH_2CH_2NH_2$）						
Co^{2+}	5.91	10.64	13.94			
Cu^{2+}	10.67	20.00	21.0			
Zn^{2+}	5.77	10.83	14.11			
Ni^{2+}	7.52	13.84	18.33			
草酸根（$C_2O_4^{2-}$）						
Cu^{2+}	6.16	8.5	10.27			
Fe^{2+}	2.9	4.52	5.22			
Fe^{3+}	9.4	16.2	20.2			
Hg^{2+}	9.66					
Zn^{2+}	4.89	7.60	8.15			
Ni^{2+}	5.3	7.64	~8.5			

附录8　金属离子与氨羧配位剂形成的配合物的稳定常数（$\lg K_{MY}$）

$$I = 0.1 \quad T = 20\sim25\,℃$$

金属离子	EDTA	EGTA
Ag^+	7.32	
Al^{3+}	16.3	
Ba^{2+}	7.86	8.4
Be^{2+}	9.20	
Bi^{3+}	27.94	
Ca^{2+}	10.69	11.0
Ce^{2+}	15.98	
Cd^{2+}	16.46	15.6
Co^{2+}	16.31	12.3
Co^{3+}	36.0	
Cr^{3+}	23.4	
Cu^{2+}	18.8	17
Fe^{2+}	14.33	
Fe^{3+}	25.1	
Hg^{2+}	21.8	23.2
La^{3+}	15.50	15.6
Mg^{2+}	8.69	5.2
Mn^{2+}	13.87	10.7
Na^+	1.66	
Ni^{2+}	18.6	17.0
Pb^{2+}	18.04	15.5
Pt^{3+}	16.31	
Sn^{2+}	22.1	
Sr^{2+}	8.73	6.8
Th^{4+}	23.2	
Ti^{3+}	21.3	
TiO^{2+}	17.3	
UO_2^{2+}	~10	
U^{4+}	25.8	
VO_2^+	18.1	
VO^{2+}	18.8	
V^{3+}	18.09	
Zn^{2+}	16.50	14.5

I 为离子强度。

参 考 文 献

[1] 华彤文,等.普通化学原理[M]. 4 版.北京:北京大学出版社,2013.

[2] 和玲,李银环.无机与分析化学[M].北京:高等教育出版社,2017.

[3] 北京大学化学学院普通化学原理教学组.普通化学原理习题解析[M]. 3 版.北京:北京大学出版社,2015.

[4] 武汉大学.分析化学[M].6 版.北京:高等教育出版社,2018.

[5] 华东理工大学,四川大学.分析化学[M].6 版.北京:高等教育出版社,2017.

[6] 李克安.分析化学教程[M].北京:北京大学出版社,2007.

[7] 南京大学.无机及分析化学 [M]. 5 版.北京:高等教育出版社,2017.

[8] 徐光宪.21 世纪化学的四大难题[R].杭州:中国化学会创建 70 周年纪念大会,2002 年.